国防特色教材·船舶与海洋工程

船舶结构优化设计

秦洪德　主编

哈尔滨工程大学出版社

北京航空航天大学出版社　北京理工大学出版社
哈尔滨工业大学出版社　西北工业大学出版社

内容简介

本书以船舶结构强度与结构设计理论为基础，通过将数学规划理论、智能优化算法等优化设计方法与计算机技术相结合，求解船舶结构设计中满足某种特定要求的结构最优化设计问题。

本书的主要内容有传统结构优化方法（数学规划方法理论）、现代智能优化算法、型材剖面的优化设计、船体主要结构的优化设计、船体中剖面结构的优化设计。从解决结构优化问题的优化方法入手，结合船舶结构优化设计中的问题，同时通过简单优化算例的求解过程，使读者了解船舶结构优化的思想和实现过程。

本书可作为船舶工程专业本科生、研究生课程教材，亦可为研究船舶结构优化设计的技术人员、科研人员提供参考。

图书在版编目（CIP）数据

船舶结构优化设计/秦洪德主编. —哈尔滨：哈尔滨工程大学出版社，2010.1（2011.8 重印）

ISBN 978-7-81133-599-6

Ⅰ.①船… Ⅱ.①秦… Ⅲ.①船体结构-最优设计-高等学校-教材 Ⅳ.①U663

中国版本图书馆 CIP 数据核字（2009）第 226239 号

船舶结构优化设计

秦洪德 主编

责任编辑 孟凡骞

*

哈尔滨工程大学出版社

哈尔滨市南岗区东大直街 124 号（150001） 发行部电话：0451-82519328 传真：0451-82519699

http://press.hrbeu.edu.cn E-mail：heupress@hrbeu.edu.cn

哈尔滨工业大学印刷厂印刷 各地书店经销

*

开本：787×960 1/16 印张：16.25 字数：342 千字

2010 年 1 月第 1 版 2011 年 8 月第 2 次印刷

ISBN 978-7-81133-599-6 定价：41.00 元

前　言

结构优化设计是二十世纪五六十年代发展起来的一门新技术。它以数学优化方法为基础,并借助电子计算机这种辅助工具来进行结构设计方案的寻优搜索。与传统结构设计方法相比较,结构优化技术应用在工程结构设计上,不仅可以大大缩短设计周期,显著提高设计质量,而且还可解决传统设计方法所无法解决的复杂结构设计问题。

在二十世纪六十年代初期,结构优化技术首先被应用于航空航天领域,后来工程技术人员又将其拓展到船舶、桥梁、汽车、机械、水利、建筑等更广泛的工程领域。在近几十年里,由于电子计算机技术的飞速发展、工程结构分析手段的逐步完善以及优化方法在工程上的研究和应用,结构优化技术发展非常迅速,它在国内外科研和生产中的应用已相当广泛。应用实践证明,优化设计可使工程造价降低5% ~30%,从而带来巨大的经济效益,因此得到业界广大技术人员和研究人员的普遍关注。

船舶结构设计是工程结构设计中比较复杂的过程。由于这种大型复杂结构耗资巨大,设计方案的优劣直接影响其经济效益,船舶结构优化设计也就成为必然要求。因此,对于船舶专业的在校学生而言,掌握结构优化设计的入门知识具有十分重要的意义。

目前,国内出版的结构优化相关的著作中,有些只讲述以数学为基础的传统结构优化方法,有些只讲述以智能技术为基础的现代智能优化算法,很少有著作将这两种优化方法集中起来进行系统化阐述。另外,这些有关优化方面的书籍大多是学术性较强的专著,不便于学生和初学者学习使用。因此,为了系统讲述船舶结构优化的入门知识,作者参考大量国内外关于优化设计的书籍和文献,并融入长期以来在船舶结构优化设计中的经验、体会及科研成果,编写了本书。编写本书的主要目的是为学习船舶结构优化知识的船舶工程专业学生提供一本通俗易懂、由表及里的教科书,而不是一本对某个专题深入讨论、系统研究的学术专著。本书不仅把传统结构优化方法(如梯度法、牛顿法等)和智能优化算法(如蚁群算法、粒子群算法等)囊括其中,同时还全面阐述了船舶结构优化设计的基础知识和实际应用等。

本书共分为6章，第1章为绪论，主要介绍了结构优化设计的意义、优化算法的研究现状，以及船舶结构优化设计的一般概念；第2章详细介绍传统结构优化方法，它主要包括一维搜索、线性规划、不利用导数的优化方法、利用导数的优化方法，以及有约束问题无约束化的方法等；第3章阐述了现代智能优化算法，包括模拟退火算法、遗传算法、蚁群算法和粒子群算法，这些优化算法在处理离散组合优化问题时具有一定的优越性；在第4,5,6章中，对正确建立简化的船体结构分析模型，选取设计变量，确定约束条件以及建立目标函数等内容进行详细叙述。本书中不仅附有一些简单算例，同时为方便学生结构优化知识的学习，各章后面还附有思考题和练习题，通过课后练习可加深学生对课程内容的理解。

哈尔滨工业大学李惠教授、哈尔滨工程大学姚熊亮教授拨冗审阅了本书，并提出了很多宝贵的意见，在此对他们表示由衷地感谢。

限于编者水平有限，本书不当或错误之处在所难免，敬请广大读者批评指正。

编　者

2009年3月于哈尔滨工程大学

目　录

第1章 绪 论

1.1 引 言

在结构设计过程中,人们总希望在给定的荷载条件下得到技术和经济上尽量理想化的设计方案。为达到这个目的,传统上采用重复设计逐次逼近的方法进行设计。首先,根据同类型结构的已有经验,加上设计者的判断,拟订初步设计方案,然后进行结构的强度、刚度和稳定性的计算分析,再通过设计人员对相关成果的分析,加以修改设计方案,再对修改后的方案进行计算分析,最后修改结构设计方案。这样,经过反复的“计算分析——修改——计算分析”的设计过程,直至得到一个令人满意的设计方案。

上述设计方法有时能够获得令人比较满意的设计方案,但是反复冗长的设计过程、较低的设计效率以及较大的人力财力花费是这种设计方法的重大缺点。通过这种方法得到的最终设计方案的经济性和合理性多受到初始设计方案的影响,在很大程度上也取决于设计者的主观经验判断。也就是说,重复设计方法所得的最终设计方案是受设计者的经验和判断力影响较大的较优设计方案。不同的设计人员,在相同的工程客观条件下,完全有可能得出不同的设计方案,因为这种传统择优方法往往伴随着一定程度的主观随意性,而非单纯地由工程客观条件所决定的最优方案。

在长期的工程实践过程中,人类经过反复的思考与探索,很早便产生了优化设计的构思,如等强度梁、米歇尔(Michell)桁架的理论研究等。但是,直到20世纪中期以后,优化设计方法才作为一门独立学科出现。

20世纪中期以来,高速、大容量电子计算机的广泛使用和一些高精度的力学分析数值方法,如有限元素法的建立与应用,以及各种计算机辅助分析、计算机辅助设计技术相继出现,使得高速度、高精度地完成复杂结构的响应分析工作成为可能。计算机已成为设计工作者进行优化设计创造性活动的有力工具,它在优化设计中占有十分重要的地位。应用计算机的优化设计技术与传统的反复设计方法相比较,主要有如下几个特点。

(1)设计遵循的原则与目的,是使设计方案达到最优。为了达到这个目的,就需要建立一个能够正确反映设计问题的数学模型。

(2)设计所使用的方法是传统的数学优化方法或现代智能算法。这些方法都会使计算机按照设计者的意图,向着使方案变得更好的方向自动地调整设计变量,从而得到一个最优设计方案或者是近似最优设计方案。

(3)设计的手段是计算机优化程序。由于电子计算机的较高运算效率,设计方案的再分析过程可以以分钟计算甚至以秒计算，因而从大量的设计方案中选出“最优设计方案”已经不再是不可实现的事情。

随着数学规划理论以及一些智能算法的产生和发展、有限元分析技术的成熟与计算机技术的飞速发展，结构优化设计完成了从经验到理性的转变过程，现代结构优化设计技术逐渐经历了从产生到发展，并且逐渐走向成熟的过程。虽然初始设计方案的提出还需要设计人员的参与，但优化设计的过程是利用计算机自动完成，这使得设计中人为参与的成分大大减少，从而减轻了设计过程中人力资源的花费，同时可缩短设计周期，扩大设计问题的规模。由于以上各方面的原因，优化设计的思想一经提出便立即得到了广大学者和设计人员的重视，并且人们对优化方法开展了广泛而深入的研究，使得结构优化设计的学科也随之产生了飞速地发展，目前被认为是计算力学中最活跃的分支之一。

结构优化设计的发展与应用将使结构设计达到一个新的阶段，优化设计方法和电子计算机技术的应用，可迅速求得在给定条件下的最佳设计方案。这不仅可使设计人员从繁琐的重复设计工作中解放出来，还可使设计速度大幅提升，并且其设计质量也可大幅提高。据已有经验表明，与传统设计方法相比，优化设计可节省工程投资 5% ~25% 左右，从而使经济效益得到显著提升。

一般来讲，结构优化设计大体可分为以下三个阶段。

(1)建立数学模型

建立数学模型的过程是根据具体的工程结构型式、结构的受力特点以及结构变形条件等，将这个工程结构的设计问题转变成一个可用于优化设计的数学问题。

(2)选定合理的、有效的优化方法

优化方法的选取要根据所要设计的具体工程问题而定，如工程尺寸优化问题中的变量类型是离散变量或是连续变量、优化问题是有约束的优化问题或是无约束的优化问题等，这些都是选择优化方法的参考依据。

(3)编制通用计算机程序

计算机程序编制完成之后，对于同一类型的结构设计，都可由计算机迅速给出最佳设计方案。并且对于设计部门来说，应该建立一个结构优化的程序库，其中包括各种工程结构在不同工况下的优化设计程序。建立结构优化设计的程序库以后，必将会使其设计效率大幅提高。

必须指出的是，结构优化所给出的解答从数学上来讲是在给定条件下的最佳设计方案。但是，一方面实际设计问题是十分复杂的，在建立数学模型时通常只能考虑一些主要的影响因素，而往往需要忽略一些次要因素，以便进行模型的简化计算；另一方面，有些因素对结构设计有一定的影响，其影响很难用数字进行表示，这些因素在数学模型中也是无法考虑的。因此，不能把优化设计所提供的最佳方案理解为绝对的“最优”方案，它是一个良好的设计基础，在这个基础上设计者还应根据实际情况进行全方位的分析判断，必要时可以进行一定的修改。由于结构优化的数学模型中已考虑了主要因素，所以通常不至于有较大的修改，而且所建立的数学模型越完善,修改的余地就越小。

1.2　结构优化设计的概念

结构优化设计就是在满足各种规范或某些特定使用要求的条件下,使结构的某种性能指标(如质量、造价、刚度及频率等)达到最佳状态。简单地说,就是在所有可行的设计方案中,按照某种特定的标准找到最佳设计方案。对各种问题来讲,只要存在不同的设计方案,就可对其进行优化。

结构优化设计是集计算力学、数学规划和现代智能、计算机科学以及其他工程科学于一体的现代结构设计领域的一个重要研究方向。它为人们长期以来一直追求的最佳工程结构设计尤其是新型结构设计提供了先进的寻优工具,是现代设计方法的重要内容之一。结构优化设计作为一种新的现代结构设计方法,较传统的结构设计方法显示出巨大的优越性,可以节省大量的人力物力,对于大型工程结构的设计来说,其优越性更加明显。目前,结构优化设计的应用领域已从航空航天领域扩展到船舶、桥梁、汽车、机械、水利、建筑等更广泛的工程领域,它所解决的问题从减轻结构质量扩展到降低应力水平、改进结构刚度、强度性能和提高安全寿命等诸多方面。

1. 结构优化设计的基本定义

为了建立结构优化设计的数学模型,这里首先介绍结构优化设计过程中必不可少的几个基本定义。

(1)设计变量和设计空间

在结构设计过程中,其设计方案一般可以用一个相应的数学模型来表示。在这种数学模型中,某些参数是预先给定的,在优化过程中这些数值是固定不变的,如结构的载荷、结构的主尺度、弹性模量以及材料的泊松比等。除此之外,数学模型中还存在一些数值可变的量,也就是结构优化设计的对象,称这些数值可变的量为设计变量。

设计变量通常用 $x_1, x_2, \cdots, x_n$ 表示,并构成一个向量

$$\boldsymbol{X} = [\,x_1 \quad x_2 \quad \cdots x_n\,]^{\mathrm{T}}$$

式中,上角标 T 表示转置。

结构优化设计的目的就是要寻找这些设计变量的最佳组合,在这些设计变量的组合下,结构的某种性能指标达到最优。这些设计变量可以是构件的截面尺寸,如面积或惯性矩等几何参数,也可以是结构的形状布置几何参数,如厚度、高度、跨度等,还可以是结构材料的力学或物理学的性能参数。这些设计变量的合理选择是结构优化设计中的一个十分重要的问题。

设计变量通常可分为连续设计变量和离散设计变量两种类型。

①连续设计变量

这种设计变量在优化设计过程中是连续变化的,如板开孔的直径 D、骨材的长度 L 等,都

是连续设计变量。在优化过程中，对于这种设计变量的处理相对比较方便，设计变量的数目也可能略少一些。对于某些复杂的结构形式，如拱坝等，采取连续的设计变量易于保证其外形的连续性。

②离散设计变量

这种设计变量在优化设计过程中是跳跃式变化的，如供工程结构选用的型钢的截面积、钢板厚度等都不是连续的。在优化过程中，对离散设计变量的处理比对连续设计变量的处理要稍困难一些。一种处理方法是直接按设计变量离散变化的情况逐个选取，这在变量数目不多，问题相对较简单的情况下可以采用；另一种方法是采用离散变量连续化的方法，这对于设计变量数目较大、问题相对较复杂的情况来说是很方便的，然而在设计过程中也很可能会产生一些由于离散变量连续化所导致的问题。

由各个设计变量所构成的结构设计方案的变化范围称为优化设计的设计空间。设计空间中的任意一点都是一个可行的设计方案，称为可行点。

(2)约束条件

任何一个工程结构设计都要在相应的规范和要求下进行，这些规范或要求往往会限制设计变量变化的范围，或者限制设计方案的选取，通常将这些限定条件称为约束条件。典型的工程约束条件有相关规范的规定、施工和建造要求、设计规程的要求等。有些约束条件还反映了优化设计者的设计意图。

约束条件通常包括常量约束与约束方程两类。

①常量约束

常量约束也称为界限约束，它表明设计变量的允许取值范围，一般是设计规范或公约等的有关规定，或建造要求的数值，如最小板厚要求、圆杆的最小直径要求等，这类约束条件比较简单。

②约束方程

约束方程是以优化问题中的设计变量为自变量，以要求加以限制的设计参数为因变量，按照一定的关系（如应力、应变关系、几何关系等）建立起来的函数方程式。在这些表达式中，对于一些简单的、有明确的表达式（显函数）的约束方程称为显式约束；对于一些结构比较复杂的，如结构的应力、位移、自振频率、临界荷载等约束条件，必须通过较精确的计算才能得到，这些关系是隐含的表达式（隐函数），故称为隐式约束。用来表达几何关系的式子称为几何约束，几何约束多为显式约束。应力约束、稳定性约束、频率约束等的表达式称为性态约束，性态约束多为隐式约束。

约束条件还分为等式约束和不等式约束。约束条件一般表示为：

等式约束

$$h_j(\boldsymbol{X})=0, j=1,2,\cdots,m$$

不等式约束

$$g_k(\boldsymbol{X})\leqslant 0, k=1,2,\cdots,p$$

一般来说,确定结构优化设计的约束条件是比较耗时、耗力的。因为在确定约束条件时,设计者要考虑到结构设计中的各种约束条件,并将这些约束条件恰当地添加到结构设计的数学模型中去。

(3)目标函数

一个结构设计方案的优劣总会有相应的标准来度量,在结构优化设计的数学模型中也要有相应的函数来评判设计方案的优劣,这样的函数称之为目标函数,一般将目标函数表示为$F(\boldsymbol{X})$。它是设计变量的函数,代表所设计结构的某个最重要的特征或指标。优化设计就是从许多的可行设计方案中,以目标函数为标准,找出这个函数的极值(极小或极大),从而选出最优设计方案。

结构的体积、刚度、承载力、造价、自振特性等都可以根据需要作为优化设计中的目标函数。在一般的造价函数中还应包括材料费、加工费、运输费等。如果进一步考虑经济性能,还应考虑结构使用时的操作费、维修费、遇到灾害时所受损失的期望值和加固费用,甚至还要考虑初始造价的利息等经济因素。

确定目标函数是整个优化设计中最具有决策性的步骤,因为它代表寻优的方向和目标。一般说来,对结构设计方案的评价总是多方面的综合,所以选择目标函数时必须全面考虑结构的使用目的、功能和具体条件,并抓住主要矛盾。例如,对民用船舶来说,一般将质量最轻作为目标函数。需要指出的是,结构优化中所讲的“最优”往往是有条件的和相对的,因为所谓最优方案乃是针对所选定的目标函数和约束条件而言的最佳方案。

(4)结构优化设计的数学模型

结构优化问题往往可表示为在给定的约束条件下,寻找使目标函数取得最小值(或最大值)的设计变量组合,其数学表达式通常可写为

$$\begin{cases}\boldsymbol{X} = [x_1 \quad x_2 \quad \cdots x_n]^{\mathrm{T}} \\ \max(\text{或 min})F(\boldsymbol{X}) \\ h_j(\boldsymbol{X}) = 0, j = 1,2,\cdots,m \\ g_k(\boldsymbol{X}) \leqslant 0, k = 1,2,\cdots,p \\ \boldsymbol{X} \geqslant 0\end{cases}$$

2. 结构优化设计的分类

根据结构优化问题的特性,优化问题可分为以下几类。

(1)无约束与有约束最优化问题

无约束优化问题可简化为求函数的无约束极值,最优解就是目标函数的极值。有约束优化问题可简化为求函数的条件极值。如果是等式约束,则约束数目 m 必须小于变量数目 n。当 $m=n$ 时,问题的解是唯一的;如果 $m>n$,这种情况下的最优化问题无解。

(2)确定性和非确定性优化问题

在确定性优化问题中,每个设计变量值都是确定的。而在随机(或概率)性优化问题中,

某些变量的取值是不确定的。但根据大量实验统计可以知道变量取值服从一定的概率分布。如计算机系统的可靠性问题就是一个随机优化问题，称为随机规划。近年来专家学者认识到由于不可能给事物明确定义和评定标准而存在着模糊性不确定因素，故将模糊性因素的最优化问题称为模糊优化设计。船舶结构的优化设计一般为确定性优化设计。

（3）线性与非线性优化问题

如果目标函数和所有约束函数式都是随设计变量的变化而线性变化的，则称这种优化问题为线性优化。如果有某个或某几个目标函数或约束函数式是变量的非线性函数，则称之为非线性优化。

3. 结构优化设计的层次

结构优化设计从低到高依次可分为以下几个层次。

（1）结构截面尺寸优化

结构优化设计的第一阶段是以截面尺寸优化为起点，此时以结构截面尺寸作为设计变量，以直接计算法或有限元方法作为结构响应分析手段，采用常规单元的几何变量（如杆件截面积、梁的截面尺寸、板的厚度等）作为参数，优化设计目标是降低结构质量，充分发挥材料的机械性能，以此作为问题的优化设计目标函数。在结构强度、刚度等约束条件下进行寻优搜索，设计变量与刚度矩阵一般为线性关系，因此在结构响应分析与优化算法的连接中，均是以结构截面尺寸、板的厚度等为设计变量。

（2）结构形状优化

结构形状优化也称为结构几何优化。20 世纪 80 年代后期，结构边界形状优化设计引起了人们的普遍关注，研究重点是确定连续体结构的边界形状或其内部结构，如杆系结构的节点位置优化、连续体结构应力和温度场分布的优化等。在连续体结构形状优化设计中，设计变量是目标函数中控制微分方程的定义区域，即形成所谓可动边界问题。众所周知，只有在特别简单的区域形状中，才能得到对给定区域的形状和边界条件的微分方程的解析解。因此，对于比较复杂的结构形状，连续体结构的形状优化问题并没有真正得到解决。

（3）结构拓扑优化

结构优化的第三阶段是进行结构拓扑优化。结构拓扑优化设计就是通过一定的算法使得设计结果在满足约束条件的前提下派生出一个或一组结构，之所以称为拓扑结构是因为派生的结构可能在几何形式、单元形式等方面突破了初始结构布局。

（4）结构布局优化

结构优化设计的第四阶段是进行结构布局优化设计。它除了包括前面三种结构优化设计的主要内容外，还包括对结构类型的优化，是结构优化的最高层次。

优化问题层次越高，优化的范围和难度就越大，优化效率就越低，数学模型和解法就越复杂，求解也就越困难。目前对较低层次优化问题的研究已经相对成熟，高层次优化问题的研究也在逐步深入。从解决问题的复杂程度来看，已由简单的桁架结构设计发展到由梁板壳等组成的航空、航天飞行器以及船舶建筑等领域的复杂结构设计;所能考虑的约束种类已经由最初的应力、位移约束发展到稳定性、动力特性以及颤振约束等;所能处理的设计变量的类型已经由连续设计变量优化发展到离散设计变量优化。目前多数研究工作只限于单目标的局部优化设计问题,而工程结构优化往往是多目标的,这方面优化问题也在研究之列。

1.3 结构优化算法及其发展现状

采用适当的优化算法求解数学模型,可归结为在给定条件(如约束条件)下求目标函数的极值问题。在大型复杂结构优化问题中,当取结构的最小质量,造价最低为目标,目标函数通常是线性的,而约束条件往往是非线性的。在处理这样的问题时,优化算法的选取尤为重要,对于不同层次的优化问题需要选用不同类型的优化算法。

按优化算法的理论基础划分,结构优化算法主要有以下三种类型。

1. 准则法

准则法是从工程观点出发,通过力学概念或工程经验来建立相应的优化设计准则,建立优化设计迭代公式,然后用迭代的方法求出满足这些准则的解。利用优化准则在满足各种约束的设计方案中寻求最佳设计方案,其优点是物理意义明确、方法相对简便、优化中结构分析次数与设计变量的数目无直接关系、计算量不大、收敛速度较快等。基于这些优点,这类方法在结构优化设计的早期为人们所钟爱。但其缺点是应用范围具有局限性,主要适用于结构布局及几何形状已定的情况,并且从原理上不能保证一定是最优解,收敛性也难于证明,在优化过程中往往需要设计人员根据具体的情况作某些处理。Dems 等将优化准则法用于形状优化设计中,准则规定切应力或应变能密度沿边界均匀分布。该方法通常用于减小应力集中的形状优化设计中。按目前结构拓扑优化的方法,其力学模型一般都具有极为庞大的设计变量数目,所以用得较多的优化算法也是准则法。

满应力准则法的基本思想是充分发挥材料的强度或等应变能密度状态,以达到结构最轻的目标。对于确定的结构系统,可以调整其结构参数,使其在各种工况下各部分的应力都能达到或接近容许应力,结构处于“满应力”状态,结构材料得到充分利用,以此作为获得最轻结构的判据,从而导出相应的算法。桁架结构最适合运用满应力准则法进行优化,早在 20 世纪 50 年代就开始广泛应用该方法对其进行优化。

位移准则法是用位移准则建立优化设计迭代式的方法。对于一组载荷、一个约束(指一个节点有位移约束)可由能量法和拉格朗日乘子法导出精确迭代式,但当存在多组外载荷,或多个位移,或既是多组外载荷又是多组位移时,只能近似地用“包络法”进行处理。位移准则法是一种实用的刚度优化设计方法。

2. 传统的数学规划法

在准则法快速发展的同时,以数学规划为基础的结构优化设计方法的研究也一直在进行,到 20 世纪 70 年代中期 Schmit 等提出了结构优化的近似概念，主要包括：①设计变量连续化；②约束暂时删除；③利用导数信息对主动约束进行 Taylor 展开等。从而使规划方法有了新的生命力。近似概念的引入，实际上是将原问题转化成为序列近似优化问题，通过求解近似问题来逼近原问题的解。近似问题中的目标函数和约束函数均为显函数，故近似问题易于求解。在整个近似问题的求解过程中无须再作结构响应分析，即每形成一个近似问题，只须进行一次结构响应分析和灵敏度分析。故与结构优化概念引入初期，直接用数学规划理论求解方法相比，结构分析次数大大减少。

数学规划法是以规划理论为基础，具有理论严谨、适用面广、收敛性有保证等优点。其缺点是计算量大、收敛较慢，特别是对多变量的优化问题更为明显。20 世纪 70 年代中期以后，结构优化设计中的规划法吸收了准则法的优点，根据力学特性进行了某些改进，如显式逼近、选择有效约束条件、引入倒数变量、采用对偶求解技术等，使计算效率得到了显著提高。通常使用的数学规划法有线性规划法、序列线性规划、非线性规划、惩罚函数法、乘子法等。

3. 现代智能优化方法

许多大型复杂结构（如船舶结构）的优化设计，一般都属于混合变量优化设计问题，过去往往先进行离散变量连续化处理，再用非线性规划方法进行求解，在已获得的最优解附近进行试算，这样既额外增加了结构响应分析的工作量，又不一定能获得该问题的最优解。因此，寻找一种直接求解混合变量的优化设计方法是十分必要的。现代智能优化方法及其改进策略便是一种很好的解决方法，同时由于这种方法不需要利用目标函数的导数值信息，使其在求解大型复杂结构优化问题时具有相当的优越性。

（1）遗传算法（Genetic Algorithms，GA）

遗传算法是通过模拟生物种群中的优胜劣汰选择机制，通过种群中优良个体的繁衍进化来实现优化的功能。该优化方法由 Holland 于 1975 年提出，并且由 Goldberg 于 1983 年在他的博士论文中第一次将遗传算法应用到实际的煤气管道工程的优化中，引起了各学科学者对遗传算法应用的广泛兴趣，使得遗传算法的理论研究更加深入，应用研究成果更加丰富。同时，人们也越来越清楚地意识到传统优化方法的局限性。并且随着计算机速度的提高及并行计算机的普及，机器计算速度要求已不再是制约遗传算法和进化计算发展的因素。

因遗传算法在机器学习、过程控制、经济预测、工程优化等领域取得的成绩，该算法引起了数学、物理学、化学、生物学、计算机科学、社会科学、经济学及工程应用等领域专家的极大兴趣。同时由于该算法在应用研究方面的长处主要得益于其求解的有效性、现有仿真环境下易于实现、可扩充性和易于与其他方法相结合等特点，可以预期在不远的将来，随着理论研究的不断深入和应用领域的不断推广，遗传算法将取得长足的发展。

与传统方法相比，遗传算法具有隐式并行性和全局搜索性两大主要特点，作为强有力且应用广泛的随机搜索和优化方法，遗传算法可能是当今影响最广泛的进化计算方法之一。最近十几年来，遗传算法主要在复杂优化问题求解和工业工程领域应用方面，取得了一些令人信服的结果，遗传算法已成功应用于函数优化、机器学习、组合优化、人工神经元网络训练、自动程序设计、专家系统、作业调度与排序、可靠性设计、车辆路径选择与调度、成组技术、设备布置与分配等。

(2)模拟退火算法(Stimulated Annealing,SA)

模拟退火算法早在1954年就曾被提出，直到1982年才引入到结构优化设计领域中。模拟退火算法将组合优化问题与热力学中的热平衡问题类比，另辟了求解组合优化问题的新途径。它通过模拟物理退火过程来进行结构优化问题的寻优搜索，并能够找到全局(或近似)最优解。模拟退火算法是基于迭代求解法的一种启发式随机搜索算法。它用于解决优化问题的出发点是基于物理中固体物质的退火过程与一般组合优化问题间的相似性。在对固体物质进行退火处理时，通常先将它加热到一定温度，使其中的粒子可自由运动，然后随着温度的逐渐下降，粒子也逐渐形成了低能态的晶格。若在凝结点附近的温度下降足够慢，则固体物质一定也会形成最低能态的基态。对于组合优化问题来说，它也有着类似的过程。组合优化问题解空间中的每一点都代表一个解，不同的解有着不同的目标函数值。所谓优化，就是在解空间中寻找目标函数的最小(或最大)解。模拟退火算法在搜索过程中某种程度上容纳过渡性的非优解，并通过对过渡性的非优解进行扰动，来不断跳出局部最优解，因此用它求全局最优解的概率较大。

模拟退火算法的迭代搜索过程以 Boltzmann 分布概率来接受目标函数的“劣化解”，所以模拟退火算法具有脱离局部最优陷阱的能力，而且具有高效性、鲁棒性、通用性、灵活性等优点。但其算法中的参数难以控制：若初始温度的设置太大，该算法要花费大量的时间；若设置太小，则该算法的全局搜索性能可能会受到影响。另外，关于退火速度问题也要作合理的设置。

模拟退火算法引入优化设计问题之后得到了大量地应用，它在求解最大截问题、0-1背包问题、图着色问题、生产调度问题等方面的效率较高。已有学者开发出了模拟退火算法与响应面方法相结合的具有全局寻优能力的优化程序，采用三维黏性流场求解程序进行流场求解，并对某些工程问题进行了优化设计。在研究新近发展起来的模拟退火算法及其各种改进算法的基础上，有学者提出并构造了一种以记忆为基础的直接搜索模拟退火算法，并将其应用于内燃机配气结构设计中，得到了更合适的全局最优解。

(3)人工蚁群算法(Ant Colony Optimization Algorithm,ACA)

人工蚁群算法，是人们受到自然界中真实蚂蚁群体行为的启发而提出的一种新型智能优化算法，它是基于群体智能的模拟进化，属于随机搜索算法的一种。这种算法借鉴蚂蚁群体利用信息素相互传递信息来实现路径优化的机理，通过记忆路径信息素的变化来求解组合优化问题。蚁群算法最早由意大利学者 M Dorigo 等人提出，在充分利用了蚂蚁群体搜索食物的过程和著名的旅行商问题(TSP)之间的相似性，通过人工模拟蚂蚁搜索食物的过程来求解 TSP 问题，并获得了成功，故称之为“人工蚁群算法”，简称“蚁群算法”。在随后的研究中，蚁群算法又被成功地应用于二次分配问题、生产调度问题、网络动态路由优化问题、信带频率分配问题等。

虽然 ACA 在求解 TSP 问题、分配问题和工作调度问题等方面取得了较好的试验结果,但是这种优化方法仍处于深入探索阶段。但很多初步研究成果已经显示出了蚁群算法在求解复杂结构优化问题方面的优越性,证明了它是一种很有发展前景的优化方法。

(4)粒子群算法(Particle Swarm Optimization,PSO)

粒子群算法最初是通过模拟鸟群觅食行为,由美国的 Eberhart 和 Kennedy 于 1995 年最早提出的。一些科学家研究了蜂群、鸟群和鱼群等各成员间的协调运动,发现了相互间没有冲撞的隐含规则,通过模拟发现每个个体在运动过程中始终保持与其相邻个体间的一定距离。通常认为群体中个体之间的信息共享能够帮助群体找到全局最优解,这就是粒子群算法发展过程中的核心思想。

与遗传算法相比,PSO 算法具有结构简单、参数少、易于实现等优点。这使得 PSO 算法在近十年内得到了很大的发展,目前已被国际进化计算会议(CEC)列为讨论专题之一。但由于粒子群算法是建立在对社会模型仿真的基础上,因而在算法提出的初期并没有严格的数学基础,随着 Clerc 和 Van den Bergh 等人研究成果的公开发表,粒子群算法的严格数学基础正在逐步建立。

结构优化设计的实践经验表明,每一种优化算法都有其优点,也难免有其不足。因此,不存在最好的优化算法,但在给定的设计要求下,最合适的优化算法总是存在的。研究各种算法的目的就在于针对给定的优化问题,能找到最合适的优化算法进行优化设计。

1.4 船体结构优化设计的一般概念

我们都知道,船舶是一个由许多子系统所组成的复杂工程结构物。船体结构是其中的一个子系统,它提供了一个使其他子系统可以结合为一个整体的实际空间,并确保完成船舶的指定功能。船体结构设计通常是在船舶总体设计完成之后进行的,此时船舶的主尺度、船体型线及总体布置(船舶建筑型式、甲板层数、甲板与内底位置及舱室的划分等)已经确定。因此,船体结构设计的基本任务是选择合适的结构材料和结构型式,决定全部的尺寸和连接方式,在保证具有足够的强度和安全性等要求下,使结构具有最佳的技术性能。

船体结构优化设计是在船体结构设计的基础上进行的。船体结构优化设计就是要在所有可行的船体结构设计方案中,找到一种满足船东要求的最佳设计方案。船体结构优化设计需要相当的理论基础和计算手段,对于不同的结构型式,需要根据相应的设计规范,建立合理可行的数学优化模型,即确定结构优化的目标函数、设计变量和约束条件,选择适当的优化策略,采用高效实用的优化算法方能实现。

1. 船体结构优化设计的一般流程

船体结构优化设计的一般流程如下。

(1)建立目标函数

建立一个适当的目标函数来评价设计方案的优劣程度,是整个优化设计过程中最重要的决策之一。目标函数应针对影响船舶结构设计质量和使用性能上最重要、最显著的因素来建立。例如,可选择结构重质量、安全性能、造价、维护费用或承载能力等作为目标函数。经济效益是工程结构设计中一个至关重要的指标,因此在船体结构优化设计中,较多地采用最低成本作为目标函数,即

$$F(\boldsymbol{X}) = K_1 \cdot \text{质量} + K_2 \cdot \text{造价}$$

式中,K_1,K_2 为加权系数。这种方法称为线性加权法,其一般形式为

$$F(\boldsymbol{X}) = \sum_{i=1}^{m} K_i f_i(\boldsymbol{X}), \sum_{i=1}^{m} K_i = 1$$

通过适当地选择加权系数 K_i,体现出各项目标函数不同的重要程度,起到突出主要目标函数的作用。

(2)确定设计变量

一般来讲,船体结构的外形尺寸通常是由总体布置确定的。因此,一般将其形状尺寸以及布置形式作为已知量,而将船体结构中的主向梁和交叉构件的剖面尺寸作为设计变量。桁材一般取 T 型材或者球扁钢等型材。为此,对于船体结构来说,取主要支撑构件如纵桁和肋板的剖面要素(如腹板厚度 $t_{w,b}$、腹板高度 $h_{w,b}$ 和翼板厚度 $t_{f,b}$、翼板宽度 $b_{f,b}$ 等)、板架中纵向骨材的剖面积 f_s 以及间距 b 和船体外板厚度 t 作为设计变量。有时,对于船体结构中的纵向骨材尺寸,可由板格及单跨梁分别计算得到,或根据总强度要求予以确定。因此纵向骨材尺寸也可作为常量来处理。

确定设计变量之后,可将多维设计变量用它们的集合所组成的列阵表示,即记为

$$\boldsymbol{X} = (x_1, x_2, \cdots, x_n)^{\mathrm{T}}$$

在实际的船体结构设计中,这些设计变量一般都是离散的,在以设计变量 $x_1, x_2, \cdots, x_n$ 为坐标轴组成的 n 维空间内,每一点(称为设计点)代表一个可能(不一定满足设计要求)的设计方案。

(3)确定约束条件

设计约束是根据设计变量中所提出的种种限制条件来确定的。这些限制条件通常包括强度条件、刚度条件、动力条件、几何条件及工艺要求等。复杂的船舶结构设计问题,其约束条件大多是设计变量的非线性函数,且性态约束以及其对设计变量的偏导数,大都是设计变量的隐函数。人们要运用力学方法,如直接计算法或有限元分析法,进行复杂的结构响应分析计算才能求出这些约束。因此,在结构优化过程中,大部分计算工作量是用在结构的重分析上。故对约束计算、结构响应分析方法以及优化方法的选取,都要经过全局考虑,有时还要进行必要的简化和近似处理。

（4）选择合适的优化算法

最优化方法种类繁多，各种方法都有其特点和一定的适用范围。我们可以根据具体优化问题的性质及特点加以合理的选择。用于结构优化的方法大致可概括为两大类：数值优化算法和智能优化算法。

数值优化方法具有坚实的理论基础和广泛的适应性，如序列线性规划方法、求解约束优化的可行方向法，在船体结构优化中得到大量应用。惩罚函数法的应用最为广泛，近几年随着智能优化算法的发展，在大型复杂结构优化问题中，解决了不少数值优化方法无法突破的问题，其中遗传算法在船体结构优化设计中的应用最为广泛，其他优化方法也逐渐被引入到船体结构优化设计的领域中。

（5）拟定程序框图和编制源程序

为了编写源程序有个正确的思路而不至混乱，必须先根据具体的船舶结构设计问题，拟定一个比较详细的程序框图。程序框图不仅反映了所有优化计算过程的先后步骤，而且表明了各种运算之间的逻辑关系。因此，对于所有的程序框图要反复推敲，直至认为达到完善的程度为止。然后，我们就可以根据程序框图的思路，逐步编写船体结构优化的源程序。

（6）上机调试和实例试算

一个新编的没有经过使用的程序，即使编制时已经作过周密的考虑，也很难一上计算机就顺利地通过，总会出现这样或者那样的差错。这些差错可能是语言规则方面的，也可能是程序本身预先未估计到的某些因素。因此，新编的程序必须经过反复调试和试算，才能确认它的正确性。

试算通过以后，再作正式的优化设计，它的结果就比较可靠了。由于结构优化的结果究竟收敛于全局最优还是局部最优的问题，在理论方面还未得到很好的解决。所以，一般总是采用几个不同的初始方案分别进行优化设计，然后比较它们的最优解。若都相同，则说明所得到的解就是问题的全局最优解；若有差别，则取其中最小的（或最大的）解作为问题的全局最优解。

2. 结构优化设计尚需研究的问题

结构优化设计是一个反复迭代的过程，在每一次迭代过程中，每得到一次改进的设计方案，就需要进行一次船体结构响应分析过程。虽然有些通用软件带有优化模块，但对于船舶这类复杂结构的优化设计来说，这并不是一种便捷、实用的优化方法。随着大型通用软件的更新，计算机硬件性能的提高，面向对象编程技术以及相关平台的发展，使我们有可能在较高的层次上开发出专用的、基于直接设计计算的大型船体结构优化程序系统。但是，这同时需要考虑研究以下若干问题。

（1）加强对各国船体设计建造规范的理解，正确建立合理的船舶中剖面纵向构件、横向构件及横舱壁结构的优化数学模型，并进行优化设计。

（2）针对船体结构强度直接设计计算的许用应力要求，根据结构优化设计的需要，正确建立基于 ANSYS 等通用软件的舱段结构三维有限元模型，包括网格划分、单元类型、边界条件、载荷工况、自动加载等，并能实现参数化建模与优化设计。

(3)研究开发先进高效的离散变量优化方法,如智能优化方法等,提高这些优化方法的鲁棒性、可靠性、通用性及易于与其他优化方法相融合的性能等。

(4)开发面向对象的可视化实用软件,加强前后处理研究,可视化界面友好,便于用户操作使用。

(5)建立通用的优化平台,便于扩展,以使研究成果能够方便地推广到不同的设计规范、不同的结构类型以及不同的船舶种类的结构优化设计中,使其取得更好的经济效益和社会效益。

第2章　传统结构优化方法

现代智能优化算法应用于工程结构优化问题之前,人们一般采用数值优化方法来处理结构优化问题。结构优化问题从约束条件的角度分类,大体可以分为有约束最优化问题和无约束最优化问题两大类。在实际工程问题中,大多数情况都是有约束优化问题,但在优化方法的处理上,可以将有约束优化问题转化为无约束优化问题,再按无约束优化方法进行处理;或者将有约束优化问题部分地转化为无约束优化问题,即在远离极值点和约束边界处按无约束问题来处理,当接近极值点和约束边界时,则按有约束优化问题来处理。因此,无约束优化方法是结构优化方法的基本组成部分,也是结构优化中最常用的方法。

将有约束问题无约束化的方法有拉格朗日乘子法、内点惩罚函数法、外点惩罚函数法、混合惩罚函数法等。在这些优化方法中,有一些优化方法不需要利用目标函数的导数值信息,一般称之为直接法;而另外一些优化方法则需要利用到目标函数的导数值信息,一般称之为间接法。常用的直接法有枚举法和网格法、坐标轮换法、模式搜索法(步长加速法)、共轭方向法、Powell 法、简单图形法和复形法。常用的有约束间接方法有梯度法、共轭方向法、牛顿法和拟牛顿法、DFP 法和 BFS 法等。

本章主要参考了文献[1～4],通过对各种传统优化算法学习、研究整理而成。因篇幅有限,其他优化方法将不在这里阐述。

2.1　一维搜索最优化方法

在结构优化问题中,最简单的方法是一维搜索方法。一维搜索是最优化技术中最简单、最基础的寻优技术。它是在只有一个设计变量变化的情况下进行寻优,寻求目标函数的最大值(或最小值),因此不存在选择搜索方向向量的问题。它不仅适用于一元函数的优化问题,更常用于多元函数在特定方向上的优化问题。

一维搜索的方法有很多,一般有以下三种类型。

(1) 逐步缩小搜索区间的直接迭代法,如分数法(外推内插法)、黄金分割法等。

(2) 利用多项式逼近的曲线拟合法,如二次插值法和三次插值法等。

(3) 利用目标函数 $F(\boldsymbol{X})$ 的一阶、二阶导数信息的间接寻优法,如切线法等。

在处理结构优化问题时,应根据具体的优化问题选择合适的优化方法。如果容易求得目标函数的一阶导数值和二阶导数值,应首先考虑采用三次插值法和切线法,可获得较高的优化效率;而对仅利用目标函数值进行寻优的优化方法中,外推内插法和二次插值法的收敛速度都很快,尤其当极小点所在的搜索区间较小时,这两种优化方法收敛更快。需要注意的是,以上这些方法都要求目标函数是解析性能较好的单峰函数，否则算法会失效。

从算法的可靠性方面来考虑，黄金分割法（0.618 法）是一种十分稳定的方法，而且计算步骤简单，只需要计算目标函数值，对于性态较差的目标函数同样可以得到比较可靠的结果。

2.1.1　一维搜索最优化方法的基本要素

设一元函数 $F(\boldsymbol{X})$ 是单峰且连续的函数，如果一元函数 $F(\boldsymbol{X})$ 不可导或导数 $F'(\boldsymbol{X})$ 难求，或者 $F'(\boldsymbol{X}) = 0$ 无法求解，则无法采用微分方法求解。在这种情况下，依靠数值计算进行求解却并不困难，通常可采用缩小搜索区间的优化方法来实现。利用缩小搜索区间来求目标函数极值的方法，是在保证区间内极值存在的情况下，不断缩小搜索区间，直到满足收敛精度为止。一维搜索的基本要素如下所示。

1. 区间存在极值的条件

设一元函数 $F(\boldsymbol{X})$ 是单峰且连续的函数，若在 (a,b) 区间内有点 c，即有 $a < c < b$，当满足关系 $f(a) > f(c)$，$f(b) > f(c)$ 时，则区间 (a,b) 存在极小点，即 $x^* \in (a,b)$；当满足关系 $f(a) < f(c)$，$f(b) < f(c)$ 时，则区间 (a,b) 存在极大点，即 $x^* \in (a,b)$。

2. 利用外推法确定初始搜索区间

在求解一元函数 $F(\boldsymbol{X})$ 的极值点时，一般并不知道 $F(\boldsymbol{X})$ 极值点的大概位置，所以也就不知道极值点所在的具体区域。由于搜索区间范围的确定及其大小直接影响着优化算法的收敛速度和其计算精度。因此，首先要快速确定极值点所在的区间，并希望其初始搜索区间尽量小。以极小值函数为例，通常可采用外推法来确定初始搜索区间。

设从某一点 x_1 出发，经过原步长 h，得到一新点 x_2，计算 $f(x_1)$ 及新点 $x_2 = x_1 + h$ 处的函数值 $f(x_2)$。比较 $f(x_1)$ 和 $f(x_2)$，有以下两种情况。

(1) 若 $f(x_1) \geqslant f(x_2)$，则加倍增大步长，得到 $x_3 = x_2 + 2h, x_4 = x_3 + 4h, \cdots, x_k = x_{k-1} + 2^{k-2}h$，并计算它们的函数值 $f(x_k)$，直至函数值增加为止。设此点为 x_k，函数值为 $f(x_k)$，如图 2.1(a) 所示。

(2) 若 $f(x_1) < f(x_2)$，则反向加倍增大步长，得到 $x_3 = x_1 - h, x_4 = x_3 - 2h, \cdots, x_k = x_{k-1} - 2^{k-3}h$，并计算它们的函数值 $f(x_k)$，直至函数值增加为止。设此点为 x_k，函数值为 $f(x_k)$，如图 2.1(b) 所示。

对于单峰函数来说，极小值必落在 x_{k-2} 和 x_k 之间，即 $x_{k-2} < x^* < x_k$，且有

$$x_k - x_{k-1} = 2(x_{k-1} - x_{k-2})$$

同时，若取 x_{k-1} 和 x_k 之间的中点得 x_{k+1}，即

$$x_{k+1} = \frac{1}{2}(x_{k-1} + x_k)$$

此时，四点等距点 $x_{k+1}, x_k, x_{k-1}, x_{k-2}$ 之间的距离为 d，当 $f(x_1) \geqslant f(x_2)$ 时，$d = x_{k-1} - x_{k-2} =$

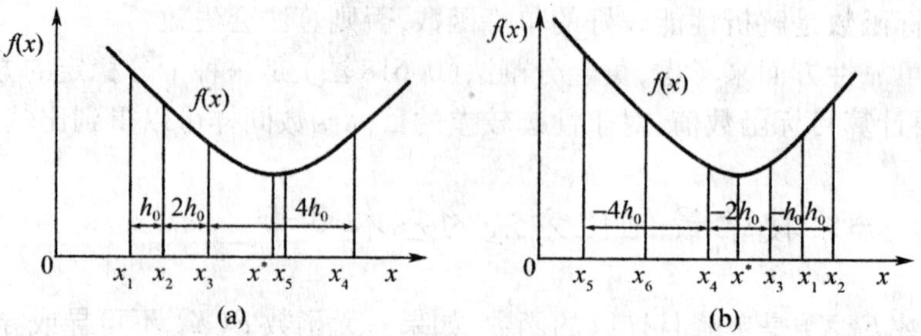

图 2.1 利用外推法确定搜索区间

$2^{k-3}h$;当$f(x_1) < f(x_2)$时,$d = x_{k-1} - x_{k-2} = 2^{k-4}h$。比较四个点的函数值,将其中函数值最小的点称为$c$,则取$a = c - d, b = c + d$,舍去余下的部分,得到搜索区间$[a,b]$。则函数$f(x)$的极小点必在此区间内。

上述为外推法的计算步骤,计算框图如图 2.2 所示。

3. 缩小搜索区间计算原理

利用外推法找到初始搜索区间$[a,b]$之后,也就是已知一元单峰目标函数$F(\boldsymbol{X})$在区间$[a,b]$内有最小点x^*,则必然有$F(a) > F(x^*)$,$F(b) > F(x^*)$,为了能够有效地缩短搜索区间,在区间内尽量少插入点,并且确保最小点x^*仍在压缩后的区间内,可在搜索区间(a,b)内插入两个点$x_1, x_2(x_2 > x_1)$,比较其函数值$F(x_1)$和$F(x_2)$的值,分别按以下三种情况缩小搜索区间。

(1) 如果$F(x_2) = F(x_1)$,则x^*可以确定在区间$[x_1, x_2]$之内,区间左端$[a, x_1)$和区间右端$(x_2, b]$同时被舍去,如图 2.3(a) 所示。

(2) 如果$F(x_1) < F(x_2)$,则x^*可以确定在区间$[a, x_2)$之内,区间右端$(x_2, b]$被舍去,如图 2.3(b) 所示。

(3) 如果$F(x_1) > F(x_2)$,则x^*可以确定在区间$(x_1, b]$之内,区间左端$[a, x_1)$被舍去,如图 2.3(c) 所示。

4. 搜索收敛准则

一维搜索寻优过程并不是无限次地将搜索区间缩小,当搜索区间$[a,b]$被缩小至足够小时,如$|b - a| \leqslant \varepsilon$($\varepsilon$为精度要求,是视具体实用情况而事先确定的一个很小的正数),满足这一收敛准则即可认为$a = b$,$f(a) = f(b)$,因此一维搜索的结果可近似为$x^* = x_1$(或x_2),$F(x^*) = F(x_1)$(或$F(x^*) = F(x_2)$),从而结束搜索。常用的搜索终止收敛准则有如下两种。

(1) 区间收敛准则

当搜索区间$[a,b]$小于给定的足够小的正数ε时,则停止搜索,输出计算结果,即

$$|b - a| \leqslant \varepsilon$$

$$x^* = \frac{1}{2}(x_1 + x_2)$$

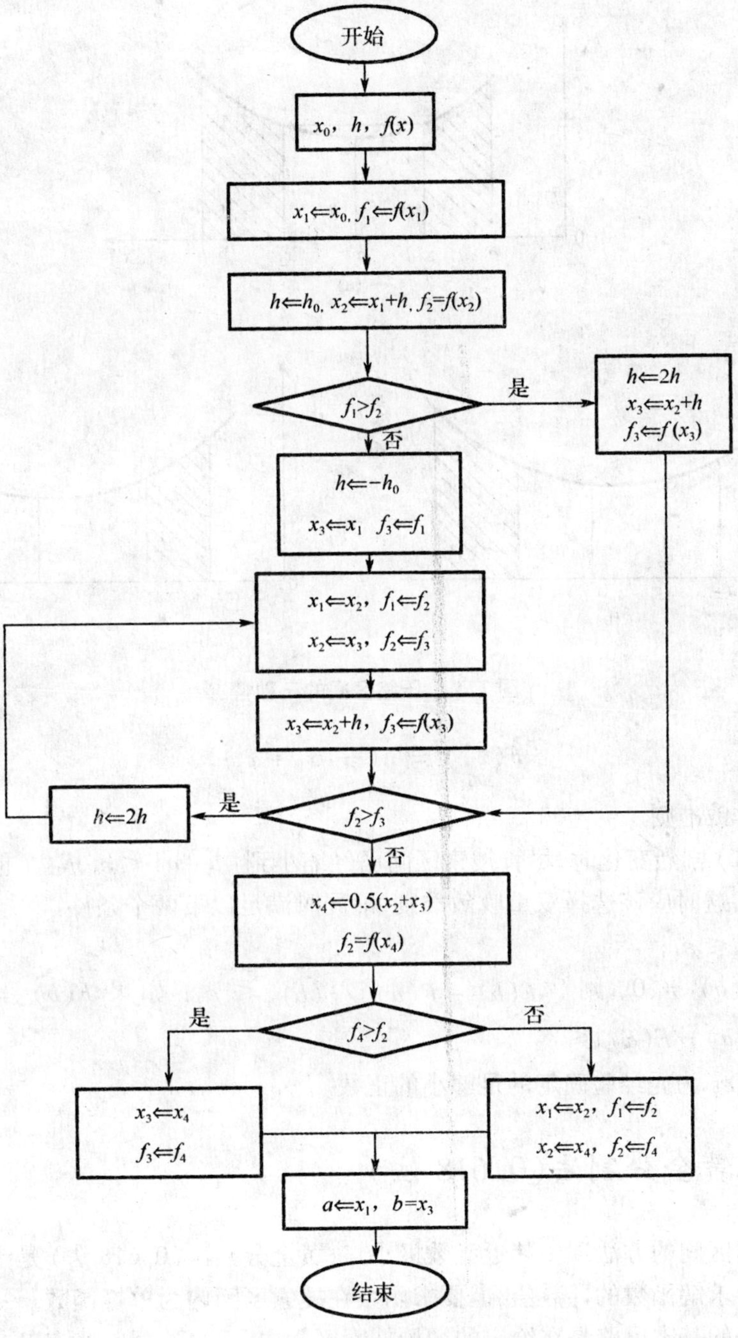
开始
x_0，h，$f(x)$
$x_1 \Leftarrow x_0$, $f_1 \Leftarrow f(x_1)$
$h \Leftarrow h_0$, $x_2 \Leftarrow x_1+h$, $f_2=f(x_2)$
$f_1>f_2$
是
否
$h \Leftarrow 2h$
$x_3 \Leftarrow x_2+h$
$f_3 \Leftarrow f(x_3)$
$h \Leftarrow -h_0$
$x_3 \Leftarrow x_1$　$f_3 \Leftarrow f_1$
$x_1 \Leftarrow x_2$，$f_1 \Leftarrow f_2$
$x_2 \Leftarrow x_3$，$f_2 \Leftarrow f_3$
$x_3 \Leftarrow x_2+h$，$f_3 \Leftarrow f(x_3)$
$h \Leftarrow 2h$
是
$f_2>f_3$
否
$x_4 \Leftarrow 0.5(x_2+x_3)$
$f_2=f(x_4)$
是
$f_4>f_2$
否
$x_3 \Leftarrow x_4$
$f_3 \Leftarrow f_4$
$x_1 \Leftarrow x_2$，$f_1 \Leftarrow f_2$
$x_2 \Leftarrow x_4$，$f_2 \Leftarrow f_4$
$a \Leftarrow x_1$，$b=x_3$
结束

图 2.2　外推法计算框图

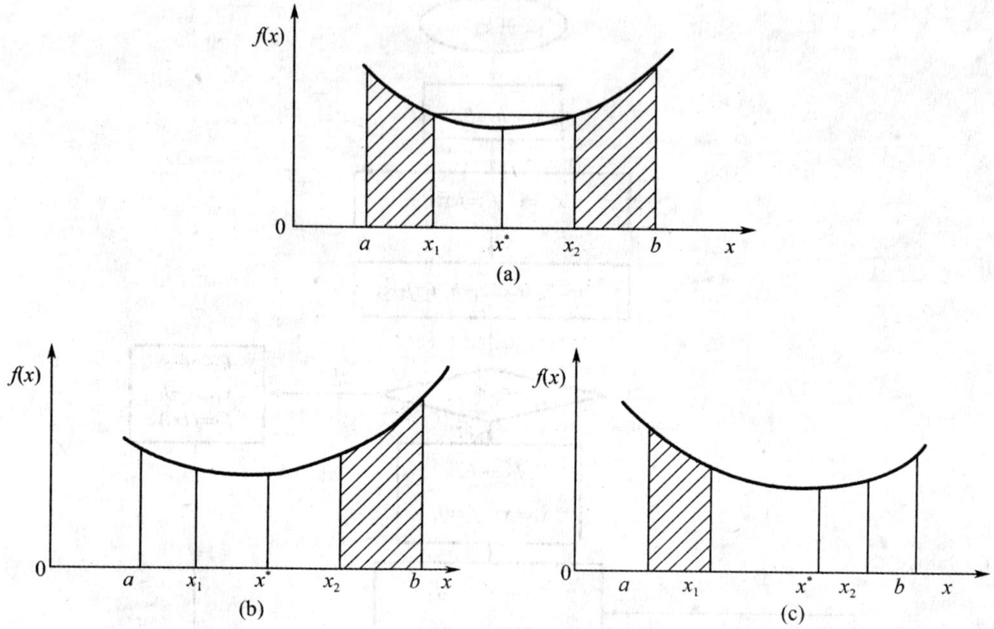

图 2.3　压缩区间的三种情况

$$F(x^*) = F(\frac{1}{2}(x_1 + x_2))$$

（2）双重收敛准则

当函数 $F(\boldsymbol{X})$ 剧烈变化时，尽管搜索区间已经缩小到 $|b-a| \leqslant \varepsilon_1$ 成立，但函数值 $F(a)$ 与 $F(b)$ 相差很大，这时应该选择双重收敛准则，即同时满足以下两个条件：

① $|b-a| \leqslant \varepsilon_1$；

② 如果 $F(b) \neq 0$，则 $|(F(b)-F(a))/F(b)| \leqslant \varepsilon_2$；如果 $F(b) = 0, F(a) \neq 0$，则 $|(F(b)-F(a))/F(a)| \leqslant \varepsilon_2$。

这里，ε_1 和 ε_2 为凭经验确定的足够小的正数。

2.1.2　黄金分割法(0.618 法)

用缩小搜索区间的方法逐步趋近函数极小点，黄金分割法(0.618 法）是十分常用的方法。这种方法不需要求解函数的导数值，但要求函数在搜索区间内为单峰函数。

黄金分割法的基本思路是在给定的初始搜索区间内，适当选择一些点，比较这些点上函数值的大小，再利用缩小搜索区间原理来逐步缩小搜索区间，使得区间两边界值逐渐接近函数的极值点，最后取小区间两端点的平均值作为函数的极值点。

若已确定函数 $F(\boldsymbol{X})$ 的极小点在区间 $[a,b]$ 内，在该区间内选取两点 x_1,x_2，使得 $a < x_1 < x_2 < b$，并计算函数值 $F(x_1)$ 和 $F(x_2)$，比较其函数值大小有如下三种情况。

(1) 如果 $F(x_1) < F(x_2)$，则极小点 x^* 必然在区间 $[a,x_2]$ 内，于是可舍去区间右端 $(x_2,b]$，得到重新缩小了的区间 $[a,x_2]$。在新区间内再选取一点 x_3，因已有一点 x_1 在区间 $[a,x_2]$ 内，又有两点 x_1 和 x_3，把 $F(x_3)$ 与 $F(x_1)$ 比较，又可进一步缩小搜索区间。

(2) 如果 $F(x_1) > F(x_2)$，则极小点 x^* 必然在区间 $[x_1,b]$ 内，于是可舍去区间左端 $[a,x_1)$，得到重新缩小了的区间 $[x_1,b]$。在新区间内再选取一点 x_3，把 $F(x_3)$ 与 $F(x_2)$ 比较，又可进一步缩小搜索区间。

(3) 如果 $F(x_1) = F(x_2)$，则极小点 x^* 必然在区间 $[x_1,x_2]$ 内，于是可舍去区间左端 $[a,x_1)$ 和区间右端 $(x_2,b]$，可取 $[x_1,x_2]$ 为新的搜索区间，并在区间内再重新选取两点进行比较。

由于 $F(x_1) = F(x_2)$ 出现的几率比较小，有时为了简化计算，可把上述情况(3) 合并到情况(2) 中去，即当 $F(x_1) \geqslant F(x_2)$ 时，取新区间为 $f_4 = f(x_4)$。

我们知道，如上述方法无限计算下去一定能够获得最终结果。现在的问题是，要如何选取 x_1 和 x_2 的位置才能获得最大的计算效率。

设

$$\left.\begin{aligned} x_1 &= a + \lambda_1(b-a) \\ x_2 &= a + \lambda_2(b-a) \end{aligned}\right\} \tag{2.1}$$

理论分析表明，为了得到最高效的计算效率，应取

$$\lambda_2 = \frac{F_k}{F_{k+1}}, \lambda_1 = 1 - \lambda_2 \tag{2.2}$$

其中，F_k 是 Fibonacci 数列，它满足关系

$$\left.\begin{aligned} &F_0 = F_1 = 1 \\ &F_k = F_{k-1} + F_{k-2}, k = 2,3,\cdots \end{aligned}\right\} \tag{2.3}$$

由上式可算出数列 F_k，如表 2.1 所示。

表 2.1　Fibonacci 数列 F_k

k	0	1	2	3	4	5	6	7	8	9	10	11	12	13
F_k	1	1	2	3	5	8	13	21	34	55	89	144	233	377

按照公式(2.2) 和(2.3)，λ_1,λ_2 是不断变化的。例如：

当 $k = 2$ 时

$$\lambda_2 = \frac{2}{3}, \lambda_1 = \frac{1}{3}$$

当 $k=10$ 时

$$\lambda_2=\frac{89}{144}=0.618\,055\,5,\lambda_1=0.381\,944\,5$$

当 $k\to\infty$ 时,有极限

$$\lambda_2=\lim_{k\to\infty}\frac{F_k}{F_{k+1}}=\frac{\sqrt{5}-1}{2}=0.618\,033\,988$$

按公式(2.2)计算 λ_1 和 λ_2,就是 Fibonacci 法。

为了简化计算,在每次迭代计算时都采用固定的 λ_1 和 λ_2 值,即

$$\lambda_2=0.618,\lambda_1=1-\lambda_2=0.382$$

于是就得到了黄金分割法。可见黄金分割法是从 Fibonacci 法简化而来的。

实际经验表明,黄金分割法在计算效率方面虽然稍逊于 Fibonacci 法,但计算效果还是不错的。由于该方法逻辑结构简单,可靠性好,因此是实际工程问题中较常使用的一种优化方法。

下面详细阐述黄金分割法的计算步骤。

(1) 在区间$[a,b]$中选取两点为

$$x_1=a+0.382(b-a)=0.618(a-b)+b=b-0.618(b-a)$$

$$x_2=a+0.618(b-a)=a+b-x_1$$

计算 $$F_1=F(x_1),F_2=F(x_2)$$

(2) 比较 F_1 与 F_2,若 $F_2>F_1$,极小点将落在新区间$[a,x_2]$内,舍弃$(x_2,b]$。由于

$$\frac{x_1-a}{x_2-a}=\frac{0.382(b-a)}{0.618(b-a)}=0.618$$

所以在新区间$[a,x_2]$内,原来的 x_2 将落在新区间的 b' 上,x_1 将落在新区间内 x_2' 点上(如图2.4(a)),故置

$$a'=a$$

$$b'=x_2$$

$$x_2'=x_1$$

$$x_1'=a+b'-x_2'$$

$$F_2'=F_1$$

$$F_1'=F(x_1')$$

转入第(4)步。

(3) 若 $F_2\leqslant F_1$,舍弃$[a,x_1)$,极小点将落在新区间$[x_1,b]$内,由于

$$\frac{x_2-x_1}{b-x_1}=\frac{0.236(b-a)}{0.618(b-a)}=0.382$$

所以在新区间$[x_1,b]$内,原来的 x_2 将落在新区间的 x_1' 上(如图2.4(b)),故置

$$a'=x_1$$

$$b' = b$$
$$x_1' = x_2$$
$$x_2' = a' + b - x_1'$$
$$F_1' = F_2$$
$$F_2' = F_2(x_2')$$

转入第(4)步。

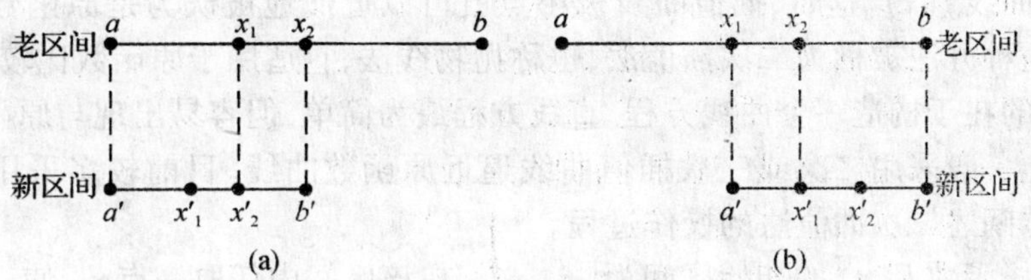

图 2.4　黄金分割法

(4) 若

$$\frac{x_2 - x_1}{b - a} \leqslant \varepsilon$$

则已满足了精度要求，令 $x_m = \frac{1}{2}(x_1 + x_2)$ 为极小点，结束计算。否则转至第(2)步。

上述黄金分割法计算框图如图 2.5 所示。

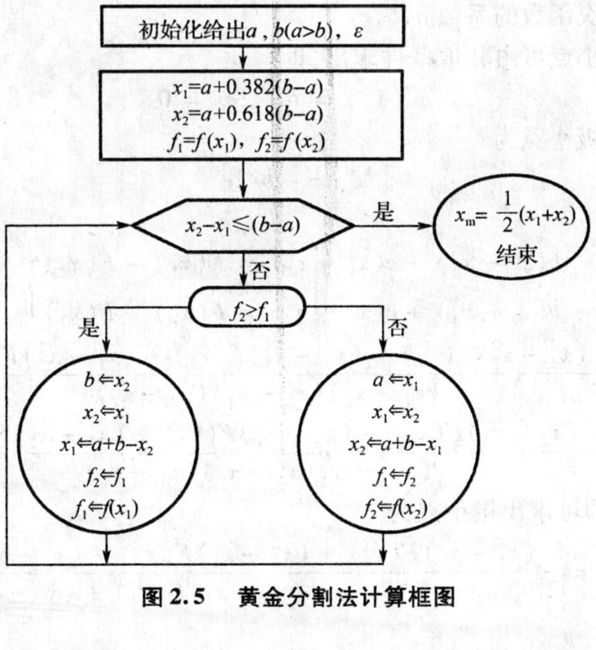

图 2.5　黄金分割法计算框图

2.1.3 二次插值法(抛物线法)

二次插值法是利用多项式逼近的曲线拟合法,这种方法是在已知某凸函数的三个点所对应的三个函数值,并利用二次插值的方法,建立一条插值曲线 $\phi(x)$。利用压缩区间方法不断缩小三个点所在的区间,当区间被缩小到某一足够小值时,插值曲线就可以很好的逼近这个小区间内的原函数曲线 $f(x)$。这时,插值曲线极小点就可以近似地被认为是原函数在这个小区间内的极小点,这种方法被称为二次插值法,也称抛物线法,它适用于原函数比较复杂的情况。

插值的目的在于构造一个曲线方程。直线方程最为简单,但容易出现与原函数曲线偏差过大的情况,因此一般采用二次或三次插值曲线逼近原函数曲线。目前较多采用的是二次插值法。下面将具体阐述二次插值法的操作过程。

设一元单峰函数 $F(x)$ 的初始区间为 $[x_1, x_3]$,在该区间内任取一点 x_2,使三点关系为 $x_1 < x_2 < x_3$,分别计算 $F(x_1)$,$F(x_2)$,$F(x_3)$,若 $F(x_1) > F(x_2)$,$F(x_2) < F(x_3)$ 存在,根据区间极值存在条件,则必然有 $x^* \in (x_1, x_3)$。现利用这三点及相应的函数值构造二次多项式

$$\phi(x) = a + bx + cx^2 \tag{2.4}$$

由于在插值点满足 $\phi(x_i) = F(x_i)$,$i = 1,2,3$,即

$$\left.\begin{aligned} \phi(x_1) &= a + bx_1 + cx_1^2 = F(x_1) \\ \phi(x_2) &= a + bx_2 + cx_2^2 = F(x_2) \\ \phi(x_3) &= a + bx_3 + cx_3^2 = F(x_3) \end{aligned}\right\} \tag{2.5}$$

由上式可解出二次函数的系数 a, b, c。

此插值函数的极小点可由驻值条件求出,即

$$\phi'(x_m) = b + 2cx = 0 \tag{2.6}$$

由上式可知,$\phi(x)$ 的极小点为

$$x_m = -b/2c \tag{2.7}$$

解方程得

$$\left.\begin{aligned} b(x_1 - x_2) + c(x_1^2 - x_2^2) &= F(x_1) - F(x_2) \\ b(x_2 - x_3) + c(x_2^2 - x_3^2) &= F(x_2) - F(x_3) \end{aligned}\right\} \tag{2.8}$$

$$b = \frac{(x_2^2 - x_3^2)F(x_1) + (x_3^2 - x_1^2)F(x_2) + (x_1^2 - x_2^2)F(x_3)}{(x_1 - x_2)(x_2 - x_3)(x_3 - x_1)} \tag{2.9}$$

$$c = -\frac{(x_2 - x_3)F(x_1) + (x_3 - x_1)F(x_2) + (x_1 - x_2)F(x_3)}{(x_1 - x_2)(x_2 - x_3)(x_3 - x_1)} \tag{2.10}$$

将 b, c 代入式(2.7) 即可求出极小点为

$$x_m = -\frac{b}{2c} = \frac{(x_2^2 - x_3^2)F(x_1) + (x_3^2 - x_1^2)F(x_2) + (x_1^2 - x_2^2)F(x_3)}{2[(x_2 - x_3)F(x_1) + (x_3 - x_1)F(x_2) + (x_1 - x_2)F(x_3)]} \tag{2.11}$$

如果 x_1,x_2,x_3 三点是等距的,即设

$$x_3 - x_2 = x_2 - x_1 = h \tag{2.12}$$

则式(2.11)可简化为

$$x_m = \frac{h}{2} \cdot \frac{4F(x_2) - 3F(x_1) - F(x_3)}{2F(x_2) - F(x_1) - F(x_3)} \tag{2.13}$$

为了使 x_m 是 $\phi(x)$ 的极小点,而不是极大点,必须有

$$\frac{d^2\phi}{dx^2} = 2c > 0 \tag{2.14}$$

或者

$$F(x_1) + F(x_3) > 2F(x_2) \tag{2.15}$$

这意味着,$F(x_2)$ 必须低于 $F(x_1)$ 与 $F(x_3)$ 的连线,如图2.6所示。上式也可用严格的条件来代替,即

$$F(x_1) > F(x_2) \text{ 且 } F(x_3) > F(x_2) \tag{2.16}$$

在实际计算时,第一步要利用外推法求出初始搜索区间$[x_1,x_3]$,再从初始搜索区间内选出一点 x_2;第二步利用插值函数,求出近似极小点 x_m;第三步从 x_1,x_2,x_3,x_m 中找出一组新的三个点,转入第一步,重复计算,直至满足精度要求为止。

二次插值法的计算步骤如下。

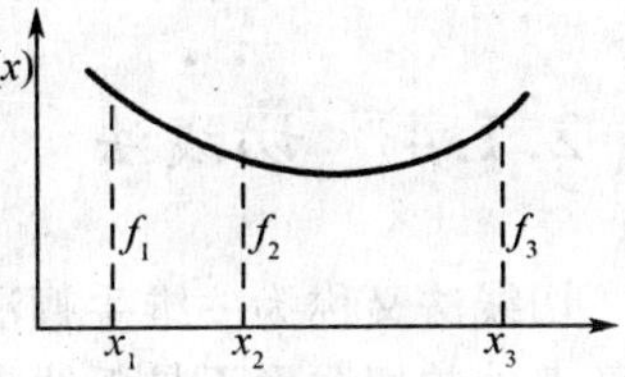

图 2.6

(1) 利用外推法求出初始搜索区间$[x_1,x_3]$,并在初始搜索区间内选出一点 x_2,使其满足关系式(2.15)或(2.16);取 ε 值,使 $\varepsilon = |x_3 - x_1|$。

(2) 由式(2.11)求出近似极小点 x_m 以及其实际函数值 $F(x_m)$,并判断是否满足精度要求。若 x_1,x_2,x_3 三点是等距的,则采用式(2.13)来求近似极小点。此时 x_2 和 x_m 是函数值最小的两个点,如果已满足精度要求,可从 x_2,x_m 中选取一个函数值较小的点作为极小点输出,并结束计算。如果不满足精度要求,则转入第(3)步。

(3) 从 x_1,x_2,x_3,x_m 中选取三个点作为新的插值点。如果 $x_1 < x_m < x_2$,且 $F(x)$ 是单峰的,只有两种可能:$F(x_m) \leqslant F(x_2) \leqslant F(x_3)$ 或 $F(x_2) < F(x_m) < F(x_1)$。对于前一种情况,新的插值点取 x_1,x_m,x_3(如图2.7(a));对于后一种情况,新的插值点取 x_m,x_2,x_3(如图2.7(b))。如果 $x_2 < x_m < x_3$,也只能有两种可能:$F(x_m) \leqslant F(x_2) \leqslant F(x_1)$ 或 $F(x_2) < F(x_m) < F(x_3)$。对于前一种情况,新的插值点取 x_2,x_m,x_3(如图2.7(c));对于后一种情况,新的插值点取 x_1,x_2,x_m(如图2.7(d))。

(4) 判断新的搜索区间是否满足精度要求,即 $|x_3 - x_1| < \varepsilon$ 是否成立。若成立,则停止迭代;若不成立,转至第(2)步,继续迭代。

计算精度要求还可用下式表示:

$$|F(x_m)-\varphi(x_m)|=\varepsilon$$

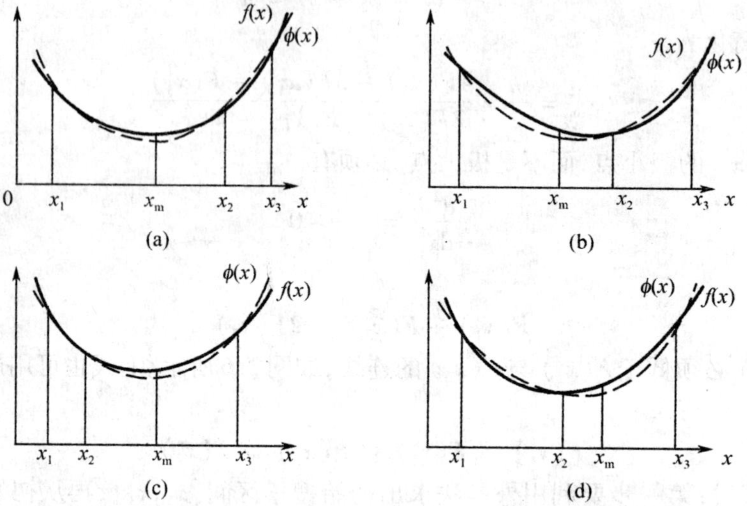

图 2.7　二次插值法的四种情况

二次插值法的计算框图如图 2.8 所示。

2.1.4　切线法

切线法又称为一维牛顿法，更确切地说是牛顿法在一维优化中的应用。这种方法利用的是用某点处的切线而不是弧线来逼近函数曲线的一种寻优方法。切线法首先求得函数在某点的函数值、一阶导数值和二阶导数值，在搜索区间内构造一个低次多项式，用它作为原函数的近似表达式，并将此多项式的极小点近似地作为原函数的极小点进行迭代。切线法的迭代公式为

$$x^{(k+1)}=x^{(k)}-\frac{F'(x^{(k)})}{F''(x^{(k)})} \tag{2.17}$$

当 $|F'(x^{(k+1)})|\leqslant\varepsilon$ 时，迭代终止，$x^{(k+1)}$ 即为设计变量的近似最优解。

与其他方法相比较，切线法要求函数 $F(\boldsymbol{X})$ 在搜索区间内能用数学表达式写出函数的一阶导数值和二阶导数值。其最大优点是收敛速度快，但在每一迭代点都要计算函数的二阶导数值，因而增加了每次计算的工作量。它要求初始点选择得当，即离极小点不太远，否则可能使极小化迭代发散或收敛到局部极小点。

切线法的具体计算步骤如下。

(1) 确定初始点 $x^{(0)}$，收敛精度 ε，计算 $F'(x^{(0)})$ 和 $F''(x^{(0)})$ 值。

(2) 按照公式 $x^{(k+1)}=x^{(k)}-\dfrac{F'(x^{(k)})}{F''(x^{(k)})}$ 计算近似点 $x^{(k+1)}$。

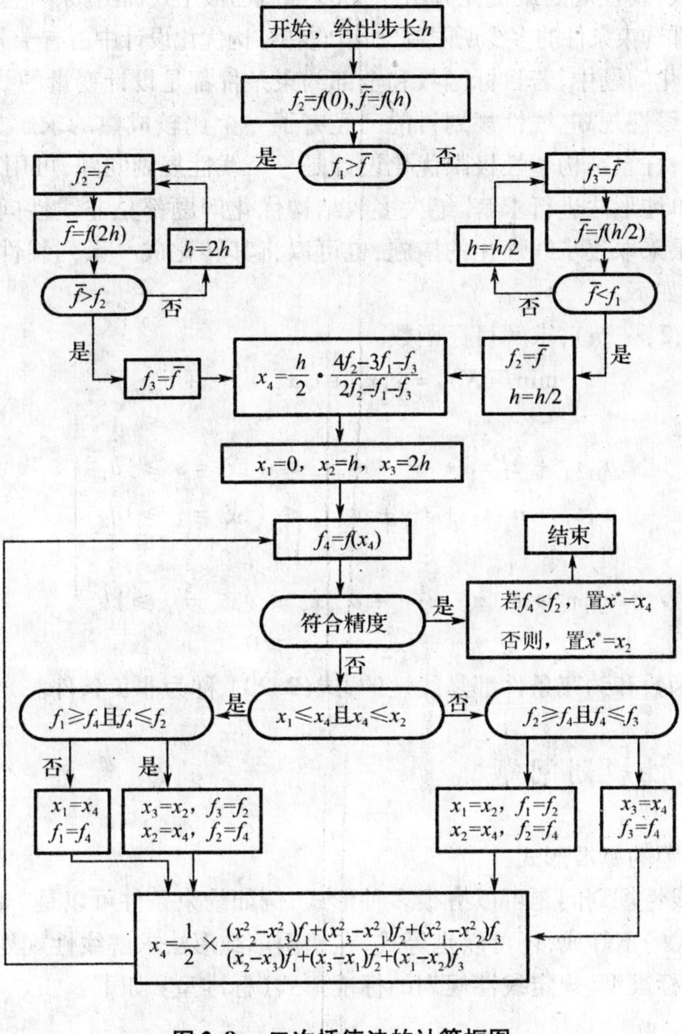

图 2.8　二次插值法的计算框图

(3) 检查收敛条件 $|F'(x^{(k+1)})| \leqslant \varepsilon$ 是否满足,若是,则停止迭代,取 $x^* = x^{(k)}$;否则,转向步骤(2) 继续迭代,直至满足收敛条件为止。

2.2　线 性 规 划

早在 20 世纪 60 年代,由于生产发展的需要以及电子计算机技术的快速发展,数学规划已被引入到结构优化设计领域。用数学规划法进行结构优化设计,理论上可以处理设计变量规模较大的各类问题。线性规划法是数学规划方法中发展最早、最成熟和应用最为广泛的一个分支。据有关资料记载,线性规划最优化方法于1939年就已被正式提出。原则上讲,线性规划的解题规模不受设计变量和约束条件的多少所限制,所以它在结构优化设计中占有十分重要的地位。

在待求解的优化问题中,若目标函数和全部约束条件都是设计变量的线性函数,这样的数学规划问题被称为线性规划。线性规划目前已经有了一个比较成熟的求解方法,即单纯形法。在结构优化设计中,杆系结构塑性极限优化设计是一个线性规划问题,可用求解线性规划问题的典型方法 —— 单纯形法进行求解。绝大多数结构优化问题都是非线性问题,不能直接按线性规划求解。但如果采取逐步线性化的措施,也可以将其转化成一系列线性规划问题。线性规划问题的数学模型如下。

已知 $x_i(i = 1,2,\cdots,n)$,求解目标函数

$$\min F(\boldsymbol{X}) = c_1x_1 + c_2x_2 + \cdots + c_nx_n \tag{2.18}$$

约束

$$\left.\begin{array}{l} a_{11}x_1 + a_{12}x_2 + \cdots + a_{1n}x_n \leqslant (\text{或} =, \geqslant) b_1 \\ a_{21}x_1 + a_{22}x_2 + \cdots + a_{2n}x_n \leqslant (\text{或} =, \geqslant) b_2 \\ \vdots \qquad\qquad\qquad\qquad\qquad\qquad \vdots \\ a_{m1}x_1 + a_{m2}x_2 + \cdots + a_{mn}x_n \leqslant (\text{或} =, \geqslant) b_m \end{array}\right\} \tag{2.19}$$

$$x_1, x_2, \cdots, x_n \geqslant 0 \tag{2.20}$$

在这里,目标函数和约束条件都是线性的,式(2.20) 称为非负条件。

2.2.1 线性规划问题

1. 线性规划问题的标准形式

由前述可知,线性规划问题可以有很多种形式,例如约束条件可以是"≤" 形式的不等式,也可以是"≥" 形式的不等式,还可以是等式。在使用单纯形法求解线性规划问题时,要将原线性规划问题转化为标准型。规定线性规划的标准形式(标准型) 如下:

目标函数

$$\min F(\boldsymbol{X}) = c_1x_1 + c_2x_2 + \cdots + c_nx_n \tag{2.21}$$

约束

$$\left.\begin{array}{l} a_{11}x_1 + a_{12}x_2 + \cdots + a_{1n}x_n = b_1 \\ a_{21}x_1 + a_{22}x_2 + \cdots + a_{2n}x_n = b_2 \\ \vdots \qquad\qquad\qquad\qquad\qquad \vdots \\ a_{m1}x_1 + a_{m2}x_2 + \cdots + a_{mn}x_n = b_m \end{array}\right\} \tag{2.22}$$

$$x_1, x_2, \cdots, x_n \geqslant 0 \tag{2.23}$$

线性规划的标准型有两个特点:一是目标函数的 m 个约束条件都是等式;另一是非负条件

包括了全部 n 个变量。

线性规划的标准形式写成矩阵形式为

$$F = c\boldsymbol{X} = \text{极小} \tag{2.21a}$$

约束

$$\boldsymbol{AX} = \boldsymbol{b} \tag{2.22a}$$

$$\boldsymbol{X} \geqslant 0 \tag{2.23a}$$

上式中,$\boldsymbol{X}$ 为 n 维列向量,$\boldsymbol{c}$ 为 n 维行向量,$\boldsymbol{b}$ 为 m 维列向量,$\boldsymbol{A}$ 为 $m \times n$ 矩阵。如果 $m = n$,并且没有一个方程是多余的,那么方程组 $\boldsymbol{AX} = \boldsymbol{b}$ 只有唯一解,无所谓最优化问题。通常情况下 $m < n$,这个方程组的解是无穷多个,我们要从中找到满足 $\boldsymbol{X} \geqslant 0$ 且使目标函数取极小值的解。

为了把一个一般的线性规划问题转化为标准型,必须做到以下两点:(1) 把所有的不等式约束转化成等式约束;(2) 把全部设计变量都化为非负的。下面将分别详细阐述这两个问题。

(1) 不等式约束条件等式化

如约束条件为

$$a_{11}x_1 + a_{12}x_2 + \cdots + a_{1n}x_n \leqslant b_1$$

可定义一个新的设计变量 $x_{n+1} \geqslant 0$,使得

$$a_{11}x_1 + a_{12}x_2 + \cdots + a_{1n}x_n + x_{n+1} = b_1$$

将 x_{n+1} 称为松弛变量。

假如还有第二个约束条件

$$a_{i1}x_1 + a_{i2}x_2 + \cdots + a_{in}x_n \leqslant b_i$$

可引入第二个松弛变量 $x_{n+2} \geqslant 0$,使得

$$a_{i1}x_1 + a_{i2}x_2 + \cdots + a_{in}x_n + x_{n+2} = b_i$$

依此类推,将全部的不等式约束转化为等式约束。

如果约束条件为

$$a_{s1}x_1 + a_{s2}x_2 + \cdots + a_{sn}x_n \geqslant b_s$$

则可以在左边减去一个松弛变量 $x_{n+k} \geqslant 0$,使得

$$a_{s1}x_1 + a_{s2}x_2 + \cdots + a_{sn}x_n - x_{n+k} = b_s$$

(2) 把全部设计变量转化为非负变量

如果原来问题中有一些设计变量并不要求是非负的,为了化为标准型,必须把这些设计变量转化为非负的。为达到这一目的,可将这种变量写成两个非负变量之差。例如设原来对 x_i 没有非负要求,可作变换如下

$$x_i = x_i' - x_i'' \tag{2.24}$$

式中,$x_i' \geqslant 0$,$x_i'' \geqslant 0$。由于 x_i' 可能大于 x_i'',也可能小于 x_i'',所以 x_i 可能取正值,也可能取负值。

在引入松弛变量及新的非负设计变量后,把所有设计变量重新编号,问题就变成式(2.21)至(2.22)的标准型了。注意,引入的松弛变量通常在目标函数中并不出现,而引入的

新的非负设计变量，由于在目标函数中也要作(2.24) 公式变换，所以新的非负设计变量将在目标函数中出现。

另外，如果原问题是极大值目标函数，即

$$F(\boldsymbol{X}) = \boldsymbol{c}\boldsymbol{X} = \text{极大}$$

把 $\boldsymbol{c}$ 改成 $-\boldsymbol{c}$，即可将原问题转化为极小值问题，即

$$-F(\boldsymbol{X}) = -\boldsymbol{c}\boldsymbol{X} = \text{极小}$$

如原问题为求 $\boldsymbol{X}$，使 $\qquad 7x_1 + 5x_2 = \text{极大}$

约束

$$2x_1 + x_2 \leqslant 10$$
$$-x_1 + 3x_2 \geqslant 5$$
$$x_1, x_2 \geqslant 0$$

引入两个松弛变量 x_3, x_4，可以把原问题化为标准型，具体如下。

求 $\boldsymbol{X}$，使

$$-7x_1 - 5x_2 = \text{极小}$$

约束

$$2x_1 + x_2 + x_3 = 10$$
$$-x_1 + 3x_2 - x_4 = 5$$
$$x_1, x_2, x_3, x_4 \geqslant 0$$

2. 线性规划的一些性质

首先，我们定义一些术语。

(1) 基。设 $m \times n$ 阶(或 $n \times m$) 系数矩阵 $\boldsymbol{A}$ 的秩为 m，$\boldsymbol{B}$ 是矩阵 $\boldsymbol{A}$ 中 $m \times n$ 阶非奇异子矩阵(从 $\boldsymbol{A}$ 的 n 列中选出 m 个线性无关列而组成 $\boldsymbol{B}$，$|\boldsymbol{B}| \neq 0$)，则称 $\boldsymbol{B}$ 是线性规划问题的一个基。

不失一般性，可设基为

$$\boldsymbol{B} = \begin{pmatrix} a_{11} & a_{12} & \cdots & a_{1m} \\ a_{21} & a_{22} & \cdots & a_{2m} \\ \vdots & \vdots & \vdots & \vdots \\ a_{m1} & a_{m2} & \cdots & a_{mm} \end{pmatrix} = [\boldsymbol{P}_1 \quad \boldsymbol{P}_2 \quad \cdots \quad \boldsymbol{P}_m] \tag{2.25}$$

其中

$$\boldsymbol{P}_1 = \begin{Bmatrix} a_{11} \\ a_{21} \\ \vdots \\ a_{m1} \end{Bmatrix}, \cdots, \boldsymbol{P}_j = \begin{Bmatrix} a_{1j} \\ a_{2j} \\ \vdots \\ a_{mj} \end{Bmatrix} \cdots \tag{2.26}$$

则 $\boldsymbol{P}_j (j = 1, 2, \cdots, m)$ 称为基向量，与基 $\boldsymbol{B}$ 相对应的变量 $x_j (j = 1, 2, \cdots, m)$ 称为基变量，其余

的 $n-m$ 个变量 $x_{m+1},\cdots,x_n$ 称为非基变量。

(2) 基本解。把矩阵 $\boldsymbol{A}$ 分块为

$$\boldsymbol{A} = [\boldsymbol{B} \quad \boldsymbol{D}] \tag{2.27}$$

式中,$\boldsymbol{B} = [\boldsymbol{P}_1 \quad \boldsymbol{P}_2 \quad \cdots \quad \boldsymbol{P}_m]$ 是基,$\boldsymbol{D} = [\boldsymbol{P}_{m+1} \quad \cdots \quad \boldsymbol{P}_n]$ 是由剩下的 $n-m$ 个向量组成的矩阵,同样把向量 $\boldsymbol{X}$ 也分块为

$$\boldsymbol{X} = \begin{Bmatrix} \boldsymbol{X}_B \\ \boldsymbol{X}_D \end{Bmatrix} \tag{2.28}$$

公式(2.28)中,$\boldsymbol{X}_B = [\boldsymbol{X}_1 \quad \boldsymbol{X}_2 \quad \cdots \quad \boldsymbol{X}_m]^{\mathrm{T}}$ 是与 $\boldsymbol{B}$ 对应的 m 个基变量所组成的向量,$\boldsymbol{X}_D = [\boldsymbol{X}_{m+1} \quad \boldsymbol{X}_{m+2} \quad \cdots \quad \boldsymbol{X}_n]^{\mathrm{T}}$ 是由 $n-m$ 个非基变量组成的向量。于是方程组 $\boldsymbol{AX} = \boldsymbol{B}$ 可改写为

$$\boldsymbol{AX} = [\boldsymbol{B} \quad \boldsymbol{D}]\begin{Bmatrix} \boldsymbol{X}_B \\ \boldsymbol{X}_D \end{Bmatrix} = \boldsymbol{BX}_B + \boldsymbol{DX}_D = \boldsymbol{b} \tag{2.29}$$

令 $\boldsymbol{X}_D = \boldsymbol{0}$,上式变为

$$\boldsymbol{BX}_B = \boldsymbol{b} \tag{2.30}$$

由上式可解得

$$\boldsymbol{X}_B = \boldsymbol{B}^{-1}\boldsymbol{b} = [x_1 \quad x_2 \quad \cdots \quad x_m]^{\mathrm{T}} \tag{2.31}$$

于是得到方程组 $\boldsymbol{AX} = \boldsymbol{b}$ 的一个解为

$$\boldsymbol{X} = [x_1 \quad x_2 \quad \cdots \quad x_m \quad 0 \quad \cdots \quad 0]^{\mathrm{T}}$$

这个解称为基本解,它的非零分量的数目不大于方程个数 m。

满足非负条件 $\boldsymbol{X} \geqslant 0$ 的基本解,称为基本可行解。

对应于基本可行解的基,称为可行基。

若基本解中有一个或几个基变量为零,则称这个解为退化基本解。

矩阵 $\boldsymbol{A}$ 共有 n 列,从中任取 m 列组成基 $\boldsymbol{B}$,不同组合的个数共有

$$C_m^n = \frac{n!}{m!(n-m)!}$$

所以基本解有 C_m^n 个。

线性规划的性质决定于以下几个定理。这些定理的证明见有关专著,如参考文献[14],此处从略。

定理一:线性规划问题的可行域是凸域。

定理二:线性规划问题的基本可行解 $\boldsymbol{X}$ 对应于可行域 R 的顶点。

定理三:若可行域 R 有界,则线性规划问题的最优解一定在可行域 R 的顶点上;若可行域无界,则可能没有最优解,也可能有最优解;若有最优解,也必在可行域的某个顶点上达到。

定理四:线性规划问题的可行域顶点个数是有限的。

根据上面几个定理,可得出如下结论:

线性规划的可行域是凸域，可能为无界域，其可行域有有限个顶点。线性规划问题的每个基本可行解对应于可行域的一个顶点。若线性规划问题有最优解，则必然在某个顶点上得到。

图 2.9 表示了三种情况：(a) 可行域有界，此时一定有最优解；(b) 可行域无界，最优解在顶点 Q 上；(c) 可行域无界，没有最优解。

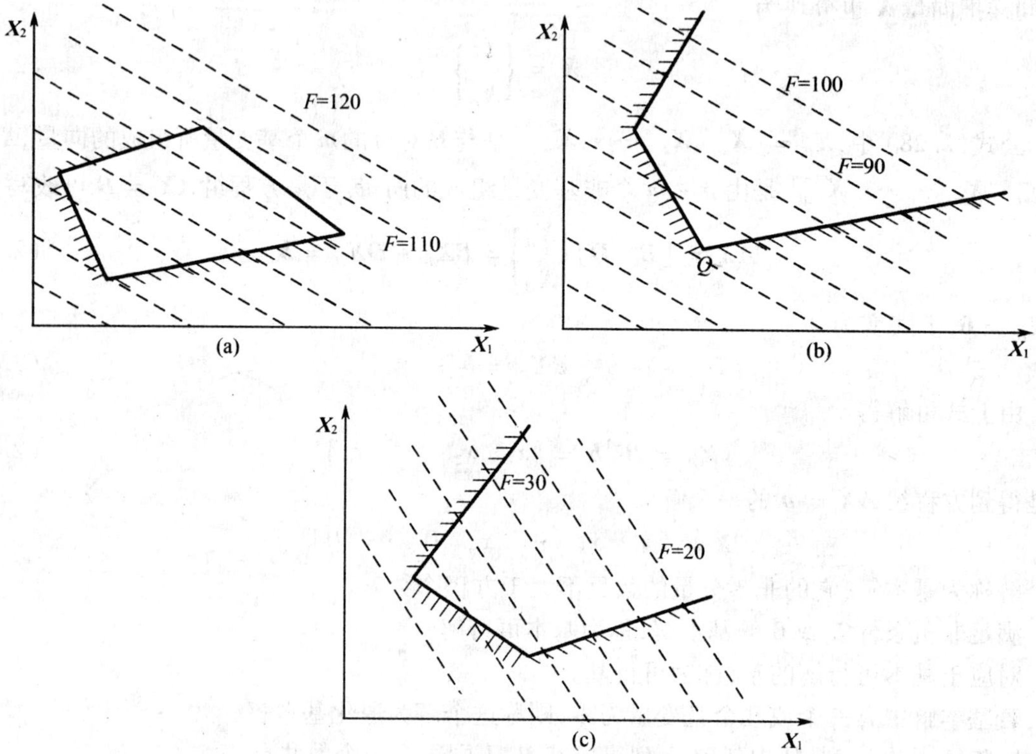

图 2.9 线性规划问题的三种情况

下面列举一个算例来说明线性规划法的重要性质。

[例 1] 求 $\boldsymbol{X}$，使

$$F = 4x_1 + 3x_2 = \text{极小}$$

约束

$$g_1 = x_1 + x_2 - 2 \geqslant 0$$

$$g_2 = x_1 - 2x_2 - 1 \leqslant 0$$

$$g_3 = 2x_1 + 3x_2 - 12 \leqslant 0$$

$$x_1 \geqslant 0, x_2 \geqslant 0$$

现引入松弛变量 x_3, x_4, x_5，把原问题化为如下标准型。

求 x,使

$$F = 4x_1 + 3x_2 = \text{极小}$$

约束

$$x_1 + x_2 - x_3 = 2$$

$$x_1 - 2x_2 + x_4 = 1$$

$$2x_1 + 3x_2 + x_5 = 12$$

$$x_1, x_2, x_3, x_4, x_5 \geqslant 0$$

故

$$\boldsymbol{A} = \begin{bmatrix} 1 & 1 & -1 & 0 & 0 \\ 1 & -2 & 0 & 1 & 0 \\ 2 & 3 & 0 & 0 & 1 \end{bmatrix}, \boldsymbol{b} = \begin{Bmatrix} 2 \\ 1 \\ 12 \end{Bmatrix}$$

本例中 $n = 5, m = 3$,每次从 5 个变量中取 3 个作为基变量,剩下的两个为非基变量,基本解的个数可能有

$$C_3^5 = \frac{5!}{3!(5-3)!} = 10$$

令非基变量 $\boldsymbol{X}_D = 0$,并从(2.31) 式解出基变量 $\boldsymbol{X}_B = \boldsymbol{B}^{-1}\boldsymbol{b}$,即得到基本解

$$\boldsymbol{X} = [\boldsymbol{X}_B \quad \boldsymbol{X}_D]^{\mathrm{T}}$$

基本解一:取非基变量为 $x_1 = x_3 = 0$,于是基变量和基分别为

$$\boldsymbol{X}_B = \begin{Bmatrix} x_2 \\ x_4 \\ x_5 \end{Bmatrix}, \boldsymbol{B} = [\boldsymbol{P}_2 \quad \boldsymbol{P}_4 \quad \boldsymbol{P}_5] = \begin{bmatrix} 1 & 0 & 0 \\ -2 & 1 & 0 \\ 3 & 0 & 1 \end{bmatrix}$$

由方程组 $\boldsymbol{B}\boldsymbol{X}_B = \boldsymbol{b}$ 解得基变量 $x_2 = 2, x_4 = 5, x_5 = 6$,加上非基变量 $x_1 = x_3 = 0$,得到一个基本解如下:

$$\boldsymbol{X} = [0 \quad 2 \quad 0 \quad 5 \quad 6]^{\mathrm{T}}$$

由于 $\boldsymbol{X}$ 各分量都为非负,所以这是一个基本可行解。它对应于图 2.10 中的可行域顶点 a。此点的目标函数为

$$F = 4x_1 + 3x_2 = 4 \times 0 + 3 \times 2 = 6$$

基本解二:取非基变量为 $x_2 = x_5 = 0$,于是

$$\boldsymbol{X}_B = \begin{Bmatrix} x_1 \\ x_3 \\ x_4 \end{Bmatrix}, \boldsymbol{B} = [\boldsymbol{P}_1 \quad \boldsymbol{P}_3 \quad \boldsymbol{P}_4] = \begin{bmatrix} 1 & -1 & 0 \\ 1 & 0 & 1 \\ 2 & 0 & 0 \end{bmatrix}$$

由 $\boldsymbol{BX}_B = \boldsymbol{b}$ 解得基变量 $x_1 = 6, x_3 = 4, x_4 = -5$，故基本解为

$$\boldsymbol{X} = [6 \quad 0 \quad 4 \quad -5 \quad 0]^{\mathrm{T}}$$

由于 $x_4 = -5 < 0$，这个基本解是不可行的。

同理可计算其他基本解，本例共有 10 个基本解，其中有 4 个基本可行解，其余 6 个基本解是不可行的。每个基本可行解对应于可行域的一个顶点。由于线性规划的最优解一定在可行域顶点上，只要计算顶点上的目标函数值，加以比较就可求得最优解。对于不可行的基本解，也就不必计算其目标函数值。本例基本解的计算结果如表2.2 所示。

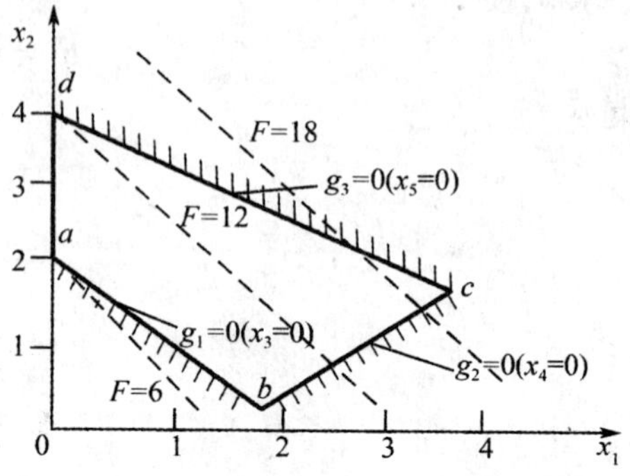

图 2.10

表 2.2　基本解计算结果

顶点	x_1	x_2	x_3	x_4	x_5	可行否	V
a	0	2	0	5	6	可行	6.000
b	1.666 7	0.333 3	0	0	7	可行	7.666 7
c	3.857 1	1.428 5	3.285 7	0	0	可行	19.714 2
d	0	4	2	9	0	可行	12.000
	6	0	4	-5	0	不可行	
	…	…	…	…	…	不可行	

由表 2.2 可见，顶点 a 是最优解，即

$$x_1 = 0, x_2 = 2, F(\boldsymbol{X}_a) = 6$$

从上述计算过程可以看出，为了求出不同的基本解，需要不断地变换基变量和基。

2.2.2　单纯形法

单纯形法是求解线性规划问题的标准方法，本节将对这种方法进行详细阐述。

由上节的几个定理我们可以知道，任何线性规划问题的最优解总是在可行域的顶点上获得。可行域顶点的数目是有限的，并且每一顶点对应于一个基本可行解。因此，我们可以把全部基本可行解都计算出来，然后通过枚举法，从中选出目标函数值最小的一个，即为问题的最优解。上节中的算例就是采用这个办法将问题求解出来。显然，当问题规模较大时，采用这种方法并不实际。

1974 年丹茨格(Dantzig) 提出了单纯形法的概念。单纯形法是一种迭代法，其求解过程的

基本思路大致如下：先求出一个基本可行解（顶点）X^0，该点目标函数为 $F(X^0)$，经过检验，如果 X^0 不是最优解，就换上另一个基本可行解（顶点）X^1，并设法使 $F(X^1) < F(X^0)$。由于基本可行解（顶点）的个数是有限的，所以重复上述计算，经过有限步就可以得到最优解。它只需要计算一部分基本可行解，所以计算量比枚举法小。

按照上述思路，用单纯形法求解线性规划问题，需要解决以下三个问题。

(1) 初始基本可行解（顶点）的确定问题。

(2) 某一基本可行解是否为最优解的判断标准问题。

(3) 如何从一个基本可行解换至另一个基本可行解，使目标函数 $F(X)$ 的值越来越小。

下面将详细阐述单纯形法的求解过程，逐步解决上述问题。

1. 转轴运算

我们的目的是要从方程组 $\boldsymbol{AX} = \boldsymbol{b}$ 中求出基本解，把 $\boldsymbol{A}$ 和 $\boldsymbol{X}$ 分块，如公式(2.27)，式(2.28)，方程组变为

$$\boldsymbol{BX}_B + \boldsymbol{DX}_D = \boldsymbol{b}$$

令 $\boldsymbol{X}_D = \boldsymbol{0}$，上式变为

$$\boldsymbol{BX}_B = \boldsymbol{b}$$

如果对上式进行运算，把上式左边系数矩阵变成单位阵，则有

$$\boldsymbol{IX}_B = \boldsymbol{b}'$$

得到

$$\boldsymbol{X}_B = \boldsymbol{b}'$$

于是，就得到了一个基本解

$$\boldsymbol{X} = \begin{Bmatrix} \boldsymbol{X}_B \\ \boldsymbol{X}_D \end{Bmatrix} = \begin{Bmatrix} \boldsymbol{b}' \\ \boldsymbol{0} \end{Bmatrix}$$

根据线性代数中的高斯消元法，通过一系列的转轴计算，可以把矩阵 $\boldsymbol{B}$ 化为单位阵 $\boldsymbol{I}$，下面加以说明。考虑式(2.22)中的方程组

$$\left.\begin{array}{l} a_{11}x_1 + a_{12}x_2 + \cdots + a_{1k}x_k + \cdots + a_{1n}x_n = b_1 \\ a_{s1}x_1 + a_{s2}x_2 + \cdots + a_{sk}x_k + \cdots + a_{sn}x_n = b_2 \\ \vdots \qquad\qquad\qquad\qquad\qquad\qquad\qquad\qquad\quad \vdots \\ a_{m1}x_1 + a_{m2}x_2 + \cdots + a_{mk}x_k + \cdots + a_{mn}x_n = b_m \end{array}\right\}$$

我们要把系数 a_{sk} 变成 1，并把 x_k 的其余系数变为零。首先，用 a_{sk} 遍除第 s 方程的各项，得到

$$\frac{a_{s1}}{a_{sk}}x_1 + \frac{a_{s2}}{a_{sk}}x_2 + \cdots + 1x_k + \cdots + \frac{a_{sn}}{a_{sk}}x_n = \frac{b_s}{a_{sk}}$$

再用 a_{ik} 遍乘上式各项，并从第 i 个方程($i = 1,2,\cdots m, i \neq s$)中减去，于是得到下列方程组

$$\left.\begin{aligned} &a'_{11}x_1 + a'_{12}x_2 + \cdots + 0x_k + \cdots + a'_{1n}x_n = b'_1 \\ &\vdots \qquad\qquad\qquad\qquad\qquad\qquad\qquad\qquad \vdots \\ &a'_{s1}x_1 + a'_{s2}x_2 + \cdots + 1x_k + \cdots + a'_{sn}x_n = b'_s \\ &\vdots \qquad\qquad\qquad\qquad\qquad\qquad\qquad\qquad \vdots \\ &a'_{m1}x_1 + a'_{m2}x_2 + \cdots + 0x_k + \cdots + a'_{mn}x_n = b'_m \end{aligned}\right\} \tag{2.32}$$

式中各系数由下式计算

$$a'_{ij} = \begin{cases} a_{ij} - a_{ik}\dfrac{a_{sj}}{a_{sk}}, (i \neq s) \\ \dfrac{a_{sj}}{a_{sk}}, (i = s) \end{cases} ; b'_i = \begin{cases} b_i - a_{ik}\dfrac{b_s}{a_{sk}}, (i \neq s) \\ \dfrac{b_s}{a_{sk}}, (i = s) \end{cases} \tag{2.33}$$

上述过程称为转轴运算，a_{sk} 称为主元素。如果对 m 个不同的主元素进行 m 次转轴运算，最后就会得到如下形式的方程组：

$$\left.\begin{aligned} &1x_1 + 0x_2 + \cdots + 0x_m + a''_{1,m+1}x_{m+1} + \cdots + a''_{1n}x_n = b''_1 \\ &0x_1 + 1x_2 + \cdots + 0x_m + a''_{2,m+1}x_{m+1} + \cdots + a''_{2n}x_n = b''_2 \\ &\vdots \qquad\qquad\qquad\qquad\qquad\qquad\qquad\qquad \vdots \\ &0x_1 + 0x_2 + \cdots + 1x_m + a''_{m,m+1}x_{m+1} + \cdots + a''_{mn}x_n = b''_m \end{aligned}\right\} \tag{2.34}$$

这样的方程组称为典则形式方程组。显然，上述方程组第一个解是

$$\left.\begin{aligned} &x_1 = b''_1, x_2 = b''_2, \cdots, x_m = b''_m \\ &x_{m+1} = x_{m+2} = \cdots = x_n = 0 \end{aligned}\right\} \tag{2.35}$$

这就是一个基本解，如果所有 $x_i \geqslant 0$，那么就是基本可行解。对这个基本可行解进行最优性检验，如果它是最优解，可结束计算；如果它不是最优解，我们就要找出另一个基本可行解。这就可从 m 个基变量中取出一个来，例如取出 x_s 去替换一个非基变量，如 x_k。按照公式(2.23)进行一次转轴计算之后，原来的非基变量 x_k 就变成新的基变量，而原来的基变量 x_s 就变成非基变量，于是就得到一个新的基本解。至于如何选取 x_s 和 x_k，能够使得新的基本可行解所对应的目标函数值有所下降，将在后面详细阐述。

2. 最优性检验

如前所述，每次得到一个基本可行解后，都要检验其是否为最优解。因此需要建立一个最优解的评判准则。

设方程 $\boldsymbol{AX} = \boldsymbol{b}$ 已化为典则形式，即

$$\left.\begin{aligned} &x_1 + 0 + \cdots + 0 + a_{1,m+1}x_{m+1} + \cdots + a_{1n}x_n = b_1 \\ &x_2 + 0 + \cdots + 0 + a_{2,m+1}x_{m+1} + \cdots + a_{2n}x_n = b_2 \\ &\vdots \qquad\qquad\qquad\qquad\qquad\qquad\qquad\qquad \vdots \\ &x_m + a_{m,m+1}x_{m+1} + \cdots + a_{mn}x_n \qquad\qquad = b_m \end{aligned}\right\} \tag{2.36}$$

移项后得到

$$\left.\begin{aligned} x_1 &= b_1 - a_{1,m+1}x_{m+1} - \cdots - a_{1n}x_n \\ x_2 &= b_2 - a_{2,m+1}x_{m+1} - \cdots - a_{2n}x_n \\ &\vdots \qquad\qquad\qquad\qquad\qquad \vdots \\ x_m &= b_m - a_{m,m+1}x_{m+1} - \cdots - a_{mn}x_n \end{aligned}\right\} \tag{2.37a}$$

即

$$x_i = b_i - \sum_{j=m+1}^{n} a_{ij}x_j, i = 1,2,\cdots m \tag{2.37b}$$

把上式代入(2.18),得到目标函数为

$$\begin{aligned} F &= \sum_{i=1}^{n} c_i x_i = \sum_{i=1}^{m} c_i x_i + \sum_{i=m+1}^{n} c_i x_i \\ &= \sum_{i=1}^{m} c_i \Big(b_i - \sum_{j=m+1}^{n} a_{ij}x_j \Big) + \sum_{j=m+1}^{n} c_j x_j \\ &= \sum_{i=1}^{m} c_i b_i + \sum_{j=m+1}^{n} \Big(c_j - \sum_{i=1}^{m} c_i a_{ij} \Big) x_j \end{aligned} \tag{2.38}$$

令

$$F_0 = \sum_{i=1}^{m} c_i b_i, z_j = \sum_{i=1}^{m} c_i a_{ij}, j = m+1,\cdots,n \tag{2.39}$$

于是

$$F = F_0 + \sum_{j=m+1}^{n} (c_j - z_j) x_j \tag{2.40}$$

再令

$$\delta_j = c_j - z_j, j = m+1,\cdots,n \tag{2.41}$$

δ_j 称为检验数,由上式可得

$$F = F_0 + \sum_{j=m+1}^{n} \delta_j x_j \tag{2.42}$$

下面对几种不同情况进行详细讨论。

(1) 判别定理一(最优解判定定理)

若对于一切 $j = m+1,\cdots,n$ 都有 $\delta_j \geqslant 0$,且 $x^0 = [b_1 \quad b_2 \quad \cdots \quad b_m \quad 0 \quad \cdots \quad 0]^T$ 是基本可行解,则 x^0 为最优解。

证明:既然 $\delta_j \geqslant 0$,而对任一可行解都有 $x_j \geqslant 0$(非负条件),故由(2.42)式可知,对任一可行解 $\boldsymbol{X}$ 都有 $F(\boldsymbol{X}) \geqslant F_0$,而对基本可行解有 $F(\boldsymbol{X}^0) = F_0$,所以 $\boldsymbol{X}^0$ 是最优解。

(2) 判别定理二(无有限最优解判定定理)

若 $\boldsymbol{X}^0 = [b_1 \quad b_2 \quad \cdots \quad b_m \quad 0 \quad \cdots \quad 0]^T$ 为一基本可行解,有一个检验数 $\delta_k < 0$,而且对一

切 $i=1,2,\cdots,m$ 有 $a_{ik}\leqslant 0$，那么该线性规划问题没有有限最优解。

证明：构造一个新解 $\boldsymbol{X}^1$ 如下：

$$\begin{aligned}\boldsymbol{X}^1 &= [x_1^1 \quad x_2^1 \cdots x_m^1 \quad 0 \quad \cdots \quad \lambda \quad \cdots \quad 0]^{\mathrm{T}} \\ &= [b_1 - a_{1k}\lambda \quad b_2 - a_{2k}\lambda \quad \cdots \quad b_m - a_{mk}\lambda \quad 0 \quad \cdots \quad \lambda \quad \cdots \quad 0]^{\mathrm{T}}\end{aligned} \tag{2.43}$$

其中，$\lambda(\lambda>0)$ 是 $\boldsymbol{X}^1$ 的第 k 个分量，即

$$x_i^1 = b_i - a_{ik}\lambda,(\lambda>0),i=1,2,\cdots,m$$

$$x_k^1 = \lambda$$

$$x_j^1 = 0,j=m+1,\cdots,n,\text{且} j\neq k$$

不难看出，$\boldsymbol{X}^1$ 满足典则方程(2.36)。由于 $a_{ik}\leqslant 0$ 而 $\lambda>0$，所以对一切 $i(i=1,2,\cdots,n)$，有 $x_i\geqslant 0$，可见 $\boldsymbol{X}^1$ 是可行解。把 $\boldsymbol{X}^1$ 代入(2.18)式，得到目标函数为

$$F = F_0 + \lambda\delta_k$$

由于 $\delta_k<0$，当 $\lambda\rightarrow+\infty$ 时，$F\rightarrow-\infty$。故该线性规划无有限最优解。

3. 换基计算

如果经过检验，基本可行解 $\boldsymbol{X}^0=[b_1 \quad b_2 \quad \cdots \quad b_m \quad 0 \quad \cdots]^{\mathrm{T}}$ 不是最优解，那么就通过换基计算将 $\boldsymbol{X}^0$ 变换到另一个基本可行解。具体说来，要把某个非基变量 $x_k(k\geqslant m+1)$ 变为基变量，并把某个基变量 $x_s(s\leqslant m)$ 变为非基变量。

(1) 进基变量

从式(2.42)可知，若某个检验数 $\delta_j<0(j\geqslant m+1)$，那么当这个检验数所对应的非基变量 x_j 从零增加到某个正数时，目标函数值将减小，因此我们应该把 x_j 变换到基变量中去。但若同时存在两个以上的 $\delta_j<0$，那么就需要确定选出哪个非基变量变换到基变量中去。从使目标函数值下降得快慢的角度考虑，一般应选 $\delta_j<0$ 中代数值最小者，这样目标函数值下降得最快，即

$$\delta_k = \min\delta_j$$

相应的称 x_k 为进基变量。

(2) 出基变量

设出基变量为 x_s，我们要把原来的基变量 x_s 变换成非基变量，并把原来的非基变量 x_k 变成基变量。这一变换可通过一次转轴运算来实现。主元素是 a_{sk}，在新的基本解中，$x_k=\dfrac{b_s}{a_{sk}}$，而 $b_s>0$，为了 $x_k>0$，则必须有 $a_{sk}>0$。

现在再考察 x_k 从零开始增加到某个正数，并使原来的基变量 x_s 变成零的过程。为了使新的基本解仍然保持可行性，x_k 只能增加到恰巧使原来全部基变量中有某个 x_s 首先达到零为止，因为若使 x_k 继续增加下去，就会使这个 x_s 成为负值。假定在典则方程组中除了 x_k 外，其他所有的非基变量仍然保持零值，由式(2.37b)可知

$$x_s = b_s - a_{sk}x_k, s = 1,2,\cdots,m,k > m$$

既然 $a_{sk} > 0$,可以使 x_s 不至于成为负值的最大 x_k 为

$$x_k = \frac{b_s}{a_{sk}}$$

所以在第 k 列所选择的转轴元素 a_{sk} 必须满足条件 $a_{sk} > 0$,而且使 $\frac{b_s}{a_{sk}}$ 恰好是 $\frac{b_i}{a_{ik}}(a_{ik} > 0)$ 中的最小值,即

$$\left.\begin{aligned} \theta_s &= \min\theta_i \\ \theta_i &= \frac{b_i}{a_{ik}(a_{ik} > 0)} \end{aligned}\right\} \tag{2.44}$$

由上式确定 s,并由式(2.43)确定 k 之后,以 a_{sk} 为主元素,按照式(2.33)进行一次转轴运算,即可得到一个新的基本解,并且其所对应的目标函数值必定减小。

如果不存在 $a_{ik} > 0$,那么就不存在式(2.44)所要求的 s,那么这个问题就没有有限最优解,见前述判别定理二。

4. 初始基本可行解

单纯形法是一种迭代优化算法。其优化的基本思路是首先找到一个初始基本可行解,然后经过逐步换基计算,最终达到最优解。因此,单纯形法的另一个问题是如何确定基本可行解。下面将详细阐述几种求解初始基本可行解的方法。

(1) 利用松弛变量求初始基本可行解

设原问题的约束条件为

$$\left.\begin{aligned} a_{11}x_1 + a_{12}x_2 + \cdots + a_{1n}x_n &\leqslant b_1 \\ a_{21}x_1 + a_{22}x_2 + \cdots + a_{2n}x_n &\leqslant b_2 \\ \vdots \qquad\qquad\quad \vdots \quad &\quad \vdots \\ a_{m1}x_1 + a_{m2}x_2 + \cdots + a_{mn}x_n &\leqslant b_m \end{aligned}\right\} \tag{2.45}$$

$$x_1, x_2, \cdots, x_n \geqslant 0 \tag{2.46}$$

公式(2.45)中,全部约束条件都是"$\leqslant$"不等式,为了转化为标准型,则引入松弛变量 $x_{n+1} \sim x_{n+m}$ 为

$$\left.\begin{aligned} a_{11}x_1 + a_{12}x_2 + \cdots + a_{1n}x_n + x_{n+1} &= b_1 \\ a_{21}x_1 + a_{22}x_2 + \cdots + a_{2n}x_n + x_{n+2} &= b_2 \\ \vdots \qquad\qquad\qquad\quad \vdots \quad &\quad \vdots \\ a_{m1}x_1 + a_{m2}x_2 + \cdots + a_{mn}x_n + x_{n+m} &= b_m \end{aligned}\right\} \tag{2.47}$$

$$x_1, x_2, \cdots, x_n, x_{n+1}, \cdots, x_{n+m} \geqslant 0 \tag{2.48}$$

如果对于一切 i, $i = 1,2,\cdots,m$,有 $b_i > 0$,则下列 x 就是一个基本可行解,即

$$
\begin{aligned}
\boldsymbol{X} &= [x_1 \quad x_2 \quad \cdots \quad x_n \quad x_{n+1} \quad \cdots \quad x_{n+m}]^{\mathrm{T}} \\
&= [0 \quad 0 \quad \cdots \quad 0 \quad b_1 \quad \cdots \quad b_m]^{\mathrm{T}}
\end{aligned} \tag{2.49}
$$

$\boldsymbol{X}$ 的前 n 个分量都等于零,后 m 个分量分别等于 b_i。上式意味着原点为一可行点。

但是,从实际的结构优化问题考虑,原点通常不是可行点,因为当所有设计变量都等于零,结构应力必然趋于无穷大。原点不是可行点,意味着前面提到的两个条件(一是松弛变量的系数全部为正值;二是 b_i 全为正值),不可能同时实现。因而不可能得到如式(2.49)所表示的基本可行解。

(2)利用伪目标函数求解初始基本可行解

设原问题已化为标准型,约束条件为

$$
\left.
\begin{array}{l}
a_{11}x_1 + a_{12}x_2 + \cdots + a_{1n}x_n = b_1 \\
a_{21}x_1 + a_{22}x_2 + \cdots + a_{2n}x_n = b_2 \\
\vdots \\
a_{m1}x_1 + a_{m2}x_2 + \cdots + a_{mn}x_n = b_m
\end{array}
\right\}
$$

分别对每一约束方程引进“伪变量”(也称为“人工变量”)$x_{n+1}, x_{n+2}, \cdots, x_{n+m}$,得到

$$
\left.
\begin{array}{l}
a_{11}x_1 + a_{12}x_2 + \cdots + a_{1n}x_n + x_{n+1} = b_1 \\
a_{21}x_1 + a_{22}x_2 + \cdots + a_{2n}x_n + x_{n+2} = b_2 \\
\vdots \\
a_{m1}x_1 + a_{m2}x_2 + \cdots + a_{mn}x_n + x_{n+m} = b_m
\end{array}
\right\} \tag{2.50}
$$

$$
x_1, \cdots, x_n, x_{n+1}, \cdots, x_{n+m} \geqslant 0
$$

显然

$$
\left.
\begin{array}{l}
x_{n+i} = b_i, i = 1,2,\cdots,m \\
x_i = 0, i = 1,2,\cdots,n
\end{array}
\right\} \tag{2.51}
$$

是一组基本解。如果所有 b_i 都是正的,那么这就是一组基本可行解。如果在式(2.22)中有的 b_i 是负的,只要在引进伪变量之前,用 -1 乘该方程两边,就能使 b_i 变为正的。

伪变量只是用来构造基本可行解的手段,原问题中并没有包含这些伪变量,因此下一步计算中,我们应该设法把这些伪变量清除出去。为此,取一个“伪目标函数”为

$$
\min F' = x_{n+1} + x_{n+2} + \cdots + x_{n+m} \tag{2.52}
$$

公式(2.52)和(2.50)形成了一个线性规划问题,公式(2.51)是它的一个基本可行解,用单纯形法迭代,求 F' 的极小值。如果 F' 的极小值是零,由于已要求伪变量是非负的,$F' = 0$ 意味着所有伪变量都等于零,因此这就表明全部伪变量都已经清除出基。这时我们就得到了一个以原有变量 $\boldsymbol{X}_i (i = 1,2,\cdots,n)$ 的一部分为基变量的新的基本可行解。

如果 F' 的最小值大于零,则表明原问题不存在基本可行解。

(3) 利用“大 M 法” 求解初始基本可行解

“大 M 法” 是另外一种利用伪变量求解初始可行解的方法。这种方法是在伪目标函数上乘以一个很大的正数 M 之后,再加到原目标函数中去,得到新的目标函数表达式为

$$F = \boldsymbol{cX} + M(x_{n+1} + x_{n+2} + \cdots + x_{n+m}) \tag{2.53}$$

然后用单纯形法进行求解。由于式中 M 是一个很大的正数,迭代过程中只要在基变量中存在着伪变量(此时伪变量之值大于零),目标函数就不能实现极小化,随着 F 的极小化,伪变量会逐步变成非基变量(即取零值)。

如果原问题中有一部分松弛变量的系数为正值且相应的 b_i 也是正值,那么这些松弛变量可以作为基本变量,对这些约束方程就不必引入伪变量,只对其余的约束方程引入伪变量即可。单纯形的严格数学证明可参考文献[14]。

5. 单纯形法的计算步骤

单纯形法计算步骤如下。

(1) 引入松弛变量、伪变量,将线性规划的数学模型写成标准形式,并确定初始基本可行解。

(2) 计算非基变量各列的检验数 δ_j,若所有 $\delta_j \geqslant 0$,则已得到最优解,结束计算。否则,转入步骤(3)。

(3) 找出最小的负检验数,$\delta_k = \min\delta_j$,确定 x_k 为进基变量。

(4) 对所有 $a_{ik} \geqslant 0$,计算 $\theta_i = \dfrac{b_i}{a_{ik}}$,$\theta_s = \min\theta_i$,确定出基变量 x_s。若不存在 θ_s,则无有限最优解,结束计算。否则,转入步骤(5)。

(5) 以非基变量 x_k 替换基变量 x_s,进行换基计算

当 $i = s$ 时

$$a'_{ij} = \frac{a_{sj}}{a_{sk}}, \quad b'_i = \frac{b_s}{a_{sk}}$$

当 $i \neq s$ 时

$$a'_{ij} = a_{ij} - a_{ik}\frac{a_{sj}}{a_{sk}}, \quad b'_i = b_i - a_{ik}\frac{b_s}{a_{sk}}$$

然后转入第(2) 步,重复计算。

单纯形法的计算框图如图 2.11 所示。经验表明,用单纯形法求解线性规划问题,大致经过 m 至 $1.5m$ 次转轴运算就会收敛于问题的最优解。

2.2.3　修正单纯形法

前面所阐述的单纯形法是目前求解线性规划问题的常用方法,总体说来,计算效果很好。但是这种方法也有缺点,即是在每次迭代过程中,该方法一般进行了一些不必要的计算。本节

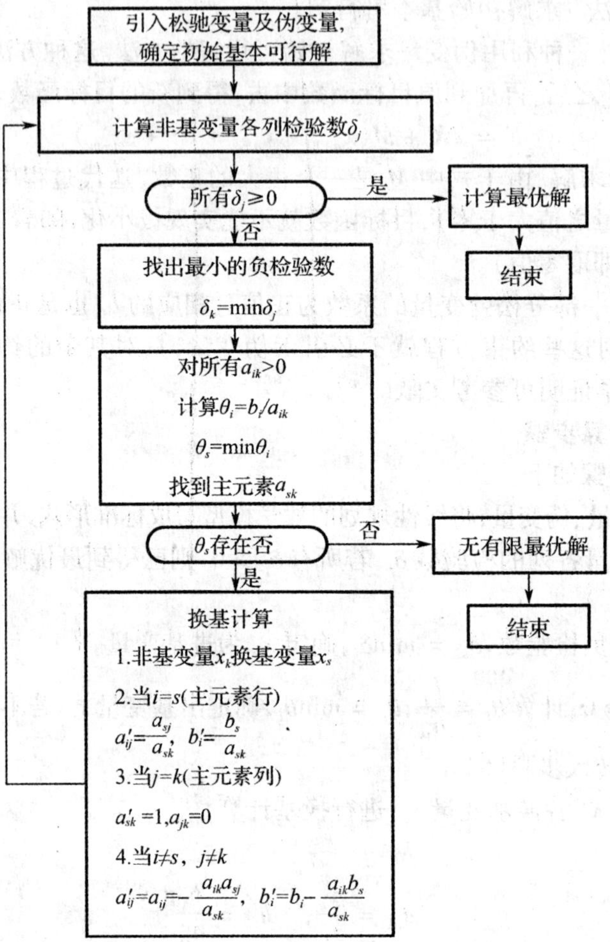

图 2.11 线性规划单纯形法计算框图

所阐述的修正单纯形法则克服了这个缺点，使计算效率有所提高。当然，其计算程序也稍复杂一些。下面将详细阐述修正单纯形法的实现过程。

$\boldsymbol{A}, \boldsymbol{X}$ 分块如式(2.27)，式(2.28)，设已找到初始基本可行解，则约束方程组为

$$\boldsymbol{B}\boldsymbol{X}_B + \boldsymbol{D}\boldsymbol{X}_D = \boldsymbol{b} \tag{2.54}$$

式中

$$\boldsymbol{B} = \begin{pmatrix} 1 & 0 & \cdots & 0 \\ 0 & 1 & \cdots & 0 \\ \vdots & \vdots & \vdots & \vdots \\ 0 & 0 & \cdots & 1 \end{pmatrix} = \boldsymbol{I}, \boldsymbol{X}_B = \begin{Bmatrix} x_1 \\ x_2 \\ \vdots \\ x_m \end{Bmatrix}, \boldsymbol{X}_D = \begin{Bmatrix} x_{m+1} \\ x_{m+2} \\ \vdots \\ x_n \end{Bmatrix}, \boldsymbol{b} = \begin{Bmatrix} b_1 \\ b_2 \\ \vdots \\ b_m \end{Bmatrix} \tag{2.55}$$

现在进行换基计算，用非基变量x_k替换基变量x_s，用$\boldsymbol{D}$中的列向量$\boldsymbol{P}_k$代换$\boldsymbol{B}$中的$\boldsymbol{P}_s$，约束方程变为

$$\overline{\boldsymbol{B}}\boldsymbol{X}_{B1} + \overline{\boldsymbol{D}}\boldsymbol{X}_{D1} = \boldsymbol{b} \tag{2.56}$$

式中

$$\overline{\boldsymbol{B}} = \begin{pmatrix} 1 & 0 & \cdots & a_{1k} & \cdots & 0 \\ 0 & 1 & \cdots & a_{2k} & \cdots & 0 \\ \vdots & \vdots & \vdots & \vdots & \vdots & \vdots \\ 0 & 0 & \cdots & a_{sk} & \cdots & 0 \\ \vdots & \vdots & \vdots & \vdots & \vdots & \vdots \\ 0 & 0 & \cdots & a_{mk} & \cdots & 1 \end{pmatrix}, \boldsymbol{X}_{B1} = \begin{Bmatrix} x_1 \\ x_2 \\ \vdots \\ x_k \\ \vdots \\ x_m \end{Bmatrix}, \boldsymbol{X}_{D1} = \begin{Bmatrix} x_{m+1} \\ x_{m+2} \\ \vdots \\ x_s \\ \vdots \\ x_n \end{Bmatrix} \tag{2.57}$$

以逆矩阵$\overline{\boldsymbol{B}}^{-1}$前乘式(2.56)两边，得到新的约束方程为

$$\boldsymbol{B}_1\boldsymbol{X}_{B1} + \boldsymbol{D}_1\boldsymbol{X}_{D1} = \boldsymbol{b}_1 \tag{2.58}$$

式中

$$\boldsymbol{B}_1 = \boldsymbol{I}, \quad \boldsymbol{D}_1 = \overline{\boldsymbol{B}}^{-1}\overline{\boldsymbol{D}}, \quad \boldsymbol{b}_1 = \overline{\boldsymbol{B}}^{-1}\boldsymbol{b} \tag{2.59}$$

由此得到一个新的基本解

$$\boldsymbol{X}_1 = [\boldsymbol{X}_{B1} \quad \boldsymbol{X}_{D1}]^{\mathrm{T}} = [\boldsymbol{b}_1 \quad 0]^{\mathrm{T}} \tag{2.60}$$

公式(2.58)与(2.54)在形式上是相似的，因此又可重复前述计算，继续进行迭代。

由公式(2.57)可知，在矩阵$\overline{\boldsymbol{B}}$中除了第$k$列外，其他各列都是单位向量，因此不必通过转轴计算，可直接由下式求出它的逆矩阵以化简计算

$$\overline{\boldsymbol{B}}^{-1} = \begin{pmatrix} 1 & 0 & \cdots & -a_{1k}/a_{sk} & \cdots & 0 \\ 0 & 1 & \cdots & -a_{2k}/a_{sk} & \cdots & 0 \\ \vdots & \vdots & \vdots & \vdots & \vdots & \vdots \\ 0 & 0 & \cdots & 1/a_{sk} & \cdots & 0 \\ \vdots & \vdots & \vdots & \vdots & \vdots & \vdots \\ 0 & 0 & \cdots & -a_{mk}/a_{sk} & \cdots & 1 \end{pmatrix} \tag{2.61}$$

上式的计算规则为在$\overline{\boldsymbol{B}}^{-1}$中第$s$列第$s$个元素是主元素的倒数，即$1/a_{sk}$；在$\overline{\boldsymbol{B}}^{-1}$中第$s$列的其他各元素是$-a_{ik}/a_{sk}$。

把目标函数的系数矩阵c分块，得到

$$F = \boldsymbol{c}\boldsymbol{X} = \boldsymbol{c}_{B1}\boldsymbol{X}_{B1} + \boldsymbol{c}_{D1}\boldsymbol{X}_{D1} \tag{2.62}$$

由式(2.58)，$\boldsymbol{X}_{B1} = \boldsymbol{b}_1 - \boldsymbol{D}_1\boldsymbol{X}_{D1}$（因$\boldsymbol{B}_1 = \boldsymbol{I}$），代入上式，得到

$$F = F_0 + \boldsymbol{\delta}\boldsymbol{X}_{D1} \tag{2.63}$$

式中

$$\left.\begin{aligned} \boldsymbol{F}_0 &= \boldsymbol{c}_{B1}\boldsymbol{b}_1 \\ \boldsymbol{\delta} &= \boldsymbol{c}_{D1} - \boldsymbol{c}_{B1}\boldsymbol{D}_1 \end{aligned}\right\} \tag{2.64}$$

$\boldsymbol{\delta}$ 的分量 δ_j 就是检验数，由 $\delta_k = \min(\delta_j > 0)$ 可以确定 x_k 是进基变量。如果所有 $\delta_j \geqslant 0$，则已得到最优解。

设矩阵 $\bar{\boldsymbol{D}}$ 的第 $k - m$ 列是 $\bar{\boldsymbol{P}}_k$，于是矩阵 $\boldsymbol{D}_1 = \bar{\boldsymbol{B}}^{-1}\bar{\boldsymbol{D}}$ 的第 $k - m$ 列是 $\bar{\boldsymbol{B}}^{-1}\bar{\boldsymbol{P}}_k$，$\boldsymbol{D}_1$ 的第 i 行第 $k - m$ 列元素 a_{ik} 就是 $\bar{\boldsymbol{B}}^{-1}\bar{\boldsymbol{P}}_k$ 的第 i 个元素，即

$$a_{ik} = (\bar{\boldsymbol{B}}^{-1}\bar{\boldsymbol{P}}_k)_i$$

列向量 $\boldsymbol{b}_1$ 的第 i 个元素是 $(\bar{\boldsymbol{B}}^{-1}\boldsymbol{b})_i$，因此

$$\theta_i = \frac{(\boldsymbol{b}_1)_i}{a_{ik}} = \frac{(\bar{\boldsymbol{B}}^{-1}\boldsymbol{b})_i}{(\bar{\boldsymbol{B}}^{-1}\bar{\boldsymbol{P}}_k)_i} \tag{2.65}$$

对于所有 $(\bar{\boldsymbol{B}}^{-1}\bar{\boldsymbol{P}}_k)_i > 0$，求 θ_i 的最小值为

$$\theta_s = \min\theta_i$$

于是 x_s 就是出基变量。

上述修正单纯形法计算步骤如下。

(1) 引入松弛变量和伪变量，将线性规划的数学模型转化为标准形式。确定初始基本可行解，得 $x_B, x_D, \boldsymbol{B}, \boldsymbol{D}, \boldsymbol{b}$，并使 $\bar{\boldsymbol{B}} = \boldsymbol{B}, \bar{\boldsymbol{D}} = \boldsymbol{D}$。

(2) 计算 $\bar{\boldsymbol{B}}^{-1}, \boldsymbol{D}_1 = \bar{\boldsymbol{B}}^{-1}\bar{\boldsymbol{D}}, \boldsymbol{b}_1 = \bar{\boldsymbol{B}}^{-1}\boldsymbol{b}$。

(3) 计算 $\boldsymbol{\delta} = \boldsymbol{c}_{D1} - \boldsymbol{c}_{B1}\boldsymbol{D}_1$，由 $\delta_k = \min(\delta_j < 0)$ 确定 x_k 为进基变量。若所有 $\delta_j \geqslant 0$，则已得到最优解，结束计算。

(4) 计算 $\theta_i = \dfrac{(\boldsymbol{b}_1)_i}{(\bar{\boldsymbol{B}}^{-1}\bar{\boldsymbol{P}}_k)_i}$，对于 $(\bar{\boldsymbol{B}}^{-1}\bar{\boldsymbol{P}}_k)_i > 0$ 计算 $\theta_s = \min\theta_i$，确定 x_s 为出基变量，如果全部 $(\bar{\boldsymbol{B}}^{-1}\bar{\boldsymbol{P}}_k)_i \leqslant 0$，则问题无解，结束计算。

(5) 以基变量 x_s 代换非基变量 x_k，修改 $\bar{\boldsymbol{D}}$，转入第(2)步。

2.3 不利用导数的优化方法

从是否利用到目标函数导数值信息方面进行划分，非线性规划问题可分为两大类，一类是利用目标函数导数值来确定搜索方向的解析法，也称间接法；另一类是仅利用目标函数值就能确定搜索方向，不需要利用目标函数导数值的优化方法，也称直接法。一般来讲，直接法不需要计算目标函数导数值，使用方便、实用性强。但是，利用目标函数导数值的间接方法要比不利用目标函数导数值的直接方法收敛快得多。因此，如果待解决问题的目标函数导数值计算并不困难，则应采用带导数的间接优化方法；对于约束函数和目标函数求导有困难，并且设计变量的数目又不太多的优化问题，则可采用不带导数的直接优化方法。但当设计变量的数目很大，采

用直接搜索计算将会很困难，这时应采用利用导数的间接优化方法，如不方便求导时，可用差分法计算导数。

不利用导数的直接优化方法主要有枚举法和网格法、坐标轮换法、模式搜索法、简单图形法和复合图形法等。本节将针对这些直接优化方法进行详细阐述。而利用导数的间接优化方法将在 2.4 节中进行详细介绍。

2.3.1 枚举法和网格法

1. 枚举法

在实际工程优化问题中，当设计变量为离散变量，且设计变量的规模不大时，可将设计变量的各种可能组合一一列举进行搜索，这种方法称为枚举法（或穷举法）。对于离散变量个数不多，且每一维变量的可能取值不很多的情况，这种方法是一种很有效的方法。

例如有一钢架，由三个杆件 m_1, m_2, m_3 组成，如图 2.12 所示。已知每种杆件在使用范围内各有 n_1, n_2, n_3 可能取值，在给定载荷形式及约束条件下，求钢架截面的最优组合方案。

由于三杆件的截面可能取值数为 n_1, n_2, n_3，则一共可能的组合方案有

$$\boldsymbol{S} = n_1 \cdot n_2 \cdot n_3$$

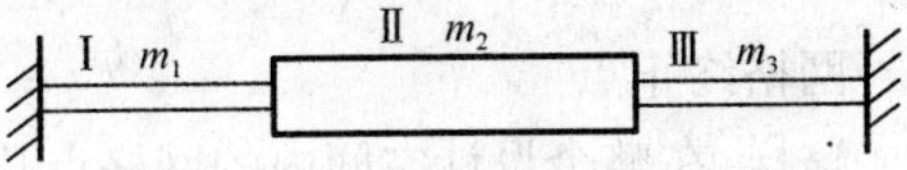

图 2.12

采用三重循环计算可方便地获得各种组合方案，相应地算出每种组合方案的目标函数值，其中满足所有约束条件且目标函数值最小的那个方案即为所求的最优解。但是，在设计变量较多时，直接采用枚举法计算量太大，很不实用。这时，可先将离散变量连续化，求得极小点后，再在极小点附近选取少数离散变量应用枚举法求解。

2. 网格法

网格法是解决数学规划问题中的一种简单、原始的方法。对于设计变量少，并且是离散域内有约束优化问题，采用网格法或是改进的网格法将更为实用、有效。它的基本思路是首先估计设计变量的区域，并在此设计变量的区域内划分网格，网格的每一个交点代表一种设计方案，其中有可行点，也有不可行点。然后根据满足各个约束条件并改善目标函数的要求，先固定一个设计变量，逐行（或逐列）检验网格上的点，剔除不满足约束条件或者是满足了约束条件但目标函数没有改善的点。这一行检验完毕再固定另外一个设计变量，再逐行检查。如此逐个变量进行检查，最后剩下一个满足全部约束条件且目标函数值最小的点，该点便是所求优化方案。

网格的疏密根据精度要求而定。网格划分越细，精度越高，但计算量会成倍增加。因此在利用网格法解决问题时，可分为两步进行：第一步划分较粗的网格，然后求满足约束条件情况下网格点的目标函数值，求得粗网格极小点；第二步在粗网格极小点附近加密网格，划分较细网格，再求其目标函数极小点。这样一方面避免了较大的计算量，另一方面也保证了精度要求。

上述网格法的具体步骤如下。

(1) 估计设计变量的区域

设非线性规划问题为 n 维,它的最优解为

$$X^* = (x_1^* \quad x_2^* \quad \cdots \quad x_n^*)^T \tag{2.66}$$

我们先对设计变量 x 给出一个大概的上限和下限($\underline{x},\bar{x}$),即

$$\underline{x_j} \leqslant x_j^* \leqslant \bar{x}_j \quad (j = 1,2,\cdots,n) \tag{2.67}$$

(2) 划分网格

在区间($\bar{x}_j,\underline{x_j}$) 内划分 k_j 等分网格,每一网格的大小为

$$d_j = \frac{\bar{x}_j - \underline{x_j}}{k_j} \quad (j = 1,2,\cdots,n) \tag{2.68}$$

在此网格中:

网格初始点 $x_j^{(0)} = \underline{x_j} \quad (j = 1,2,\cdots,n)$

网格中间点 $x^{(t)} = \underline{x_j} + td_j \quad (t = 1,2,\cdots,k_{j-1}),(j = 1,2,\cdots,n)$

网格终止点 $x^{(kj)} = \bar{x}_j \quad (j = 1,2,\cdots,n)$ (2.69)

这样,在整个设计空间内的网格点总数为

$$k = (k_1 + 1)(k_2 + 1)\cdots(k_n + 1) \tag{2.70}$$

(3) 对网格点逐行或逐列进行检验,找出目标函数的最小可行点

在这项工作中,首先要检查目标函数的约束条件是否满足,将不满足约束条件的点剔除,同时还要考查目标函数值是否得到改善,将目标函数值不能得到改善的点也舍去。如此逐个变量进行检查之后,就会获得满足所有约束条件的目标函数值最小的最优解。

(4) 加密网格

获得最优解 $x^{(i)}$ 之后,以此最优点为基础,在其周围对网格进行加密处理。下一次考虑的区域为($\underline{x_j^{(i)}},\bar{x}_j^{(i)}$),而

$$\underline{x_j^{(i)}} = x_j^{(i)} - 0.5d_j$$
$$\bar{x}_j^{(i)} = x_j^{(i)} + 0.5d_j \quad (j = 1,2,\cdots,n) \tag{2.71}$$

(5) 检查是否满足设计精度

设精度要求为 ε,因为网格点之间的距离 d_j 就是我们要求的设计精度,所以当网格点之间的距离小于或等于设计精度时即可得到最优解,即

$$d_j \leqslant \varepsilon_j \quad (j = 1,2,\cdots,n) \tag{2.72}$$

如果满足了此精度要求,则目标函数值最优的点可认为是最优解;否则,转向(4),继续迭代,直至满足精度要求。

2.3.2　坐标轮换法

坐标轮换法的原理很简单,类似于梯度搜索法,其寻优轨迹为空间锯齿形。它是一种无约束优化方法,其工作原理是将一个 n 维无约束最优化问题转化为依次沿各个设计变量方向进行一维循环搜索问题。当对 n 个设计变量的坐标轴依次完成一维寻优搜索后,则完成了一次搜索循环,若所得的结果尚未满足收敛要求,则继续按上述方法对各个设计变量进行依次搜索循环,直至某一次循环结束后,满足了收敛要求为止。在坐标轮换法中,通常取设计变量方向为坐标方向,故称坐标轮换法。

极小化问题的最优化数学模型为

$$\min_{\boldsymbol{X}\in E^n} F(\boldsymbol{X})$$

$$\boldsymbol{X} = (x_1, x_2, \cdots, x_n)^{\mathrm{T}}$$

设 n 维设计变量空间中 $\boldsymbol{P}_1, \boldsymbol{P}_2, \cdots, \boldsymbol{P}_n$ 表示 n 维坐标方向的单位向量,且分别为

$$\boldsymbol{P}_1 = (1,0,0,\cdots,0)^{\mathrm{T}}$$
$$\boldsymbol{P}_2 = (0,1,0,\cdots,0)^{\mathrm{T}}$$
$$\vdots$$
$$\boldsymbol{P}_n = (0,0,0,\cdots,1)^{\mathrm{T}}$$

坐标轮换法的主要步骤如下。

(1) 给定起始点 $\boldsymbol{X}^0$、收敛精度要求 ε,确定搜索方向 $\boldsymbol{P}_1, \boldsymbol{P}_2, \cdots, \boldsymbol{P}_n$。

(2) 从起始点 $\boldsymbol{X}^0$ 出发,沿第一个坐标方向 $\boldsymbol{P}_1$ 进行一维搜索,得到对应于该方向上的函数最小值的最佳步长 α_0 及最优点 $\boldsymbol{X}^1$,即

$$\boldsymbol{X}^1 = \boldsymbol{X}^0 + \alpha_0 \boldsymbol{P}_1$$

再以 $\boldsymbol{X}^1$ 为起点,沿 $\boldsymbol{P}_2$ 方向搜索,得到该方向上的最佳步长 α_1 及最优解 $\boldsymbol{X}^2$,即

$$\boldsymbol{X}^2 = \boldsymbol{X}^1 + \alpha_1 \boldsymbol{P}_2$$

这样,继续沿着 $\boldsymbol{P}_3, \boldsymbol{P}_4$ 等方向逐一搜索下去,直至搜索到 $\boldsymbol{P}_n$ 为止,得到该方向上的最佳步长 α_{n-1} 和最优解 $\boldsymbol{X}^n$,即

$$\boldsymbol{X}^n = \boldsymbol{X}^{n-1} + \alpha_{n-1} \boldsymbol{P}_n$$

至此,完成了一次搜索循环。

(3) 判断是否满足收敛要求

如果 $\|\boldsymbol{X}^n - \boldsymbol{X}^0\| < \varepsilon$ 成立,则停止迭代,$\boldsymbol{X}^n$ 即为最优解;若 $\|\boldsymbol{X}^n - \boldsymbol{X}^0\| \geqslant \varepsilon$,则以 $\boldsymbol{X}^n$ 为新的起点 $\boldsymbol{X}^0$,转到步骤(2),进行下一轮搜索,直至满足精度要求 $\|\boldsymbol{X}^n - \boldsymbol{X}^0\| < \varepsilon$ 为止。

坐标轮换法在设计变量不多、目标函数简单的情况下是一种简单、实用的优化方法。但该方法的收敛速度及收敛效果受目标函数的性质影响较大,如对于图 2.13(a),(b),(c) 给出的

三种情况,就会有以下三种结果出现。

(1) 若目标函数等高线是一族同心圆或长轴平行于坐标轴的同心椭圆,则用该方法效果很好,对于二元函数来说,两次一维搜索即可获得极小点(见图 2.13(a)),即只要完成一次一维搜索循环,即可收敛于最优解。

(2) 若目标函数等高线接近同心椭圆,但长短轴倾斜于坐标轴方向(见图 2.13(b)),则必须进行多次迭代循环才能接近最优解,这时寻优轨迹为锯齿形。

(3) 若目标函数等高线出现山脊现象时(见图 2.13(c)),用这种方法搜索则不能接近最优解,这是因为该方法搜索方向只能平行于坐标轴方向,不能沿着倾斜方向进行搜索,故搜索第一步后,可能出现沿一个坐标轴方向搜索目标函数值并不减小的情况。

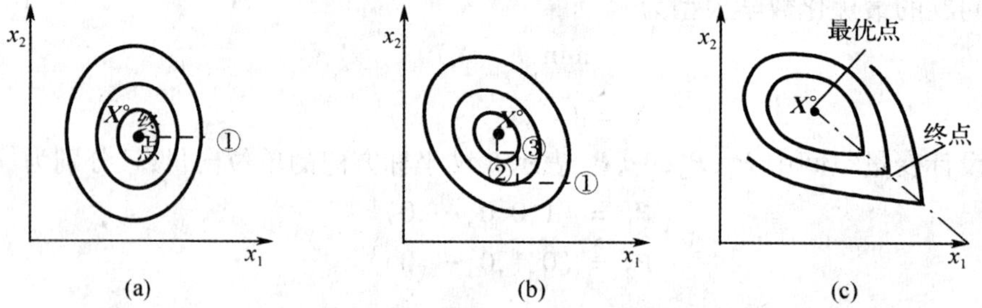

图 2.13 坐标轮换法的三种情况

2.3.3 模式搜索法(步长加速法)

模式搜索法又称为步长加速法,它是一种常用的求解多变量目标函数优化问题的方法,属于无约束优化方法。这种方法的寻优过程主要由两部分组成:一部分是探测移动;一部分是模式移动。探测移动的作用是探索有利的移动方向,模式移动的作用是循着有利方向进行加速移动。探测移动所得到的方向可视为近似的梯度方向,两种移动模式相配合,通过不断的循环迭代找到最优值。

模式搜索法只适用于设计变量数目不多的情况,其主要步骤如下:第一步进行探测移动,由给定的起始点 $\boldsymbol{X}^0$ 为出发,依次沿 n 个坐标方向寻找目标函数值下降点,当沿某一方向不能下降时,则可缩短步长重新探测,直至下降为止,到 n 个方向移动完毕,最后得到目标函数的相对极小点 $\boldsymbol{X}^1$,其目标函数值低于 $\boldsymbol{X}^0$ 的相应函数值,至此完成了第一次迭代的探索移动任务;第二步进行模式移动,移动方向是沿着 $\boldsymbol{X}^0$ 与下降点连线的方向作为移动方向,以一定的步长移动至 $\boldsymbol{X}^2$,再进行一次探测移动,至此完成一次迭代。

下面以两个变量为例,说明模式搜索法的进行步骤。

极小化的最优化数学模型为

$$\min_{X \in E^n} F(X)$$

$$X = (x_1, x_2)^{\mathrm{T}}$$

1. 探测移动

设 $\boldsymbol{P}_1,\boldsymbol{P}_2$ 分别表示 x_1,x_2 坐标方向的单位向量(如图2.14所示),从初始点 $\boldsymbol{X}^0$ 出发,依次沿平行于 x_1,x_2 两坐标轴方向作探测搜索。首先令 $\boldsymbol{X}^0$ 沿方向 $\boldsymbol{P}_1$ 作探测移动,此时有如下三种可能情况及相应的做法。

(1) 若 $F(\boldsymbol{X}^0 + \alpha_1\boldsymbol{P}_1) < F(\boldsymbol{X}^0)$,则令

$$\boldsymbol{X}^{01} = \boldsymbol{X}^0 + \alpha_1\boldsymbol{P}_1$$

此处,$\boldsymbol{X}^{01}$ 上角标第一个符号 0 表示探测搜索,第二个符号 1 表示沿 $\boldsymbol{P}_1$ 方向搜索。

(2) 若 $F(\boldsymbol{X}^0 - \alpha_1\boldsymbol{P}_1) < F(\boldsymbol{X}^0) \leqslant F(\boldsymbol{X}^0 + \alpha_1\boldsymbol{P}_1)$,则令

$$\boldsymbol{X}^{01} = \boldsymbol{X}^0 - \alpha_1\boldsymbol{P}_1$$

(3) 若 $F(\boldsymbol{X}^0) \leqslant \min[F(\boldsymbol{X}^0) - \alpha_1\boldsymbol{P}_1, F(\boldsymbol{X}^0 + \alpha_1\boldsymbol{P}_1]$,则令

$$\boldsymbol{X}^{01} = \boldsymbol{X}^0$$

同样,以 $\boldsymbol{X}^{01}$ 为起点,沿 $\boldsymbol{P}_2$ 方向找到 $\boldsymbol{X}^{02}$($\boldsymbol{X}^{02}$ 上角标0表示探测搜索,2 表示沿 $\boldsymbol{P}_2$ 方向搜索)。对于二维问题,若 $F(\boldsymbol{X}^{02}) < F(\boldsymbol{X}^0)$,则 $\boldsymbol{X}^{02}$ 为下降点,完成了一次探测移动。若 $\boldsymbol{X}^{02} = \boldsymbol{X}^0$ 时,可缩短步长(如每个分量减半,取 $0.5\alpha_1\boldsymbol{P}_1, 0.5\alpha_2\boldsymbol{P}_2$ 等),直至 $\boldsymbol{X}^{02}$ 为下降为止。在进行下一步搜索时,将 $\boldsymbol{X}^{02}$ 作为模式移动的新基点。

2. 模式移动

模式移动是沿着上述探测移动中的初始点 $\boldsymbol{X}^0$ 与探测移动下降点 $\boldsymbol{X}^{02}$ 连线方向移动,这个方向用 $\boldsymbol{S}^*$ 表示,即

$$\boldsymbol{S}^* = \boldsymbol{X}^{02} - \boldsymbol{X}^0$$

设以步长 α 沿方向移动至 $\boldsymbol{X}^{03}$,即

$$\boldsymbol{X}^{03} = \boldsymbol{X}^{02} + \alpha\boldsymbol{S}^*$$

这里,可令步长 $\alpha = 1$,步长 α 可直接凭经验给出,或通过一维搜索求得。

3. 再一次探测移动

再从 $\boldsymbol{X}^{03}$ 出发,进行一次探测移动,得到点 $\boldsymbol{Y}^1$,这里有如下两种可能性及相应的选择情况。

(1) 若 $F(\boldsymbol{Y}^1) < F(\boldsymbol{X}^{02})$,则令

$$\boldsymbol{X}^1 = \boldsymbol{Y}^1$$

至此完成了一次迭代(如图 2.14(a) 所示)。再以 $\boldsymbol{X}^1$ 为新起点,重复上述步骤直至满足收敛要求为止。

(2) 若 $F(\boldsymbol{Y}^1) \geqslant F(\boldsymbol{X}^{02})$,则令

$$\boldsymbol{X}^1 = \boldsymbol{X}^{02}$$

同时缩小步长,重新开始探测移动(如图 2.14(b) 所示)。经过多次缩小步长后,如缩小后的步长 α 各分量均小于给定的很小的正数 ε,则表示已满足收敛要求,停止迭代,$\boldsymbol{X}^1$ 即为所求极小点。

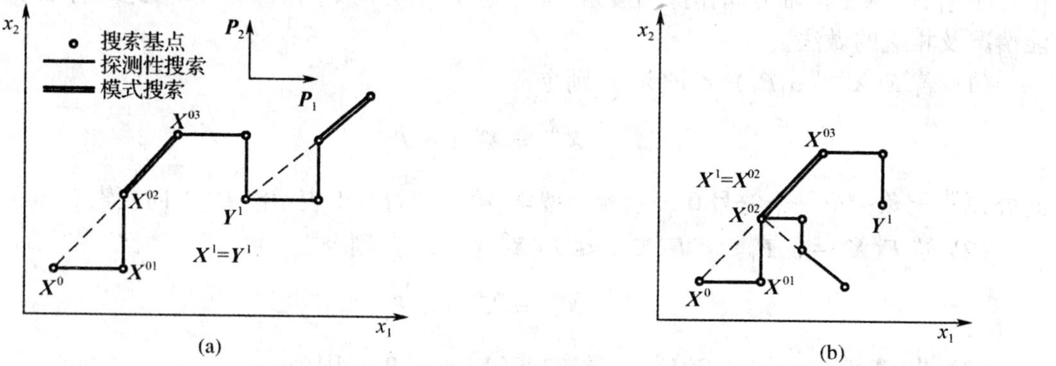

图 2.14 模式搜索法

2.3.4 简单图形法

简单图形法又称单形法,它是一种不需要计算目标函数导数值的直接搜索方法。对于无约束非线性优化问题,它是一种十分实用的方法。在优化算法寻优搜索过程中,如果按照先前阐述的那样,采用单点、沿着某搜索方向进行一维搜索寻优,有时效果并不好,甚至搜索失败。如果采用团点联动迭代方式,即同时建立多个点,构成一个简单的图形,让它按照一定规律进行扩张、调整、收缩等操作,使这一团点不断向极点移动,直至这一团点收缩为近似同一点,该点即为寻优问题的最优点。这种通过在一定空间中构成最简单几何图形并不断演变的寻优方法,称为简单图形法。

简单图形法是在 n 维空间中由直线和平面组成的最简单几何图形。对于二维空间来说,简单图形是三角形;对于三维空间来说,简单图形是四边形,如图 2.15 所示。概括来说,n 维空间内的简单图形就是以 $k = n + 1$ 个顶点所组成的多面体,若去掉一个点,剩下的 n 个顶点又可组成 $n - 1$ 维空间内的简单图形。

设 $\boldsymbol{X}$ 为 n 维向量,可取 n 维空间的 $n + 1$ 个点 $\boldsymbol{X}^0, \boldsymbol{X}^1, \cdots, \boldsymbol{X}^n$ 构成广义的凸多面体,这 $n + 1$ 个点应使 n 个向量

$$\boldsymbol{X}^1 - \boldsymbol{X}^0, \boldsymbol{X}^2 - \boldsymbol{X}^1, \cdots, \boldsymbol{X}^n - \boldsymbol{X}^{n-1}$$

为线性独立的,即在平面上($n = 2$ 时)应取不在同一直线上的三个点构成简单图形(三角形),

在三维空间内($n = 3$ 时)应取不在同一平面内的四个点构成简单图形(四面体),否则在搜索极小点时其范围便局限于低维空间内,可能会漏掉该子空间以外的全局最优点。

图 2.15　简单图形

上节所讲的模式搜索法中,其基本思路是在采取的每一步搜索中,都希望先通过探测移动寻求目标函数有效下降的方向,然后沿着这个方向进行搜索。简单图形法的基本思想与此相似,每次迭代循环也分成两步:第一步是寻找有利的目标函数下降方向,对简单图形各顶点的目标函数进行比较,从中找出目标函数最大的点 $\boldsymbol{X}^H$,以及去除 $\boldsymbol{X}^H$ 点后剩下的各点的中心 $\boldsymbol{X}^C$。由于 $\boldsymbol{X}^H$ 点的目标函数值最大,从 $\boldsymbol{X}^H$ 到 $\boldsymbol{X}^C$,目标函数值一定是下降的,因此即以这两点的连线作为搜索方向;第二步是沿着这个方向进行搜索,找出一个目标函数较小的点,并用它来取代原来目标函数值中最大的点 $\boldsymbol{X}^H$,构成新的简单图形,完成一次迭代,然后再重复计算,逐步逼近最优点。

下面将详细介绍简单图形法的计算步骤。

极小化的最优化数学模型为

$$\min_{\boldsymbol{X} \in E^n} F(\boldsymbol{X})$$

$$\boldsymbol{X} = (x_1, x_2, \cdots, x_n)^{\mathrm{T}}$$

设 n 维设计变量空间中 $\boldsymbol{P}_1, \boldsymbol{P}_2, \cdots, \boldsymbol{P}_n$ 表示 n 维坐标方向的单位向量,分别为

$$\begin{aligned} \boldsymbol{P}_1 &= (1, 0, 0, \cdots, 0)^{\mathrm{T}} \\ \boldsymbol{P}_2 &= (0, 1, 0, \cdots, 0)^{\mathrm{T}} \\ &\vdots \\ \boldsymbol{P}_n &= (0, 0, 0, \cdots, 1)^{\mathrm{T}} \end{aligned}$$

(1) 赋初值

给定初始点 $\boldsymbol{X}^1 = (x_{01}, x_{02}, \cdots, x_{0n})^{\mathrm{T}}$,收敛精度要求 ε,初始步长 $\alpha, \alpha \gg \varepsilon$,一般取 $\alpha = 200\varepsilon$。

(2) 初始简单图形

通常以边长相等的规则图形作为初始简单图形,产生方法如下:以给定的初始点为基础,可按下述方法产生其余 n 个点

$$X^2 = X^1, X^3 = \begin{Bmatrix} x_{01} + p \\ x_{02} + q \\ \cdots \\ x_{0n} + q \end{Bmatrix}, X^4 = \begin{Bmatrix} x_{01} + q \\ x_{02} + p \\ \cdots \\ x_{0n} + q \end{Bmatrix}, \cdots, X^{n+1} = \begin{Bmatrix} x_{01} + q \\ x_{02} + q \\ \cdots \\ x_{0n} + p \end{Bmatrix} \tag{2.73}$$

其中

$$p = \frac{\sqrt{n+1} + n - 1}{n\sqrt{2}} a, q = \frac{\sqrt{n+1} - 1}{n\sqrt{2}} a$$

式中，a 为简单图形的边长。X^1 和 a 的选取应根据具体的性质而定。

也可用如下方法构成初始简单图形：

$$X^2 = X^1, X^3 = X^1 + \alpha P_1, X^4 = X^1 + \alpha P_2, \cdots, X^{n+1} = X^1 + \alpha P_n \tag{2.74}$$

(3) 确定搜索方向

计算简单图形 $n+1$ 个顶点的函数值，比较其大小，从中找出目标函数值最大点（最坏点）X^H，目标函数值次大点（次坏点）X^G，目标函数最小点（最好点）X^L。

计算除去目标函数最大点 X^H 后剩余点的中心点

$$X^{n+1} = \frac{1}{n}\left[\sum_{i=0}^{n} X^i - X^H\right] \tag{2.75}$$

上式实际上是按下式计算点的第 i 个分量：

$$x^{n+2,j} = \frac{1}{n}\left[\sum_{i=0}^{n} x^{ij} - x^{Hj}\right], j = (1,2,\cdots,n) \tag{2.76}$$

显然，从 X^H 到 X^{n+2}，目标函数是下降的。因此以 X^H 和 X^{n+2} 两点的连线作为搜索方向。

(4) 反射

沿搜索方向 $X^H X^{n+2}$，从 X^{n+2} 点向前再走一步，步长为 $\eta(X^{n+2} - X^H)$，到达 X^{n+3} 点，即

$$X^{n+3} = X^{n+2} + \eta(X^{n+2} - X^H) \tag{2.77}$$

称 X^{n+3} 为反射点，η 称为反射系数。

计算反射点的目标函数值 $F(X^{n+3})$，并根据它的大小决定下一步走法。

(5) 扩张

如果反射点 X^{n+3} 的函数值小于 X^L 点的函数值，即

$$F(X^{n+3}) < F(X^L) \tag{2.78}$$

则表明反射后情况有所改善，沿搜索方向 $X^H X^{n+2}$ 还可以试探一下，是否还可以走得更远一些，即是否可以扩张（继续前进）到 X^{n+4} 点，即

$$X^{n+4} = X^{n+2} + \nu(X^{n+3} - X^{n+2}) \tag{2.79}$$

式中，$\nu > 1$ 为扩张系数。

进行一次判断，如果 $F(X^{n+4}) < F(X^L)$，则以 X^{n+4} 点替换原来的最坏点 X^H，构成新的简单图形，转向第(8)步。

如果 $F(\boldsymbol{X}^{n+4}) \geqslant F(\boldsymbol{X}^{L})$，则以 $\boldsymbol{X}^{n+3}$ 点替换原来的最坏点 $\boldsymbol{X}^{H}$，构成新的简单图形，转向第(8) 步。

(6) 收缩

如果反射点的函数值大于次坏点的函数值，即

$$F(\boldsymbol{X}^{n+3}) > F(\boldsymbol{X}^{G})$$

表明反射点走得太远，需要收缩回去，这一过程按下式计算

$$\boldsymbol{X}^{n+5} = \boldsymbol{X}^{n+2} + \beta(\boldsymbol{X}^{H} - \boldsymbol{X}^{n+2}) \tag{2.80}$$

式中，$0 < \beta < 1$ 是收缩系数，然后用 $\boldsymbol{X}^{n+5}$ 代替最坏点 $\boldsymbol{X}^{H}$，构成新的简单图形，转向第(8) 步。关于 $\boldsymbol{X}^{n+2}$ 至 $\boldsymbol{X}^{n+5}$ 的意义，如图 2.16 所示。

(7) 缩小边长

如果反射点的函数值大于最坏点的函数值，即

$$F(\boldsymbol{X}^{n+3}) > F(\boldsymbol{X}^{H})$$

则缩小简单图形的边长，以最好点 $\boldsymbol{X}^{L}$ 为顶点，其他顶点向 $\boldsymbol{X}^{L}$ 移近一半距离，即按下式进行计算

$$\boldsymbol{X}^{I} = \boldsymbol{X}^{L} + 0.5(\boldsymbol{X}^{I} - \boldsymbol{X}^{L}), \boldsymbol{I} = 1,2,\cdots,n,n+1 \tag{2.81}$$

这样就得到了新的简单图形，转入第(8) 步，重复计算。关于缩小边长的意义，如图 2.17 所示。

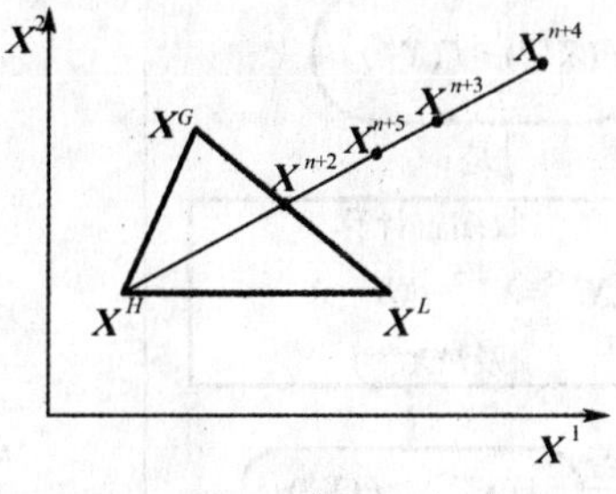

图 2.16

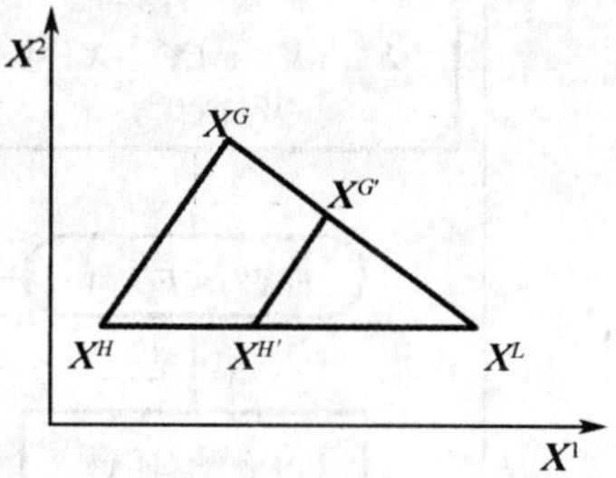

图 2.17

(8) 收敛判断

经过多次迭代后的简单图形若满足以下条件

$$\left\{\frac{1}{n+1}\sum_{I=0}^{n}\left[F(\boldsymbol{X}^{I}) - F(\boldsymbol{X}^{n+2})\right]^{2}\right\}^{1/2} \leqslant \varepsilon \tag{2.82}$$

则结束计算，并以 $\boldsymbol{X}^{L}$ 作为极小点。否则转至第(2) 步，重复计算。

简单图形法的计算框图如图 2.18 所示。关于反射系数 η，扩张系数 ν 及收缩系数 β 的取值范围，据已有经验，可取 $\eta = 1.0, 2.0 \leqslant \nu \leqslant 3.0, 0.4 \leqslant \beta \leqslant 0.6$。经 Nelder 和 Mead 论证，为使简单图形能够更好地适应函数的性态及便于收敛，η 不宜太大（指比 1 大很多），而 $\eta < 0$ 的计算次数比 $\eta = 1.0$ 要多，故折中取 $\eta = 1.0$。另外，认为 β 的数值变化对搜索的影响比 ν 要大。推

荐采用

$$2.8 \leqslant \nu \leqslant 3.0$$
$$0.4 \leqslant \beta \leqslant 0.6$$

所得的计算结果精度较高。当 $0 < \beta < 0.4$ 时，简单图形法扁平，有可能使计算过早终止；当 $\beta > 0.6$ 时，将会增加迭代次数及计算时间。

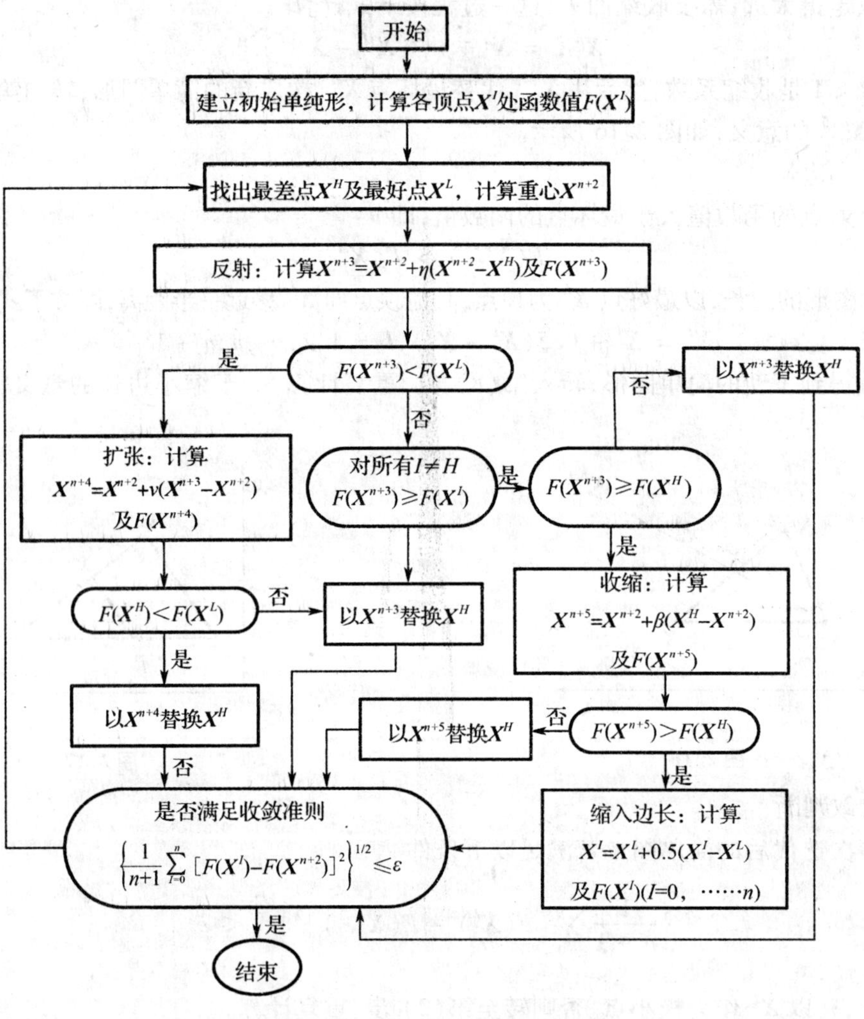

图 2.18　简单图形法计算框图

2.4 利用导数的优化方法

求解无约束目标函数极值问题，如果函数 $F(\boldsymbol{X})$ 具有良好的解析性，至少能求得函数的一阶偏导数，则可以利用目标函数的一阶导数或二阶导数的优化方法。工程中常用的利用导数的优化方法（间接法）有下山法、梯度法（最速下降法）、共轭方向法（共轭梯度法）、牛顿法（阻尼牛顿法）、变尺度法（DFP 法和 BFS 法）等。这几种寻优方法的共同特点是从初始点 $\boldsymbol{X}^0$ 出发，沿着某一规律性方向 $\boldsymbol{P}$ 进行一维搜索，搜索方向与该点的梯度或海色（Hesse）矩阵有关，搜索后得到新点 $\boldsymbol{X}^1$，由迭代理论可以保证新点 $\boldsymbol{X}^1$ 会优于原点 $\boldsymbol{X}^0$，然后再以 $\boldsymbol{X}^1$ 取代 $\boldsymbol{X}^0$ 继续迭代，逐渐逼近最优点，直至满足收敛精度要求为止。

上一节中，寻优搜索过程中只利用到了目标函数本身的数值，没有利用更多的其他信息。本章将详细阐明在求解无约束优化问题时，如何利用函数的一阶导数和二阶导数来加快算法的寻优收敛速度。

2.4.1 下降算法（下山法）

由于实际工程问题大多比较复杂，通常都采用迭代法进行求解。在结构优化问题中，我们的任务是求最小 $\boldsymbol{X}$，即

$$\min_{\boldsymbol{X}\in E^n} F(\boldsymbol{X})$$

采用下降算法进行求解的具体计算过程如下。

先给出一个初始点 $\boldsymbol{X}^0$，从 $\boldsymbol{X}^0$ 出发，设法找到一个函数值较小的点 $\boldsymbol{X}^1$，$F(\boldsymbol{X}^1) < F(\boldsymbol{X}^0)$。然后再从 $\boldsymbol{X}^1$ 出发，设法找到一个函数值更小的点 $\boldsymbol{X}^2$，$F(\boldsymbol{X}^2) < F(\boldsymbol{X}^1)$，如此一步一步迭代下去，直至找到极小点为止。其中第 $\boldsymbol{\nu}$ 次迭代可表示为

$$\boldsymbol{X}^{\nu+1} = \boldsymbol{X}^{\nu} + \Delta\boldsymbol{X}^{\nu} \tag{2.83}$$

式中，$\Delta\boldsymbol{X}^{\nu} = [\Delta x_1^{\nu} \quad \Delta x_2^{\nu}\cdots\cdots\Delta x_n^{\nu}]^{\mathrm{T}}$ 是一个向量。

设 $\boldsymbol{s}^{\nu} = [s_1^{\nu} \quad s_2^{\nu}\cdots s_n^{\nu}]^{\mathrm{T}}$ 是 $\Delta\boldsymbol{X}^{\nu}$ 方向上的一个单位矢量，则 $\Delta\boldsymbol{X}^{\nu}$ 可表示为

$$\Delta\boldsymbol{X}^{\nu} = \alpha^{\nu}\boldsymbol{s}^{\nu} \tag{2.84a}$$

式中，α^{ν} 是一纯量，代表步长。上式还可表示为

$$\Delta x_i^{\nu} = \alpha s_i^{\nu}, i = 1,\cdots,n \tag{2.84b}$$

由上式即可计算 $\Delta\boldsymbol{X}^{\nu}$ 的每一个分量 Δx_i^{ν} 的值。

由于一般问题是求函数的极小值问题，即要求在每一步计算中，$F(\boldsymbol{X})$ 的函数值都应是有所下降的，即

$$F(\boldsymbol{X}^{\nu+1}) = F(\boldsymbol{X}^{\nu} + \alpha^{\nu}\boldsymbol{s}^{\nu}) < F(\boldsymbol{X}^{\nu}) \tag{2.85}$$

把 $F(\boldsymbol{X}^{\nu+1})$ 按泰勒级数公式展开,略去高阶项,只保留一阶项,并代入上式,得到

$$F(\boldsymbol{X}^{\nu}+\alpha^{\nu}\boldsymbol{s}^{\nu})-F(\boldsymbol{X}^{\nu})=\alpha^{\nu}\boldsymbol{s}^{\nu\mathrm{T}}\nabla F(\boldsymbol{X}^{\nu})<0$$

由此可知,为了满足公式(2.85),必须有如下条件成立,即

$$[\boldsymbol{s}^{\nu}]^{\mathrm{T}}\nabla F(\boldsymbol{X}^{\nu})<0 \tag{2.86}$$

把满足上式的方向向量 $\boldsymbol{s}^{\nu}$ 称为下降方向,也称为下山方向。从 $\boldsymbol{X}^{\nu}$ 点开始,沿 $\boldsymbol{s}^{\nu}$ 方向作微小移动时,$F(\boldsymbol{X})$ 的函数值将有所下降。

为了获得最大的效率,我们就需要确定沿 $\boldsymbol{s}^{\nu}$ 方向变化的步长 α^{ν} 的值。由于在方向 $\boldsymbol{s}^{\nu}$ 固定时,函数 $F(\boldsymbol{X}^{\nu}+\alpha\boldsymbol{s}^{\nu})$ 的数值只与步长 α 有关。因此,可将 α 作为变量,进行一维搜索来求解其值,使函数取得极小值,即

$$f(\alpha)=F(\boldsymbol{X}^{\nu}+\alpha\boldsymbol{s}^{\nu})=\text{极小} \tag{2.87}$$

通过一维搜索,找到使 $f(\alpha)$ 取极小值的步长 α^{ν} 后,令 $\boldsymbol{X}^{\nu+1}=\boldsymbol{X}^{\nu}+\alpha^{\nu}s^{\nu}$,即完成了第 $\boldsymbol{\nu}$ 次迭代计算。

综上所述,在每次迭代过程中,主要包含两方面的计算:首先,选择一个合适的下降方向 $\boldsymbol{s}^{\nu}$;然后沿下降方向 $\boldsymbol{s}^{\nu}$ 进行一维搜索,找到一个最佳步长 α。

$$\frac{\mathrm{d}f(\alpha)}{\mathrm{d}\alpha}=\sum_{i=1}^{n}\frac{\partial F(\boldsymbol{X}^{\nu}+\alpha\boldsymbol{s}^{\nu})}{\partial x_i}\cdot\frac{\partial(x_i^{\nu}+\alpha s_i^{\nu})}{\partial\alpha}=\sum_{i=1}^{n}\frac{\partial F(\boldsymbol{X}^{\nu}+\alpha\boldsymbol{s}^{\nu})}{\partial x_i}\cdot s_i^{\nu}=0$$

即

$$\boldsymbol{s}^{\nu\mathrm{T}}\nabla F(\boldsymbol{X}^{\nu}+\alpha\boldsymbol{s}^{\nu})=0 \tag{2.88}$$

上式表明,如果在 $\boldsymbol{X}^{\nu+1}$ 点 $f(\alpha)=$ 极小,则函数 F 在 $\boldsymbol{X}^{\nu+1}$ 点的梯度方向 $\nabla F(\boldsymbol{X}^{\nu+1})$ 与下降方向 $\boldsymbol{s}^{\nu}$ 正交,即函数 F 的等值线在 $\boldsymbol{X}^{\nu+1}$ 点与方向向量 $\boldsymbol{s}^{\nu}$ 相切,如图 2.19 所示。

一维搜索方法在 2.1 节中已有详细介绍。在此不详细阐述计算下降方向 $\boldsymbol{s}^{\nu}$ 步长 α 的其他几种比较重要的方法。

把式(2.84a)代入式(2.83),得到下降算法的通用迭代公式为

$$\boldsymbol{X}^{\nu+1}=\boldsymbol{X}^{\nu}+\alpha\boldsymbol{s}^{\nu} \tag{2.89}$$

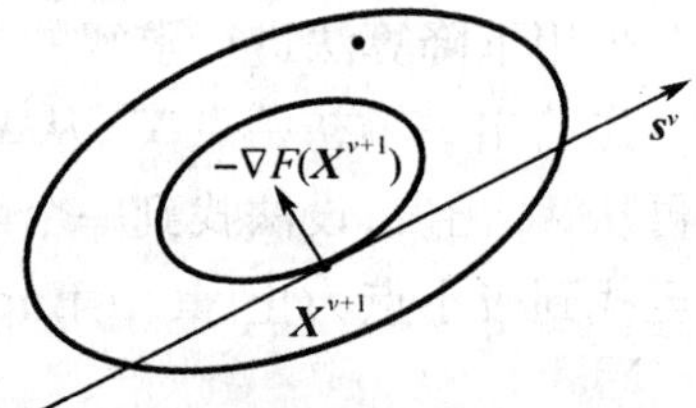

图 2.19

下降算法的收敛准则归纳起来,主要有以下几种。

(1) 梯度收敛准则法

如果 $\boldsymbol{X}^{\nu+1}$ 是极小点,严格地说,应有

$$\nabla F(\boldsymbol{X}^{\nu+1})=0$$

因此,可以用下式来判断 $\boldsymbol{X}^{\nu+1}$ 是否已收敛于极小点

$$\|\nabla F(\boldsymbol{X}^{\nu+1})\|\leqslant\varepsilon_1 \tag{2.90}$$

式中,ε_1 是预先给定的允许误差,∇F表示梯度的模,按下式计算

$$\|\nabla F\|=\left[\sum_{i=1}^{n}\left(\frac{\partial F}{\partial x_i}\right)^2\right]^{\frac{1}{2}} \tag{2.91}$$

在给出允许误差 ε_1 时,应注意目标函数比例因子的影响。因为 ∇F 和 $\beta F(\boldsymbol{X})$ 的极小点虽

然相同,但在同一点的梯度的模却相差 β 倍。

(2) 位移收敛准则法

若满足下列条件

$$\Delta X^{\nu} \leqslant \varepsilon_2 \tag{2.92}$$

或者当 $X^{\nu} \neq 0$ 时,有

$$\| \Delta X^{\nu} \| / \| X^{\nu} \| \leqslant \varepsilon_3 \tag{2.93}$$

则认为已达到了精度要求,结束计算。

(3) 目标函数值收敛准则法

如果相邻两个函数值的差满足下式

$$| F(X^{\nu+1}) - F(X^{\nu}) | \leqslant \varepsilon_4 \tag{2.94}$$

或当 $F(X^{\nu}) \neq 0$ 时,满足以下关系式

$$\frac{| F(X^{\nu+1}) - F(X^{\nu}) |}{| F(X^{\nu}) |} \leqslant \varepsilon_5 \tag{2.95}$$

则认为已达到收敛准则,结束计算。上式中 $\varepsilon_1, \varepsilon_2, \varepsilon_3, \varepsilon_4, \varepsilon_5$ 是预先给定的允许误差值。

下降算法的计算框图见图 2.20 所示。

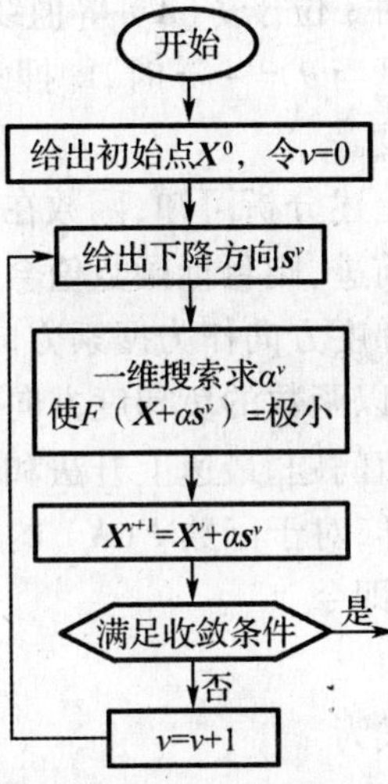

图 2.20　下降算法的计算框图

2.4.2　梯度法(最速上升(下降)法)

在上一节的下降算法中,搜索方向 s 的选择是一个十分重要的问题。梯度法,也称最速下降法,是下降法中以目标函数的负梯度方向作为寻优搜索方向的一种特例。

首先分析函数下降速度与搜索方向的关系。如图 2.21 所示,从 X 点出发,沿 s 方向以步长 α 进行寻优搜索,按泰勒级数展开公式,略去高阶项,只留一阶项,有

$$F(X + \alpha s) = F(X) + \alpha s^{\mathrm{T}} \nabla F(X)$$

因此,沿着搜索方向 s 方向,函数的变化速率为

$$\frac{\partial F(X)}{\partial \alpha} = \frac{F(X + \alpha s) - F(X)}{\alpha} = s^{\mathrm{T}} \nabla F(X) \tag{2.96}$$

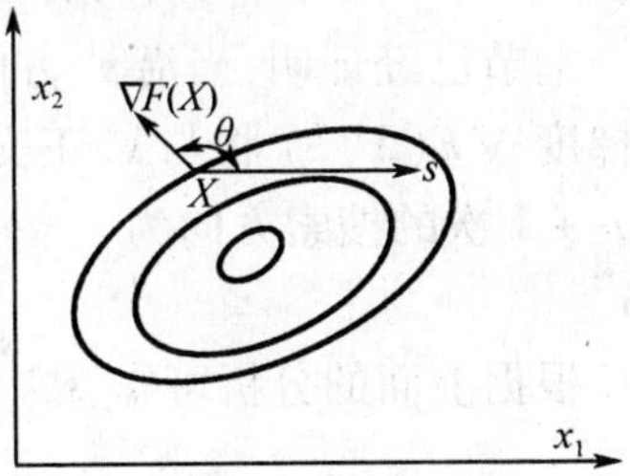

图 2.21　梯度法

设矢量 s 与矢量 $\nabla F(X)$ 的夹角为 θ,由于两矢量的内积等于其夹角的余弦乘以两矢量的模,而 s 又为单位矢量,故有如下关系式

$$\frac{\partial F(X)}{\partial \alpha} = \nabla F(X) \cos\theta \tag{2.97}$$

根据余弦函数的性质,分析如下。

(1) 当$\theta = 0$时,即搜索方向$\boldsymbol{s}$与梯度方向重合时,$\partial F(\boldsymbol{X})/\partial \alpha =$ 极大,函数具有最大上升速率。

(2) 当$\theta = \pi/2$时,即搜索方向$\boldsymbol{s}$与梯度方向垂直时,$\partial F(\boldsymbol{X})/\partial \alpha = 0$,函数值保持不变,事实上这时$\boldsymbol{s}$位于$F(\boldsymbol{X})$等值线的切平面内。

(3) 当$\theta = -\pi$时,即搜索方向$\boldsymbol{s}$与负梯度方向重合时,$\partial F(\boldsymbol{X})/\partial \alpha =$ 极小,函数具有最大下降速度。

从上述分析可知,函数在某点梯度方向是该点函数变化率最大的方向。如果沿该点的正梯度方向前进,则目标函数值会增大;如果沿该点的负梯度方向前进,则目标函数值会减小。以函数的正梯度方向作为搜索方向的寻优方法称为最速上升法,它适用于求解函数$F(\boldsymbol{X})$的极大值问题;以函数的负梯度方向作为搜索方向的寻优方法称为最速下降法,它适用于函数$F(\boldsymbol{X})$的极小值问题。最速上升法和最速下降法统称为梯度法。

这样,对于函数$F(\boldsymbol{X})$的极小值问题,很自然的想法就是以函数的负梯度方向作为寻优搜索方向,即令

$$\boldsymbol{s} = -\nabla F(\boldsymbol{X}) / \|\nabla F(\boldsymbol{X})\| \tag{2.98}$$

迭代公式为

$$\boldsymbol{X}^{\nu+1} = \boldsymbol{X}^{\nu} - \alpha^{\nu} \frac{\nabla F(\boldsymbol{X}^{\nu})}{\|\nabla F(\boldsymbol{X}^{\nu})\|} \tag{2.99}$$

上式也可改写为

$$\boldsymbol{X}^{\nu+1} = \boldsymbol{X}^{\nu} - \bar{\alpha}^{\nu} \nabla F(\boldsymbol{X}^{\nu}) \tag{2.100}$$

式中

$$\bar{\alpha}^{\nu} = \alpha^{\nu} / \|\nabla F(\boldsymbol{X})\| \tag{2.101}$$

直接用式(2.100)计算,可省去模$\|\nabla F(\boldsymbol{X})\|$的计算过程。

上节已经证明,当沿$\boldsymbol{s}^{\nu}$方向进行一维搜索得到极小点$\boldsymbol{X}^{\nu+1}$时(图2.19),函数在$\boldsymbol{X}^{\nu+1}$点的负梯度$\nabla F(\boldsymbol{X}^{\nu+1})$将与$\boldsymbol{s}^{\nu}$正交。在最速下降法中,每次都以负梯度方向作为搜索方向,所以第$\nu+1$次的搜索方向为

$$\boldsymbol{s}^{\nu+1} = -\nabla F(\boldsymbol{X}^{\nu+1})$$

根据上面的分析可知,$\boldsymbol{s}^{\nu+1}$与$\boldsymbol{s}^{\nu}$正交,即

$$\boldsymbol{s}^{\nu\mathrm{T}} \boldsymbol{s}^{\nu+1} = 0 \tag{2.102}$$

由于,在最速下降法中,前后两次的搜索方向都互相正交,因此其搜索路径呈锯齿形,如图2.22所示。特别是在接近极小点时,齿形愈来愈小,因而计算的收敛速度愈来愈慢。若目标函数的等值线是一个同心圆族(对多元函数来说,是一个同心球面族),那么从任一点出发,沿最速下降方向一步就能达到极小点,但在一般情况下,当椭球面的最大半轴与最小半轴的比值比较大,即椭球比较扁平时,最速下降法的收敛速度是相当慢的。这是由负梯度是在$\boldsymbol{X}^{\nu}$点的局部性质所导致的。虽然从局部看函数在负梯度方向下降最快,但从整体来看,这个方向往往较大

地偏离了极小点，因此总的效果并不是最好的。一般说来，当初始点 X^0 离极小点较远时，最速下降法在开头几步收敛还是比较快的。但当设计点逐渐接近极小点，目标函数的性态越来越接近于二次函数时，该方法的收敛速度才变得越来越慢。因此，在函数优化过程中，其搜索的前期阶段可采用最速下降法进行寻优，到搜索的后期时可改用其他优化方法进行寻优。

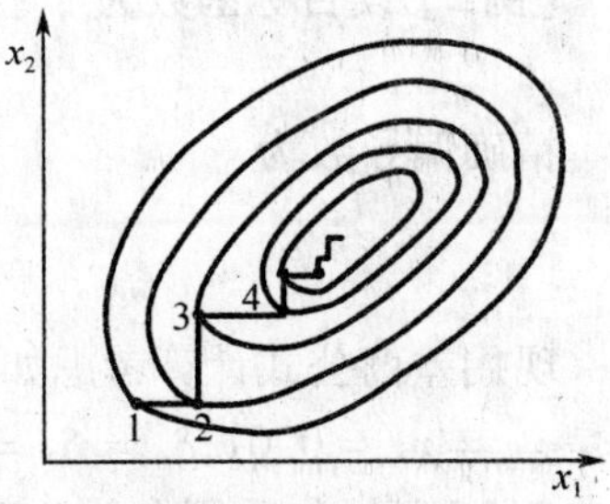

图 2.22

对于不易求出梯度表达式的复杂函数来说，可以用差商公式计算目标函数的偏导数。一般有两种差商计算公式：向前差商公式和中心差商公式。

(1) 向前差商公式

$$\frac{\partial F}{\partial x_i} = \frac{F(\boldsymbol{X} + \delta_i \boldsymbol{e}_i) - F(\boldsymbol{X})}{\delta_i} \tag{2.103}$$

(2) 中心差商公式

$$\frac{\partial F}{\partial x_i} = \frac{F(\boldsymbol{X} + \delta_i \boldsymbol{e}_i) - F(\boldsymbol{X} - \delta_i \boldsymbol{e}_i)}{2\delta_i} \tag{2.104}$$

式中 $\boldsymbol{e}_i = [0 \quad 0 \cdots 0 \quad 1 \quad 0 \cdots 0]^{\mathrm{T}}$，其中第 i 个分量是 1，其余分量均为零。δ_i 是一个很小的纯量，它的取值要适当，若 δ_i 取得太小，舍入误差将会对结果产生较大影响；若 δ_i 取得太大，则截断误差较大，即由公式本身产生的误差可能很大。为了计算一阶偏导数，采用向前差商公式需要计算 $n+1$ 次函数值，采用中心差商公式，需要计算 $2n+1$ 次函数值。但一般情况下，中心差商的计算精度比向前差商的计算精度高。不过对于最速下降法来说，对梯度的计算精度要求并不太高，因为即使求得的是近似梯度，一般也是函数值下降的方向，对最终结果和收敛速度的影响并不是很大，因此可采用向前差商公式计算其近似梯度。

综上所述，梯度概念在最优化技术中的应用具有如下四个特征。

(1) 梯度是在函数定义域空间中的一个矢量，梯度 $\nabla F(\boldsymbol{X})$ 是有方向的。梯度 $\nabla F(\boldsymbol{X})$ 的方向指向函数的最速上升方向，负梯度 $-\nabla F(\boldsymbol{X})$ 方向是指向函数的最速下降方向。

(2) 函数在定义域内各点都各自对应着一个确定的梯度，其在某点的梯度矢量只是指出了在该点极小领域内函数的最速上升方向，因此这种性质具有局部性。

(3) 函数 $\nabla F(\boldsymbol{X})$ 在 $\boldsymbol{X}^0$ 点的梯度矢量是函数等值线或等值面在该点的法矢量。

(4) 函数 $\nabla F(\boldsymbol{X})$ 在 $\boldsymbol{X}^0$ 点梯度模的大小，是对目标函数相对优劣的度量，其值越小表示该点越接近最优值。

下面引用参考文献[4]中的两个计算算例来说明梯度法的具体实现过程，例 2 用来说明用差商公式计算梯度的精度，例 3 用来说明最速下降法的计算情况。

［**例2**］设目标函数为

$$F(\boldsymbol{X}) = x_1^2 + x_1x_2 + 10x_2^2 \tag{a}$$

精确偏导数为

$$\frac{\partial F}{\partial x_1} = 2x_1 + x_2, \frac{\partial F}{\partial x_2} = x_1 + 20x_2 \tag{b}$$

现用差商公式计算考虑如下两种情况，一种情况是 $x_1 = x_2 = 3, \delta_1 = \delta_2 = 0.05$。另一种情况是 $x_1 = x_2 = 0.01, \delta_1 = \delta_2 = 0.05$。本算例的极小点为 $x_1 = x_2 = 0$，计算结果如表2.3所示。由表2.3可见，如采用向前差商公式，当设计点离极小点较远时，计算精度还是比较好的；但当设计点接近极小点时计算精度就会比较差。当然这时如果减小差商步长 δ_i，计算精度可以提高，但舍入误差的影响将较为显著。在本例中，中心差商公式给出的是准确的偏导数。

表2.3

x_1	x_2	δ_1	δ_2	$\partial F/\partial x_1$			$\partial F/\partial x_2$		
				向前差商	中心差商	准确值	向前差商	中心差商	准确值
3.00	3.00	0.05	0.05	9.05	9.00	9.00	63.5	63.00	63.00
0.01	0.01	0.05	0.05	0.080	0.030	0.030	0.710	0.210	0.210

［**例3**］本算例中目标函数与例2相同，由(a)式给出，该函数精确偏导数由(b)式给出，以负梯度作为搜索方向，由式(2.100)可知

$$\begin{Bmatrix} x_1^{\nu+1} \\ x_2^{\nu+2} \end{Bmatrix} = \begin{Bmatrix} x_1^{\nu} \\ x_2^{\nu} \end{Bmatrix} - \bar{\alpha}^{\nu} \begin{Bmatrix} \partial F(\boldsymbol{X}^{\nu})/\partial x_1 \\ \partial F(\boldsymbol{X}^{\nu})/\partial x_2 \end{Bmatrix}$$

沿 $-\nabla F(\boldsymbol{X}^{\nu})$ 方向作一维搜索，由

$$\frac{\partial F(\boldsymbol{X}^{\nu} + \alpha \boldsymbol{s}^{\nu})}{\partial \alpha} = 0$$

确定步长 α。今取初始点为 $\boldsymbol{X}^0 = [3.00 \quad 3.00]^{\mathrm{T}}$，计算结果如表2.4所示。

表2.4　最速下降法算例

ν	x_1	x_2	$\partial F/\partial x_1$	$\partial F/\partial x_2$	$\|\nabla F\|$	$F(x)$	$\bar{\alpha}$	Δx_1	Δx_2
0	3.00	3.00	9.00	63.00	63.64	108.0	0.050 2	-0.451 8	-3.162 7
1	2.548 2	-0.1627	4.933 7	-0.704 8	4.983 7	6.343	0.480 9	-2.373	0.338 5
2	0.175 5	0.175 9	0.526 8	3.692 6	3.730 1	0.371	0.050 2	-0.026 4	-0.185 4
3	0.149 0	-0.009 5	0.288 6	-0.041 2	0.291 4	0.021 7			

2.4.3　共轭梯度法

在梯度法求解最小化问题中，每次迭代都以负梯度方向作为搜索方向，因为沿梯度方向函数值变化最大，这样的前进方向最有效。但是这种“函数值变化最大、搜索最有效”的性质具有局部性，只在搜索点附近区域才具有，而对于整个寻优过程来讲，梯度方向往往不是最理想的寻优方向，因为这种方法在寻优过程中有时会以锯齿形前进，越是靠近极小点其搜索效率越低。针对这一特点，R Fletcher 和 C M Reeves 提出了共轭梯度法。这种方法只在第一次迭代时以负梯度方法作为搜索方向，从第二次迭代开始，在梯度法中的搜索方向表达式右端增加一修正项，用下列公式计算该方法的搜索方向，即

$$\boldsymbol{s}^{\nu} = -\nabla F(\boldsymbol{X}^{\nu}) + \beta^{\nu-1}\boldsymbol{s}^{\nu-1} \tag{2.105}$$

式中

$$\beta^{\nu-1} = \|\nabla F(\boldsymbol{X}^{\nu})\|^2 / \|\nabla F(\boldsymbol{X}^{\nu-1})\|^2 \tag{2.106}$$

经过这样修正后，所有搜索方向都是共扼方向，因而可大大加快收敛速度。从(2.105)式可见，共轭梯度法的计算也很简单，用上一次的搜索方向 $\boldsymbol{s}^{\nu-1}$ 乘以 $\beta^{\nu-1}$ 就得到修正项，而 $\beta^{\nu-1}$ 是前后两次梯度的模的平方的比值，所用到的一些信息是梯度法中也要计算的。因此，对于每一次迭代，共轭梯度法的计算量与梯度法很接近，但因收敛速度大大加快了，迭代次数大为减少，所以对于总的计算量来说，共轭梯度法比梯度法节省很多。

现采用参考文献[4]中的推导过程来详述公式(2.105)和(2.106)的推导过程。设目标函数是一个二次函数

$$F(\boldsymbol{X}) = \frac{1}{2}\boldsymbol{X}^{\mathrm{T}}\boldsymbol{H}\boldsymbol{X} + \boldsymbol{b}^{\mathrm{T}}\boldsymbol{X} + c \tag{2.107}$$

式中，c 为常数，$\boldsymbol{b}$ 为向量，$\boldsymbol{H}$ 称为海色矩阵，为对称正定矩阵，即

$$\boldsymbol{H} = \begin{pmatrix} \dfrac{\partial^2 F}{\partial x_1^2} & \dfrac{\partial^2 F}{\partial x_1 \partial x_2} & \cdots & \dfrac{\partial^2 F}{\partial x_1 \partial x_n} \\ \dfrac{\partial^2 F}{\partial x_2 \partial x_1} & \dfrac{\partial^2 F}{\partial x_2^2} & \cdots & \dfrac{\partial^2 F}{\partial x_2 \partial x_n} \\ \vdots & & & \vdots \\ \dfrac{\partial^2 F}{\partial x_n \partial x_1} & \dfrac{\partial^2 F}{\partial x_n \partial x_2} & \cdots & \dfrac{\partial^2 F}{\partial x_n^2} \end{pmatrix}$$

该目标函数的梯度为

$$\nabla F(\boldsymbol{X}) = \boldsymbol{H}\boldsymbol{X} + \boldsymbol{b}$$

在 $\boldsymbol{X}^{\nu}$ 点的梯度为

$$\boldsymbol{G}^{\nu} = \nabla F(\boldsymbol{X}^{\nu}) = \boldsymbol{H}\boldsymbol{X}^{\nu} + \boldsymbol{b} \tag{2.108}$$

在 $\boldsymbol{X}^{\nu-1}$ 点的梯度为

$$\boldsymbol{G}^{\nu-1} = \nabla F(\boldsymbol{X}^{\nu-1}) = \boldsymbol{H}\boldsymbol{X}^{\nu-1} + \boldsymbol{b}$$

由式(2.108)减去上式,得到

$$\boldsymbol{G}^{\nu} - \boldsymbol{G}^{\nu-1} = \boldsymbol{H}(\boldsymbol{X}^{\nu} - \boldsymbol{X}^{\nu-1}) \tag{2.109}$$

由式(2.89)可知

$$\boldsymbol{X}^{\nu} - \boldsymbol{X}^{\nu-1} = \alpha^{\nu-1}\boldsymbol{s}^{\nu-1}$$

把上式代入(2.109)式,可得

$$\boldsymbol{G}^{\nu} - \boldsymbol{G}^{\nu-1} = \alpha^{\nu-1}\boldsymbol{H}\boldsymbol{s}^{\nu-1} \tag{2.110}$$

现要求全部搜索方向 $\boldsymbol{s}^0,\boldsymbol{s}^1,\boldsymbol{s}^2,\cdots,\boldsymbol{s}^{\nu}$ 互为 $\boldsymbol{H}$ 共轭,即

$$\boldsymbol{s}^{j\mathrm{T}}\boldsymbol{H}\boldsymbol{s}^{\nu-1} = 0, j \neq \nu - 1, j,\nu = 1,2,\cdots \tag{2.111}$$

式中,上标 T 表示矩阵的转置。把(2.110)式代入上式,可知上述共轭条件可换成

$$\boldsymbol{s}^{j\mathrm{T}}(\boldsymbol{G}^{\nu} - \boldsymbol{G}^{\nu-1}) = 0, j \neq \nu - 1, j,\nu = 1,2,\cdots \tag{2.112}$$

上式中不包含海色矩阵$\boldsymbol{H}$,只用到各点的梯度,这表明可以不用计算海色矩阵$\boldsymbol{H}$便可求出共轭方向 $\boldsymbol{s}^{\nu}$。

在第一次迭代时,因为除了初始点的梯度 $\boldsymbol{G}^0$ 外,没有其他可用的信息,所以就以该点负梯度方向作为第一个搜索方向,即取

$$\boldsymbol{s}^0 = -\boldsymbol{G}^0 \tag{2.113}$$

沿 $\boldsymbol{s}^0$ 方向采用一维搜索,即可找到点 $\boldsymbol{X}^1$,并计算该点梯度 $\boldsymbol{G}^1$,由于 $\boldsymbol{G}^1$ 与 $\boldsymbol{s}^0$ 正交,而 $\boldsymbol{s}^0 = -\boldsymbol{G}^0$,所以$\boldsymbol{G}^1$与$\boldsymbol{G}^0$也正交。$\boldsymbol{G}^0$ 和 $\boldsymbol{G}^1$ 构成一个正交系,今在这个正交系所组成的二维子空间中寻找共轭搜索方向 $\boldsymbol{s}^1$。显然,$\boldsymbol{s}^1$ 可用 $\boldsymbol{G}^0$ 和 $\boldsymbol{G}^1$ 的线性组合来表示,即

$$\boldsymbol{s}^1 = -\boldsymbol{G}^1 + a^0\boldsymbol{G}^0 \tag{2.114}$$

要求 $\boldsymbol{s}^1$ 与 $\boldsymbol{s}^0$ 为 $\boldsymbol{H}$ 共轭,即

$$\boldsymbol{s}^{1\mathrm{T}}\boldsymbol{H}\boldsymbol{s}^0 = 0$$

由(2.111),(2.112)两式,有

$$\boldsymbol{s}^{1\mathrm{T}}(\boldsymbol{G}^1 - \boldsymbol{G}^0) = 0$$

即

$$(-\boldsymbol{G}^1 + a^0\boldsymbol{G}^0)^{\mathrm{T}}(\boldsymbol{G}^1 - \boldsymbol{G}^0) = 0 \tag{2.115}$$

因 $\boldsymbol{G}^0$ 和 $\boldsymbol{G}^1$ 正交,故 $\boldsymbol{G}^{0\mathrm{T}}\boldsymbol{G}^1 = 0$,由上式可得

$$\boldsymbol{G}^{1\mathrm{T}}\boldsymbol{G}^1 + a^0\boldsymbol{G}^{0\mathrm{T}}\boldsymbol{G}^0 = 0$$

由于 $\boldsymbol{X}^0$ 不是极小点,$\boldsymbol{G}^0 \neq 0$,故由上式可知

$$-a^0 = \boldsymbol{G}^{1\mathrm{T}}\boldsymbol{G}^1/\boldsymbol{G}^{0\mathrm{T}}\boldsymbol{G}^0 = \|\boldsymbol{G}^1\|^2/\|\boldsymbol{G}^0\|^2$$

令

$$\beta^0 = -a^0 = \|\boldsymbol{G}^1\|^2/\|\boldsymbol{G}^{0 2} \tag{2.116}$$

于是由式(2.114)式得到

$$\boldsymbol{s}^1 = -\boldsymbol{G}^1 - \beta^0\boldsymbol{G}^0 = -\boldsymbol{G}^1 + \beta^0\boldsymbol{s}^0 \tag{2.117}$$

沿 $\boldsymbol{s}^1$ 进行一维搜索,得到点 $\boldsymbol{X}^2$,计算梯度 $\boldsymbol{G}^2 = \nabla F(\boldsymbol{X}^2)$。因 $\boldsymbol{s}^0,\boldsymbol{s}^1$ 为 $\boldsymbol{H}$ 共轭,$\boldsymbol{s}^{0\mathrm{T}}\boldsymbol{H}\boldsymbol{s}^1 = 0$,由

(2.111),(2.112) 两式,可知

$$\boldsymbol{G}^{0\mathrm{T}}(\boldsymbol{G}^2-\boldsymbol{G}^1)=0 \tag{2.118}$$

但已知 $\boldsymbol{G}^{0\mathrm{T}}\boldsymbol{G}^2=0$,即 $\boldsymbol{G}^0$ 与 $\boldsymbol{G}^2$ 正交,由于 $\boldsymbol{G}^2$ 与 $\boldsymbol{s}^1$ 正交,故

$$\boldsymbol{G}^{2\mathrm{T}}\boldsymbol{s}^1=\boldsymbol{G}^{2\mathrm{T}}(-\boldsymbol{G}^1+a^0\boldsymbol{G}^0)=0$$

由此可知

$$\boldsymbol{G}^{2\mathrm{T}}\boldsymbol{G}^1=0$$

即 $\boldsymbol{G}^2$ 与 $\boldsymbol{G}^1$ 正交。因此,$\boldsymbol{G}^0,\boldsymbol{G}^1,\boldsymbol{G}^2$ 构成一个正交系。今在这个正交系所张成的三维子空间中寻找共轭搜索方向 $\boldsymbol{s}^2$,使其可用 $\boldsymbol{G}^0,\boldsymbol{G}^1,\boldsymbol{G}^2$ 的线性组合来表示。令

$$\boldsymbol{s}^2=-\boldsymbol{G}^2+a^1\boldsymbol{G}^1+a^0\boldsymbol{G}^0 \tag{2.119}$$

要求 $\boldsymbol{s}^2$ 与 $\boldsymbol{s}^0,\boldsymbol{s}^1$ 为 $\boldsymbol{H}$ 共轭,即

$$\boldsymbol{s}^{2\mathrm{T}}\boldsymbol{H}\boldsymbol{s}^0=0,\boldsymbol{s}^{2\mathrm{T}}\boldsymbol{H}\boldsymbol{s}^1=0$$

把(2.111),(2.112),(2.119) 三式代入上式,得到的方程组如下

$$\left.\begin{aligned}(-\boldsymbol{G}^2+a^1\boldsymbol{G}^1+a^0\boldsymbol{G}^0)^{\mathrm{T}}(\boldsymbol{G}^1-\boldsymbol{G}^0)=0\\(-\boldsymbol{G}^2+a^1\boldsymbol{G}^1+a^0\boldsymbol{G}^0)^{\mathrm{T}}(\boldsymbol{G}^2-\boldsymbol{G}^1)=0\end{aligned}\right\} \tag{2.120}$$

由于 $\boldsymbol{G}^1,\boldsymbol{G}^2,\boldsymbol{G}^3$ 互相正交,$\boldsymbol{G}^{2\mathrm{T}}\boldsymbol{G}^1=\boldsymbol{G}^{2\mathrm{T}}\boldsymbol{G}^0=\boldsymbol{G}^{1\mathrm{T}}\boldsymbol{G}^0=0$,把上式展开后可得到

$$\left.\begin{aligned}a^1\boldsymbol{G}^{1\mathrm{T}}\boldsymbol{G}^1-a^0\boldsymbol{G}^{0\mathrm{T}}\boldsymbol{G}^0=0\\-\boldsymbol{G}^{2\mathrm{T}}\boldsymbol{G}^2-a^1\boldsymbol{G}^{1\mathrm{T}}\boldsymbol{G}^1=0\end{aligned}\right\} \tag{2.121}$$

因 $\boldsymbol{X}^0,\boldsymbol{X}^1$ 不是极小点(否则计算早已结束),故 $\boldsymbol{G}^0\neq 0,\boldsymbol{G}^1\neq 0$,由上式解得

$$-a^1=\boldsymbol{G}^{2\mathrm{T}}\boldsymbol{G}^2/\boldsymbol{G}^{1\mathrm{T}}\boldsymbol{G}^1$$

$$a^0=a^1\boldsymbol{G}^{1\mathrm{T}}\boldsymbol{G}^1/\boldsymbol{G}^{0\mathrm{T}}\boldsymbol{G}^0=a^1\beta^0$$

令

$$\beta^1=-a^1=\boldsymbol{G}^{2\mathrm{T}}\boldsymbol{G}^2/\boldsymbol{G}^{1\mathrm{T}}\boldsymbol{G}^1=\|\boldsymbol{G}^2\|^2/\|\boldsymbol{G}^1\|^2 \tag{2.122}$$

则

$$a^0=-\beta^1\beta^0$$

代入(2.119) 式,得到

$$\boldsymbol{s}^2=-\boldsymbol{G}^2+\beta^1(-\boldsymbol{G}^1-\beta^0\boldsymbol{G}^0)$$

将公式(2.117) 代入上式,可得

$$\boldsymbol{s}^2=-\boldsymbol{G}^2+\beta^1\boldsymbol{s}^1 \tag{2.123}$$

依此类推,得到(2.105) 和(2.106) 两计算公式。

由于搜索方向 $\boldsymbol{s}^\nu$ 是 $\boldsymbol{H}$ 的共轭方向,如果目标函数是二次函数,从理论上讲,至多经过 n 次迭代即会收敛。当然,如果目标函数的等值线的偏心度很大,实际的迭代次数可能大于 n 次,这是由于一维搜索和搜索方向 $\boldsymbol{s}$ 的计算结果都会有误差,而且在利用迭代公式(2.105) 计算时,这些误差会积累起来,以致搜索方向 $\boldsymbol{s}^\nu$ 并不是严格的共轭方向。尽管如此,与梯度法相比较,共轭梯度法的收敛速度还是要快得多。

如果目标函数并不是多项式形式的函数,或者最高次项高于二次,可用泰勒级数展开式子,保留其二阶项,这样就可得到一个近似的二次函数,仍然可用共轭梯度法计算。由于在极小

点附近，高阶项对函数值的影响很小，函数的性态接近于二次函数，所以共轭梯度法的收敛速度仍然会高于梯度法。当然在这种情况下已没有二次收敛的特性。由于在远离极小点与极小点附近的函数的二阶近似式可能很不一样，而寻优搜索的前期计算误差会通过公式(2.105)中的 $\boldsymbol{\beta}^{\nu-1}\boldsymbol{s}^{\nu-1}$ 项而传递过来，并且在以后的计算中这种影响也不易消除。为了解决这个问题，可以采用重新初始化的办法，即如果经过 n 次迭代后，如函数优化问题未收敛，则以所得到的近似极小点 $\boldsymbol{X}^n$ 作为初始点，重新开始进行迭代。经验表明，这样处理的效果一般不错。

上述共轭梯度法的计算步骤如下。

(1) 给出初始点 $\boldsymbol{X}^0$ 及允许梯度误差 δ。

(2) $\nu = 0$。

(3) 计算 $F(\boldsymbol{X}^\nu)$ 及 $\boldsymbol{G}^\nu = \nabla F(\boldsymbol{X}^\nu)$。

(4) 判断是否满足 $\|\boldsymbol{G}^\nu\| \leqslant \varepsilon$ 的精度要求，若满足精度要求，则输出优化结果；如果没有满足精度要求，则转向步骤(5)。

(5) 当 $\nu = 0$ 时，令

$$\boldsymbol{s}^\nu = -\boldsymbol{G}^\nu$$

当 $\nu \neq 0$，令

$$\boldsymbol{s}^\nu = -\boldsymbol{G}^\nu + \beta^{\nu-1}\boldsymbol{s}^{\nu-1}$$

式中

$$\beta^{\nu-1} = \|\boldsymbol{G}^\nu\|^2 / \|\boldsymbol{G}^{\nu-1}\|^2$$

(6) 进行一维搜索，求 α^ν，使

$$F(\boldsymbol{X}^\nu + \alpha^\nu \boldsymbol{s}^\nu) = \text{极小}$$

令

$$\boldsymbol{X}^{\nu+1} = \boldsymbol{X}^\nu + \alpha^\nu \boldsymbol{s}^\nu$$

$$\nu = \nu + 1$$

(7) 判断 $\nu > n$ 是否成立，若成立，则转向步骤(2)，否则转向步骤(3)。

[**例 4**] 用共轭梯度法求解 2.4.2 中的例 2。

目标函数为

$$F(\boldsymbol{X}) = x_1^2 + x_1 x_2 + 10x_2^2$$

取初始点 $\boldsymbol{X}^0 = [3.00 \quad 3.00]^{\mathrm{T}}$，第一步采用负梯度方向作为搜索方向，并由一维搜索确定步长 α，即

$$\boldsymbol{X}^0 = \begin{Bmatrix} 3.00 \\ 3.00 \end{Bmatrix}, \boldsymbol{s}^0 = -\nabla F(\boldsymbol{X}^0) = \begin{Bmatrix} -9.00 \\ -63.00 \end{Bmatrix}$$

$$\|\nabla F(\boldsymbol{X}^0)\| = 63.639\,6, \alpha^0 = 0.502\,008$$

$$\boldsymbol{X}^1 = \boldsymbol{X}^0 + \alpha^0 \boldsymbol{s}^0 = \begin{Bmatrix} 2.548\,19 \\ -0.162\,650\,4 \end{Bmatrix}$$

在 $\boldsymbol{X}^1$ 点，梯度为

$$\nabla F(\boldsymbol{X}^1) = \begin{Bmatrix} 4.933\ 72 \\ -0.704\ 818 \end{Bmatrix}, \| \nabla F(\boldsymbol{X}^1) \| = 4.933\ 82$$

下面按式(2.105),(2.106)计算 $\boldsymbol{s}^1$,由式(2.106)得

$$\boldsymbol{\beta}^0 = \frac{\| \nabla F(\boldsymbol{X}^1) \|^2}{\| \nabla F(\boldsymbol{X}^0) \|^2} = \frac{4.933\ 82^2}{63.639\ 6^2} = 0.006\ 132\ 94$$

由式(2.111)得

$$\boldsymbol{s}^1 = -\nabla F(\boldsymbol{X}^1) + \boldsymbol{\beta}^0 \boldsymbol{s}^0 = -\begin{Bmatrix} 4.933\ 72 \\ -0.704\ 818 \end{Bmatrix} + 0.006\ 132\ 94 \times \begin{Bmatrix} -9.00 \\ -63.00 \end{Bmatrix} = \begin{Bmatrix} -4.988\ 92 \\ 0.318\ 443 \end{Bmatrix}$$

沿 $\boldsymbol{s}^1$ 方向进行一维搜索,得到 $\alpha = 0.510\ 769\ 9$,故

$$\boldsymbol{X}^2 = \boldsymbol{X}^1 + \alpha \boldsymbol{s}^1 = \begin{Bmatrix} 2.548\ 19 \\ -0.162\ 650\ 4 \end{Bmatrix} + 0.510\ 769\ 9 \times \begin{Bmatrix} -4.988\ 92 \\ 0.318\ 443 \end{Bmatrix} = \begin{Bmatrix} 0 \\ 0 \end{Bmatrix}$$

式中,$\boldsymbol{X}^2$ 是极小点,$F(\boldsymbol{X}^2) = 0$。由于目标函数是二次函数,所以采用共轭梯度法,经过两步就可达到极小点。在本例中,海色矩阵为

$$\boldsymbol{H} = \begin{bmatrix} 2 & 1 \\ 1 & 20 \end{bmatrix}$$

现在我们来检验一下 $\boldsymbol{s}^1$ 与 $\boldsymbol{s}^0$ 是否是 $\boldsymbol{H}$ 共轭。由式(2.111)得

$$\boldsymbol{s}^{1\mathrm{T}} \boldsymbol{H} \boldsymbol{s}^0 = [-4.988\ 92 \quad 0.318\ 443] \begin{bmatrix} 2 & 1 \\ 1 & 20 \end{bmatrix} \begin{Bmatrix} -9.00 \\ -63.00 \end{Bmatrix} = 0$$

可见,$\boldsymbol{s}^1$ 与 $\boldsymbol{s}^0$ 为 $\boldsymbol{H}$ 共轭。

共轭梯度法对于一维搜索的误差是十分敏感的。例如,本例中若由 $\alpha^0 = 0.050\ 200\ 8$ 改为 $\alpha^0 = 0.050\ 200\ 0$,相差 0.000 000 8,下面用新的 α^0 计算,得到

$$\boldsymbol{X}^1 = \begin{Bmatrix} 2.548\ 20 \\ -0.162\ 600 \end{Bmatrix}, \nabla F(\boldsymbol{X}^1) = \begin{Bmatrix} 4.933\ 800 \\ -0.703\ 800 \end{Bmatrix}$$

$$\beta^0 = 0.006\ 132\ 771, \boldsymbol{s}^1 = \begin{Bmatrix} -4.988\ 994 \\ 0.317\ 4355 \end{Bmatrix}$$

由式(2.111)得

$$\boldsymbol{s}^{1\mathrm{T}} \boldsymbol{H} \boldsymbol{s}^0 = [-4.98892 \quad 0.3174335] \begin{bmatrix} 2 & 1 \\ 1 & 20 \end{bmatrix} \begin{Bmatrix} -9.00 \\ -63.00 \end{Bmatrix}$$

$$= 404.108\ 5 - 402.825\ 6 = 1.282\ 9 \neq 0$$

可见,α^0 仅相差 0.000 000 8,就不能满足 $\boldsymbol{H}$ 共轭条件。

2.4.4　牛顿法与拟牛顿法

梯度法中利用了目标函数的一阶导数 $\nabla F(\boldsymbol{X})$ 来选择寻优搜索方向。当函数具有二阶导

数时,为了减少搜索次数,加快收敛速度,还可利用函数的二阶导数值作为寻优策略。牛顿法就是充分利用了目标函数的二阶导数,其基本思想是若某目标函数在定义域内存在极小点,且在极小点附近呈近似二次函数,该点容易表达和求解一次、二次偏导数,则以此为依据,寻优迭代过程中,在迭代点采用泰勒级数展开,保留三阶及三阶以上的项,用此函数某一点的梯度和 Hesse 矩阵的信息来渐渐逼近函数 $F(\boldsymbol{X})$ 的最优点 $\boldsymbol{X}^*$。

1. 牛顿法

下面以二维函数问题为例来说明牛顿法的基本思路。如图 2.23 所示,在 $\boldsymbol{X}^\nu$ 点的局部区域,$-\nabla F$ 是最速下降方向,但从全域来说,它并不是最好的方向。极小点在 $\boldsymbol{X}^*$,$-\nabla F$ 与 $\boldsymbol{X}^*$ 的偏离还是比较大的。现在我们来选择 Δx_1 和 Δx_2,使 $\boldsymbol{X}^{\nu+1}=\boldsymbol{X}^\nu+\Delta\boldsymbol{X}$ 尽量靠近极小点 $\boldsymbol{X}^*$。

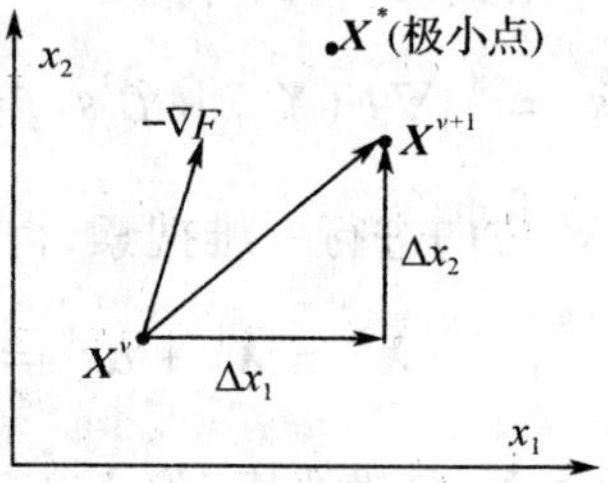

图 2.23

把目标函数 $F(\boldsymbol{X})$ 在 $\boldsymbol{X}^\nu$ 点附近作泰勒级数展开,并保留二阶项,得到表达式如下:

$$F(\boldsymbol{X}^{\nu+1}) = F(\boldsymbol{X}^\nu) + \frac{\partial F}{\partial x_1}\Delta x_1 + \frac{\partial F}{\partial x_2}\Delta x_2 + \frac{1}{2}\left(\frac{\partial^2 F}{\partial x_1^2}\Delta x_1^2 + 2\frac{\partial^2 F}{\partial x_1 \partial x_2}\Delta x_1\Delta x_2 + \frac{\partial^2 F}{\partial x_2^2}\Delta x_2^2\right) \quad \text{(a)}$$

现选择合适的 Δx_1 和 Δx_2,使 $\boldsymbol{X}^*$ 取极小值,梯度等于 0,因而必须满足下面的关系式:

$$\frac{\partial F(\boldsymbol{X}^{\nu+1})}{\partial \Delta x_1} = 0,\quad \frac{\partial F(\boldsymbol{X}^{\nu+1})}{\partial \Delta x_2} = 0 \quad \text{(b)}$$

由(a)式分别对 Δx_1 和 Δx_2 求偏导数,保留其二阶项,代入(b)式得到

$$\frac{\partial F(\boldsymbol{X}^{\nu+1})}{\partial \Delta x_1} = \frac{\partial F}{\partial x_1} + \frac{\partial^2 F}{\partial x_1^2}\Delta x_1 + \frac{\partial^2 F}{\partial x_1 \partial x_2}\Delta x_2 = 0$$

$$\frac{\partial F(\boldsymbol{X}^{\nu+1})}{\partial \Delta x_2} = \frac{\partial F}{\partial x_2} + \frac{\partial^2 F}{\partial x_1 \partial x_2}\Delta x_1 + \frac{\partial^2 F}{\partial x_2^2}\Delta x_2 = 0$$

由上两式联立求解,可求得 Δx_1 和 Δx_2,即

$$\begin{Bmatrix}\Delta x_1 \\ \Delta x_2\end{Bmatrix} = -\begin{pmatrix}\dfrac{\partial^2 F}{\partial x_1^2} & \dfrac{\partial^2 F}{\partial x_1 \partial x_2} \\ \dfrac{\partial^2 F}{\partial x_1 \partial x_2} & \dfrac{\partial^2 F}{\partial x_2^2}\end{pmatrix}^{-1}\begin{Bmatrix}\dfrac{\partial F}{\partial x_1} \\ \dfrac{\partial F}{\partial x_2}\end{Bmatrix} \quad \text{(c)}$$

现在考虑一般情况,设 $F(\boldsymbol{X})$ 是 n 元函数。在 $\boldsymbol{X}^\nu$ 点附近作泰勒级数展开,只保留到二阶项,得

$$F(\boldsymbol{X}^{\nu+1}) = F(\boldsymbol{X}^\nu) + \boldsymbol{G}^{\nu\mathrm{T}}\Delta\boldsymbol{X}^\nu + \frac{1}{2}\Delta\boldsymbol{X}^{\nu\mathrm{T}}\boldsymbol{H}^\nu\Delta\boldsymbol{X}^\nu \quad (2.124)$$

现选择 $\Delta\boldsymbol{X}^\nu = [\Delta x_1^\nu \quad \Delta x_2^\nu \quad \cdots \quad \Delta x_n^\nu]^{\mathrm{T}}$,使 $F(\boldsymbol{X}^{\nu+1})$ 取极小值,因而在 $\boldsymbol{X}^{\nu+1}$ 点,梯度必须等于零,保留到二阶项,即

$$\nabla F(\boldsymbol{X}^{\nu+1}) = \nabla F(\boldsymbol{X}^\nu) + \boldsymbol{H}^\nu\Delta\boldsymbol{X}^\nu = 0 \quad (2.125)$$

由上式求解，得到

$$\Delta X^{\nu} = -[H^{\nu}]^{-1}G^{\nu} \tag{2.126}$$

式中，梯度 $G^{\nu} = \nabla F(X^{\nu})$，海色矩阵 $H^{\nu} = \nabla^2 F(X^{\nu})$，$\Delta X^{\nu} = X^{\nu+1} - X^{\nu}$，结合公式(2.126)可知

$$X^{\nu+1} = X^{\nu} - [H^{\nu}]^{-1}G^{\nu} \tag{2.127}$$

式(2.127)就是牛顿法迭代计算的基本公式，该公式既给出了搜索方向，又给出了步长。

若 $F(X)$ 是二次函数，那么 H^{ν} 为一个常矩阵，该矩阵元素都是常量。这时近似公式(2.124)就是原函数表达式，从任一点 X^{ν} 出发，利用迭代公式(2.127)只要一步就可求出极小点；当 $F(X)$ 不是二次函数时，则公式(2.124)是目标函数在 X^{ν} 点的近似表达式，由迭代公式(2.127)求出的极小点 $X^{\nu+1}$ 一般只是一个近似的极小点，不会是真正的极小点。为改进收敛速度，通常取

$$s^{\nu} = -[H^{\nu}]^{-1}G^{\nu} \tag{2.128}$$

作为搜索方向，并从 X^{ν} 点出发，沿此方向作一维搜索，即求 α^{ν}，使

$$F(X^{\nu} + \alpha^{\nu}s^{\nu}) = 极小 \tag{2.129}$$

然后令

$$X^{\nu+1} = X^{\nu} - \alpha^{\nu}[H^{\nu}]^{-1}G^{\nu} \tag{2.130}$$

采用牛顿法求解，海色矩阵 $[H^{\nu}]^{-1}$ 必须存在并且为正定矩阵。

[**例 5**] 与 2.4.2 中的例 2 相同。目标函数为

$$F(X) = x_1^2 + x_1x_2 + 10x_2^2$$

取初始点 $X^0 = [3.00 \quad 3.00]^{\mathrm{T}}$，用牛顿法求极小点，由上式可计算 G^0 和 H 为

$$G^0 = \nabla F(X^0) = \begin{Bmatrix} -9.00 \\ -63.00 \end{Bmatrix}, H = \begin{bmatrix} 2 & 1 \\ 1 & 20 \end{bmatrix}$$

由迭代公式(2.127)，可得

$$X^1 = X^0 - H^{-1}G^0 = \begin{Bmatrix} 3 \\ 3 \end{Bmatrix} - \begin{bmatrix} 2 & 1 \\ 1 & 20 \end{bmatrix}^{-1} \begin{Bmatrix} 9.00 \\ 63.00 \end{Bmatrix} = \begin{Bmatrix} 0 \\ 0 \end{Bmatrix}$$

式中，X^1 即为极小点。由于目标函数是二次函数，所以只经过一步就求得了极小点。

2. 差商 - 牛顿法

在实际工程中，函数 $F(X)$ 有时会十分复杂，如在求解约束极值问题时，由于约束条件中所包含的应力和位移等常是设计变量的隐函数，很难计算函数的一阶导数值和二阶导数值。在这种情况下，可采用差商 - 牛顿法进行求解。

为了简化海色矩阵的求逆运算，利用下列无交叉项的二次函数去逼近 $F(X)$，即令

$$F(X) \approx \widetilde{\widetilde{F}}(X) = a + \sum_{i=1}^{n} [b_i(x_i - x_i^{\nu}) + c_i(x_i - x_i^{\nu})^2] \tag{2.131}$$

式中，a, b_i, c_i 等都是系数，可用差分法求得，即

$$\left.\begin{aligned} a &= F(\boldsymbol{X}^{\nu}) \\ b_i &= \frac{F(\boldsymbol{X}^{\nu}+\delta_i e_i)-F(\boldsymbol{X}^{\nu}-\delta_i e_i)}{2\delta_i} \\ c_i &= \frac{F(\boldsymbol{X}^{\nu}+\delta_i e_i)+F(\boldsymbol{X}^{\nu}-\delta_i e_i)-2F(\boldsymbol{X}^{\nu})}{\delta_i^2} \end{aligned}\right\} \tag{2.132}$$

式中，$e_i = [0\cdots0\quad 1\quad 0\cdots0]$，其中第 i 个分量是 1，其余分量均为零；δ_i 是一个小的纯量。

由公式(2.131)可知

$$\boldsymbol{G}^{\nu} = \nabla F(\boldsymbol{X}^{\nu}) = \begin{Bmatrix} b_1 \\ b_2 \\ \cdots \\ b_n \end{Bmatrix}, \boldsymbol{H}^{\nu} = \nabla^2 F(\boldsymbol{X}^{\nu}) = \begin{pmatrix} 2c_1 & 0 & \vdots & 0 \\ 0 & 2c_2 & \cdots & 0 \\ \vdots & \vdots & \vdots & \vdots \\ 0 & 0 & \cdots & 2c_n \end{pmatrix}$$

$$[\boldsymbol{H}^{\nu}]^{-1} = \begin{pmatrix} \frac{1}{2c_1} & 0 & \cdots & 0 \\ 0 & \frac{1}{2c_2} & \cdots & 0 \\ \vdots & \vdots & \vdots & \vdots \\ 0 & 0 & \cdots & \frac{1}{2c_n} \end{pmatrix} \tag{2.133}$$

把上式代入(2.130)时，可知 $\boldsymbol{X}^{\nu+1}$ 的元素为

$$x_i^{\nu+1} = x_i^{\nu} - \alpha^{\nu} b_i/2c_i, i = 1,\cdots,n$$

利用一维搜索求出 α^{ν}，即完成了一步计算。

3. 拟牛顿法

一般来说，牛顿法的收敛速度是很快的，但海色矩阵的计算和求逆过程比较复杂，往往需要耗费大量计算机时间。有人提出用拟牛顿法来求解函数。所谓拟牛顿法，就是不直接计算海色矩阵及其逆矩阵，而是采用近似的方法去逼近海色矩阵的逆矩阵。

将目标函数在 $\boldsymbol{X}^{\nu}$ 点附近作泰勒级数展开，并保留其二阶项。由(2.124)式可知，在 $\boldsymbol{X}^{\nu+1}$ 点的梯度为

$$\boldsymbol{G}^{\nu+1} = \nabla F(\boldsymbol{X}^{\nu+1}) = \boldsymbol{G}^{\nu} + \boldsymbol{H}^{\nu}\Delta\boldsymbol{X}^{\nu} \tag{2.134}$$

在上式中移项，得到

$$\boldsymbol{G}^{\nu+1} - \boldsymbol{G}^{\nu} = \boldsymbol{H}^{\nu}\Delta\boldsymbol{X}^{\nu} = \boldsymbol{H}^{\nu}(\boldsymbol{X}^{\nu+1} - \boldsymbol{X}^{\nu}) \tag{2.135}$$

由上式求逆，得到

$$[\boldsymbol{H}^{\nu}]^{-1}(\boldsymbol{G}^{\nu+1} - \boldsymbol{G}^{\nu}) = \boldsymbol{X}^{\nu+1} - \boldsymbol{X}^{\nu} \tag{2.136}$$

在拟牛顿法中，用矩阵 $\boldsymbol{A}^{\nu+1}$ 去逼近 $[\boldsymbol{H}^{\nu}]^{-1}$，即令

$$\boldsymbol{A}^{\nu+1} \approx [\boldsymbol{H}^{\nu}]^{-1} \tag{2.137}$$

由公式(2.136)可知,我们可要求近似矩阵 $\boldsymbol{X}^*(r_k)$ 满足如下条件:

$$\boldsymbol{A}^{\nu+1}(\boldsymbol{G}^{\nu+1}-\boldsymbol{G}^{\nu})=\boldsymbol{X}^{\nu+1}-\boldsymbol{X}^{\nu} \tag{2.138}$$

上式称为拟牛顿法。

今用 $\boldsymbol{y}_\nu$ 表示梯度差 $\boldsymbol{G}^{\nu+1}-\boldsymbol{G}^{\nu}$,用 $\Delta\boldsymbol{X}^{\nu}$ 表示 $\boldsymbol{X}^{\nu+1}-\boldsymbol{X}^{\nu}$,即令

$$\boldsymbol{y}_\nu=\boldsymbol{G}^{\nu+1}-\boldsymbol{G}^{\nu},\Delta\boldsymbol{X}^{\nu}=\boldsymbol{X}^{\nu+1}-\boldsymbol{X}^{\nu} \tag{2.139}$$

则拟牛顿条件可写成

$$\boldsymbol{A}^{\nu+1}\boldsymbol{y}_\nu=\Delta\boldsymbol{X}^{\nu} \tag{2.140}$$

把公式(2.137)代入公式(2.130),得到迭代公式

$$\boldsymbol{X}^{\nu+1}=\boldsymbol{X}^{\nu}-\alpha^{\nu}\boldsymbol{A}^{\nu+1}\boldsymbol{G}^{\nu} \tag{2.141}$$

至于如何计算近似矩阵 $\boldsymbol{X}^*(r_k)$,人们曾经提出过不少方法。其中经过实践检验,效果比较好的是 DFP 法和 BFS 法这两种变尺度法。这两种方法将在下面一节中进行详细阐述。

2.4.5　变尺度法(DFP 法和 BFS 法)

尽管牛顿法的计算效率较高,但由于需要求解目标函数的二阶导数海色矩阵及其逆矩阵,故应用起来并不方便,而变尺度法——DFP 法和 BFS 法很好地解决了这种问题,这两种方法都是以近似矩阵 $\boldsymbol{X}^*(r_k)$ 去逼近牛顿法中的海色矩阵的逆阵 $[\boldsymbol{H}^{\nu}]^{-1}$,从而避免了二次导数矩阵的复杂计算过程。

1. DFP 法

DFP 法是拟牛顿法的一种,它是由 Davidon 于 1959 年首次提出,并经 Fletcher 和 Powell 改进而得的。它针对极小化目标函数 $F(\boldsymbol{X})$ 构造了一个对称正定矩阵的近似矩阵 $\boldsymbol{A}^{\nu+1}$,该矩阵在有序的迭代过程中,逐渐逼近 Hesse 矩阵的逆阵 $[\boldsymbol{H}^{\nu}]^{-1}$。有大量计算经验表明,DFP 是一个计算效率较高、稳定性也较好的无约束优化方法。这里所谓稳定性,是指对于一些扭曲和偏心很严重的目标函数,它也能收敛。

下面,我们将介绍 DFP 法迭代公式的导出过程。

DFP 法的目的是要构造一个近似矩阵 $\boldsymbol{X}^*(r_k)$,用它去逼近 $[\boldsymbol{H}^{\nu}]^{-1}$。设 $\boldsymbol{A}^{\nu}$ 已知,令

$$\boldsymbol{A}^{\nu+1}-\boldsymbol{A}^{\nu}=\boldsymbol{M}_\nu \tag{2.142}$$

矩阵 $\boldsymbol{M}_\nu$ 是第 ν 次修正矩阵,如果能求得 $\boldsymbol{M}_\nu$,使 $\boldsymbol{X}^*(r_k)$ 满足拟牛顿条件(2.140),那么 $\boldsymbol{A}^{\nu+1}=\boldsymbol{A}^{\nu}+\boldsymbol{M}_\nu$ 也就得到了。将公式(2.142)代入拟牛顿条件式(2.140),得到

$$(\boldsymbol{A}^{\nu}+\boldsymbol{M}_\nu)y_\nu=\Delta\boldsymbol{X}^{\nu}$$

即

$$\boldsymbol{M}_\nu\boldsymbol{y}_\nu=\Delta\boldsymbol{X}^{\nu}-\boldsymbol{A}^{\nu}\boldsymbol{y}_\nu \tag{2.143}$$

设 $\boldsymbol{M}_\nu$ 具有如下形式

$$\boldsymbol{M}_\nu=\Delta\boldsymbol{X}^{\nu}\boldsymbol{q}_\nu^{\mathrm{T}}-\boldsymbol{A}^{\nu}\boldsymbol{y}_\nu\boldsymbol{w}_\nu^{\mathrm{T}} \tag{2.144}$$

式中，q_ν 和 w_ν 是两个待定的向量，把上式代入式(2.143)，得到

$$M_\nu y_\nu = \Delta X^\nu q_\nu^T y_\nu - A^\nu y_\nu w_\nu^T y_\nu$$

由于向量的内积是一个纯量，所以上式可写为

$$M_\nu y_\nu = (q_\nu^T y_\nu)\Delta X^\nu - (w_\nu^T y_\nu)A^\nu y_\nu \tag{2.145}$$

若所取 q_ν 和 w_ν 可满足以下条件

$$q_\nu^T y_\nu = w_\nu^T y_\nu = 1 \tag{2.146}$$

则式(2.145)和式(2.143)完全一样。考虑 M_ν 应具有对称性，为了满足式(2.146)，则取

$$q_\nu = \lambda_\nu \Delta X^\nu, w_\nu = \mu_\nu A^\nu y_\nu \tag{2.147}$$

由式(2.146)，有

$$\lambda_\nu \Delta X^{\nu T} y_\nu = 1, \mu_\nu y_\nu^T A^\nu y_\nu = 1 \tag{2.148}$$

可以证明，只要 X^ν 不是极小点(如果 X^ν 是极小点，则在第 ν 步已结束计算，不必求 $X^{\nu+1}$ 了)，$\Delta X^{\nu T} y_\nu$ 和 $y_\nu^T A^\nu y_\nu$ 都不等于零，所以由公式(2.148)有

$$\lambda_\nu = \frac{1}{\Delta X^{\nu T} y_\nu}, \mu_\nu = \frac{1}{y_\nu^T A^\nu y_\nu} \tag{2.149}$$

把式(2.147)和(2.149)代入式(2.144)时，可得

$$M_\nu = \frac{\Delta X^\nu \Delta X_\nu^T}{\Delta X^{\nu T} y_\nu} - \frac{A^\nu y_\nu y_\nu^T A^\gamma}{y_\nu^T A^\nu y_\nu} \tag{2.150}$$

把上式代入式(2.142)，得到 DFP 法中 Hesse 矩阵的逆阵$[H^\nu]^{-1}$ 的近似矩阵的迭代公式为

$$\left.\begin{aligned} A^{\nu+1} &= A^\nu + C^\nu - D^\nu \\ C^\nu &= \frac{\Delta X^\nu \Delta X^{\nu T}}{\Delta X^{\nu T} y_\nu} \\ D^\nu &= \frac{A^\nu y_\nu y_\nu^T A^\nu}{y_\nu^T A^\nu y_\nu} = \frac{A^\nu y_\nu (A^\nu y_\nu)^T}{y_\nu^T A^\nu y_\nu} \end{aligned}\right\} \tag{2.151}$$

式中，$y_\nu = G^{\nu+1} - G^\nu = \nabla F(X^{\nu+1}) - \nabla F(X^\nu)$。

由导出的 DFP 公式可以看出，不需要计算函数的二阶导数值，只利用了一阶导数，即可得到海色矩阵的逆阵的近似矩阵 $A^{\nu+1}$。

以$(-A^{\nu+1}G^\nu)$作为搜索方向，按照拟牛顿法寻优的迭代公式

$$X^{\nu+1} = X^\nu - \alpha^\nu A^{\nu+1} G^\nu$$

则可获得与牛顿法相近的收敛速度。式中 $A^{\nu+1}$ 称为尺度矩阵，在寻优迭代过程中，尺度矩阵 $A^{\nu+1}$ 是按照公式(2.151)不断变化的，所以上面这种算法称为变尺度法。对于不同的尺度矩阵变化规律，公式(2.151)的表达式不同，就有不同名称的变尺度法。如本节的 DFP 变尺度法和将要在下面介绍的 BFS 变尺度法等。

DFP 法的计算步骤如下。

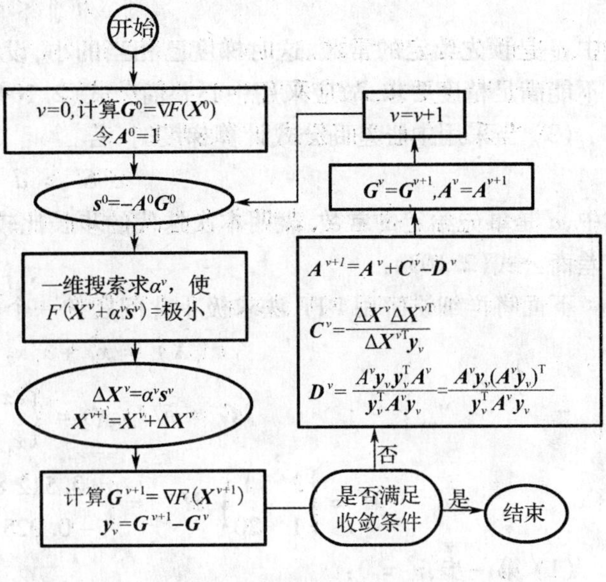

图 2.24　DFP 法计算框图

(1) 取 $\boldsymbol{A}^0 = \boldsymbol{I}$(单位阵),有

$$s^0 = -\boldsymbol{A}^0\boldsymbol{G}^0 = -\boldsymbol{G}^0$$

即第一步以负梯度方向作为搜索方向,由一维搜索,得到 $\boldsymbol{X}^1$。

(2) 由公式(2.151) 计算 $\boldsymbol{A}^{\nu+1}$,并以 $-\boldsymbol{A}^{\nu+1}\boldsymbol{G}^\nu$ 作为搜索方向,直至满足收敛条件为止。

DFP 法的计算框图如图 2.24 所示。

变尺度 DFP 法具有如下性质。

(1) 若目标函数是二次函数,则 DFP 法所产生的搜索方向是共轭方向,而且当 $\nu = n$ 时(n 为设计变量个数),有

$$\boldsymbol{A}^\nu = \boldsymbol{H}^{-1}$$

式中,$\boldsymbol{H}$ 为目标函数的海色矩阵。因此,DFP 法具有二次收敛,即对于二次函数,经过 n 步即可收敛于极小点。如果目标函数是高于二次的函数,在极小点附近,其性态也接近于二次函数,所以 DFP 法的收敛速度也是比较快的。

(2) 不论对于二次函数,或非二次函数,矩阵 $\boldsymbol{A}^\nu$ 总是正定的,因此,该方法是稳定的。在实际计算过程中,由于搜索精确度以及舍入误差的影响,$\boldsymbol{A}^\nu$ 的正定性可能会遭到破坏。因此,一方面,一维搜索的精度不能太低;另一方面,当发现 $\boldsymbol{A}^\nu$ 正定性被破坏时,需进行如下操作

$$\boldsymbol{A}^\nu = \boldsymbol{I}, \boldsymbol{X}^0 = \boldsymbol{X}^\nu$$

并重新开始计算。当然,在具体计算中要检验的正定性还是比较费事的。但是,如果 $\boldsymbol{A}^\nu$ 为正定,则搜索方向

$$\boldsymbol{S}^\nu = -\boldsymbol{A}^\nu\boldsymbol{G}^\nu$$

为下降方向,因为

$$-(\boldsymbol{S}^\nu)^{\mathrm{T}}\boldsymbol{G}^\nu = (\boldsymbol{G}^\nu)^{\mathrm{T}}\boldsymbol{A}^\nu\boldsymbol{G}^\nu > 0$$

即$(\boldsymbol{S}^\nu)^{\mathrm{T}}\boldsymbol{G}^\nu < 0$。因此,当计算中出现

$$(\boldsymbol{S}^\nu)^{\mathrm{T}}\boldsymbol{G}^\nu > 0$$

即重置 $\boldsymbol{A}^\nu = \boldsymbol{I}, \boldsymbol{X}^0 = \boldsymbol{X}^\nu$,并重新开始计算。

当目标函数比较复杂,难以用解析的方法计算偏导数时,可用差商公式计算梯度 ∇F。选用差商公式的原则如下。

(1) 开始阶段采用向前差商公式(2.103),因为它需计算的函数值次数比较少。

(2) 当用向前差商公式计算的梯度满足下列关系

$$\| \nabla F \| < c$$

式中，c 是预先给定的常数。这时梯度已相当的小，设计点离极小点已经很接近，向前差商公式已不能满足精度要求，故应采用中心差商公式(2.104)。

(3) 当采用中心差商公式计算梯度时，若

$$\alpha^{\nu} \boldsymbol{S}^{\nu} > d$$

式中，d 是事先给定的常数，表明本次迭代的步长比较大，可能离极小点还比较远，故可采用向前差商公式(2.103)。

下面将详细讲解用 DFP 法求极小化问题的一个简例。目标函数为

$$F(\boldsymbol{X}) = x_1^2 + x_1 x_2 + 10x_2^2 \tag{a}$$

$$\boldsymbol{G} = \nabla F(\boldsymbol{X}) = \begin{Bmatrix} 2x_1 + x_2 \\ x_1 + 20x_2 \end{Bmatrix} \tag{b}$$

$$\boldsymbol{H} = \begin{bmatrix} 2 & 1 \\ 1 & 20 \end{bmatrix}, \boldsymbol{H}^{-1} = \begin{bmatrix} 0.512\,820 & -0.025\,641 \\ -0.025\,641 & 0.051\,282 \end{bmatrix}$$

(1) 第一步，$\nu = 0$：

初始点取为 $\boldsymbol{X}^0 = [3.00 \quad 3.00]^{\mathrm{T}}$，由式(b)可得

$$\boldsymbol{G}^0 = \nabla F(\boldsymbol{X}^0) = \begin{Bmatrix} 9.000 \\ 63.000 \end{Bmatrix}$$

$$F(\boldsymbol{X}^0) = 108.000$$

取 $\boldsymbol{A}^0 = \boldsymbol{I}$，则 $\boldsymbol{s}^0 = -\boldsymbol{A}^0\boldsymbol{G}^0 = -\boldsymbol{G}^0$，由一维搜索，得到 $\alpha^0 = 0.050\,200\,8$，故

$$\boldsymbol{X}^1 = \boldsymbol{X}^0 + \alpha^0 \boldsymbol{s}^0 = \begin{Bmatrix} 2.548\,192\,8 \\ -0.162\,650\,4 \end{Bmatrix}$$

$$F(\boldsymbol{X}^1) = 6.343\,373$$

(2) 第二步，$\nu = 1$：

$$\Delta \boldsymbol{X} = \boldsymbol{X}^1 - \boldsymbol{X}^0 = \begin{Bmatrix} -0.451\,807\,2 \\ -3.162\,650\,4 \end{Bmatrix}$$

$$\boldsymbol{y} = \boldsymbol{G}^1 - \boldsymbol{G}^2 = \begin{Bmatrix} 4.933\,735 \\ -0.704\,815\,2 \end{Bmatrix} - \begin{Bmatrix} 9.000 \\ 63.000 \end{Bmatrix} = \begin{Bmatrix} -4.066\,264\,8 \\ -63.704\,815 \end{Bmatrix}$$

由 DFP 公式(2.151)可得

$$\boldsymbol{A}^1 = \begin{bmatrix} 1 & 0 \\ 0 & 1 \end{bmatrix} + \frac{\begin{Bmatrix} -0.451\,807\,2 \\ -3.162\,650\,4 \end{Bmatrix} \cdot [-0.451\,807\,2 \quad -3.162\,650\,4]}{[-0.451\,807\,2 \quad -3.162\,650\,4] \cdot \begin{Bmatrix} -4.066\,264\,8 \\ -63.704\,815 \end{Bmatrix}}$$

$$-\frac{\begin{bmatrix}1&0\\0&1\end{bmatrix}\cdot\begin{Bmatrix}-4.066\,264\,8\\-63.704\,815\end{Bmatrix}\cdot\begin{bmatrix}1&0\\0&1\end{bmatrix}\cdot\begin{Bmatrix}-4.066\,264\,8\\-63.704\,815\end{Bmatrix}^{\mathrm{T}}}{[-4.066\,264\,8\quad -63.704\,815]\cdot\begin{bmatrix}1&0\\0&1\end{bmatrix}\cdot\begin{Bmatrix}-4.066\,264\,8\\-63.704\,815\end{Bmatrix}}$$

$$=\begin{bmatrix}0.996\,946\,3 & -0.056\,542\,6\\-0.056\,542\,6 & 0.053\,254\,4\end{bmatrix}$$

$$\boldsymbol{s}^1=-\boldsymbol{A}^1\boldsymbol{G}^1=-\begin{bmatrix}0.996\,946\,3 & -0.056\,542\,6\\-0.056\,542\,6 & 0.053\,254\,4\end{bmatrix}\cdot\begin{Bmatrix}4.933\,735\\-0.704\,815\end{Bmatrix}=\begin{Bmatrix}-5.317\,189\,8\\0.316\,500\,7\end{Bmatrix}$$

由一维搜索,得到 $\alpha^1=0.479\,437\,3$。故

$$\boldsymbol{X}^2=\boldsymbol{X}^1+\alpha^1\boldsymbol{s}^1=\begin{Bmatrix}-0.001\,066\,3\\-0.010\,902\,8\end{Bmatrix}$$

$$F(\boldsymbol{X}^2)=0.001\,202$$

(3) 第三步,$\nu=2$:

$$\Delta\boldsymbol{X}=\begin{Bmatrix}-2.549\,259\\0.151\,742\,2\end{Bmatrix},\boldsymbol{y}=\boldsymbol{G}^2-\boldsymbol{G}^1=\begin{Bmatrix}-4.946\,776\\0.485\,584\,9\end{Bmatrix}$$

$$\boldsymbol{A}^2=\boldsymbol{A}^1+\frac{\Delta\boldsymbol{X}\Delta\boldsymbol{X}^{\mathrm{T}}}{\Delta\boldsymbol{X}^{\mathrm{T}}\boldsymbol{y}}-\frac{\boldsymbol{A}^1\boldsymbol{y}(\boldsymbol{A}^1\boldsymbol{y})^{\mathrm{T}}}{\boldsymbol{y}^{\mathrm{T}}\boldsymbol{A}^1\boldsymbol{y}}$$

$$=\begin{bmatrix}0.512\,829 & -0.025\,641\,9\\-0.025\,641\,9 & 0.051\,282\,8\end{bmatrix}$$

在本例题中,目标函数是二次函数,故有

$$\boldsymbol{A}^2=\boldsymbol{H}^{-1}$$

搜索方向为

$$\boldsymbol{s}^2=-\boldsymbol{A}^2\boldsymbol{G}^2=\begin{Bmatrix}0.001\,061\,3\\0.010\,906\end{Bmatrix}$$

经一维搜索得到 $\alpha^2=1.000\,0$,于是得到

$$\boldsymbol{X}^3=\begin{Bmatrix}0\\0\end{Bmatrix},F(\boldsymbol{X}^3)=0$$

式中,$\boldsymbol{X}^3$ 即是本例的极小点。

2. BFS 法

自 1959 年发表以来,DFP 法得到了广泛地应用。经验表明,DFP 法在大多数情况下是十分有效的,但在数值稳定性方面还存在一些问题,有时计算会失败。20 世纪 70 年代初,由 Broyden, Fletcher, Shanno 等人共同提出了一个新的算法,称为 BFS 法,它比 DFP 法具有更好的稳定性。

与 DFP 法一样,BFS 法同样也是设法构造一个校正矩阵 $\boldsymbol{M}_\nu$,使得 $\boldsymbol{A}^{\nu+1}=\boldsymbol{A}^\nu+\boldsymbol{M}_\nu$ 逼近矩阵 $\boldsymbol{H}^{-1}$。在公式(2.144) 中,若取

$$\boldsymbol{q}_\nu^{\mathrm{T}} = \frac{(1+\mu \boldsymbol{y}_\nu^{\mathrm{T}} \boldsymbol{A}^\nu \boldsymbol{y}_\nu)\Delta \boldsymbol{X}^{\nu\mathrm{T}}}{\Delta \boldsymbol{X}^{\nu\mathrm{T}} \boldsymbol{y}_\nu} - \mu \boldsymbol{y}_\nu^{\mathrm{T}} \boldsymbol{A}^\nu \tag{2.152}$$

$$\boldsymbol{w}_\nu^{\mathrm{T}} = \frac{(1-\mu \Delta \boldsymbol{X}^{\nu\mathrm{T}} \boldsymbol{y}_\nu)\boldsymbol{y}_\nu^{\mathrm{T}} \boldsymbol{A}^\nu}{\boldsymbol{y}_\nu^{\mathrm{T}} \boldsymbol{A}^\nu \boldsymbol{y}_\nu} + \mu \Delta \boldsymbol{X}^{\nu\mathrm{T}} \tag{2.153}$$

式中，μ 是一个实参数，那么

$$\begin{aligned}\boldsymbol{M}_\nu \boldsymbol{y}_\nu &= (\Delta \boldsymbol{X}^\nu \boldsymbol{q}_\nu^{\mathrm{T}} - \boldsymbol{A}^\nu \boldsymbol{y}_\nu \boldsymbol{w}_\nu^{\mathrm{T}})\boldsymbol{y}_\nu \\ &= \Delta \boldsymbol{X}^\nu \left[\frac{(H\mu \boldsymbol{y}_\nu^{\mathrm{T}} \boldsymbol{A}^\nu \boldsymbol{y}_\nu)\Delta \boldsymbol{X}^{\nu\mathrm{T}}}{\Delta \boldsymbol{X}^{\nu\mathrm{T}} \boldsymbol{y}_\nu} - \mu \boldsymbol{y}_\nu^{\mathrm{T}} \boldsymbol{A}^\nu\right]\boldsymbol{y}_\nu - \boldsymbol{A}^\nu \boldsymbol{y}_\nu \left[\frac{(1-\mu \Delta \boldsymbol{X}^{\nu\mathrm{T}} \boldsymbol{y}_\nu)}{\boldsymbol{y}_\nu^{\mathrm{T}} \boldsymbol{A}^\nu \boldsymbol{y}_\nu} + \mu \Delta \boldsymbol{X}^{\nu\mathrm{T}}\right]\boldsymbol{y}_\nu\end{aligned}$$

经过化简后，得到

$$\boldsymbol{M}_\nu \boldsymbol{y}_\nu = \Delta \boldsymbol{X}^\nu - \boldsymbol{A}^\nu \boldsymbol{y}_\nu$$

因而满足了关系式(2.143)，即满足了拟牛顿条件。

把(2.152)和(2.153)两式中的 $\boldsymbol{q}_\nu^{\mathrm{T}}$ 和 $\boldsymbol{w}_\nu^{\mathrm{T}}$ 代入(2.144)式，得到

$$\begin{aligned}\boldsymbol{A}^{\nu+1} &= \boldsymbol{A}^\nu + \Delta \boldsymbol{X}^\nu \boldsymbol{q}_\nu^{\mathrm{T}} - \boldsymbol{A}^\nu \boldsymbol{y}_\nu \boldsymbol{w}_\nu^{\mathrm{T}} = \boldsymbol{A}^\nu + \frac{\Delta \boldsymbol{X}^\nu \Delta \boldsymbol{X}^{\nu\mathrm{T}}}{\Delta \boldsymbol{X}^{\nu\mathrm{T}} \boldsymbol{y}_\nu} - \frac{\boldsymbol{A}^\nu \boldsymbol{y}_\nu \boldsymbol{y}_\nu^{\mathrm{T}} \boldsymbol{A}^\nu}{\boldsymbol{y}_\nu^{\mathrm{T}} \boldsymbol{A}^\nu \boldsymbol{y}_\nu} \\ &\quad + \mu\left[\frac{\Delta \boldsymbol{X}^\nu \boldsymbol{y}_\nu^{\mathrm{T}} \boldsymbol{A}^\nu \boldsymbol{y}_\nu \Delta \boldsymbol{X}_\nu^{\mathrm{T}}}{\Delta \boldsymbol{X}^{\nu\mathrm{T}} \boldsymbol{y}_\nu} - \Delta \boldsymbol{X}^\nu \boldsymbol{y}_\nu^{\mathrm{T}} \boldsymbol{A}^\nu + \frac{\boldsymbol{A}^\nu \boldsymbol{y}_\nu \Delta \boldsymbol{X}^{\nu\mathrm{T}} \boldsymbol{y}_\nu \boldsymbol{y}_\nu^{\mathrm{T}} \boldsymbol{A}^\nu}{\boldsymbol{y}_\nu^{\mathrm{T}} \boldsymbol{A}^\nu \boldsymbol{y}_\nu} - \boldsymbol{A}^\nu \boldsymbol{y}_\nu \Delta \boldsymbol{X}^{\nu\mathrm{T}}\right]\end{aligned} \tag{2.154}$$

参数 μ 取值不同，就得到不同的迭代公式。例如，取 $\mu = 0$，即得到 DFP 法迭代公式，现取

$$\mu = \frac{1}{\Delta \boldsymbol{X}^{\nu\mathrm{T}} \boldsymbol{y}_\nu}$$

得到 BFS 公式如下

$$\boldsymbol{A}^{\nu+1} = \boldsymbol{A}^\nu + \left(1 + \frac{\boldsymbol{y}_\nu^{\mathrm{T}} \boldsymbol{A}^\nu \boldsymbol{y}_\nu}{\Delta \boldsymbol{X}^{\nu\mathrm{T}} \boldsymbol{y}_\nu}\right) \frac{\Delta \boldsymbol{X}^\nu \Delta \boldsymbol{X}^{\nu\mathrm{T}}}{\Delta \boldsymbol{X}^\nu \boldsymbol{y}_\nu} - \frac{\boldsymbol{A}^\nu \boldsymbol{y}_\nu \Delta \boldsymbol{X}^{\nu\mathrm{T}}}{\Delta \boldsymbol{X}^{\nu\mathrm{T}} \boldsymbol{y}_\nu} - \frac{\Delta \boldsymbol{X}^\nu \boldsymbol{y}_\nu^{\mathrm{T}} \boldsymbol{A}^\nu}{\Delta \boldsymbol{X}^{\nu\mathrm{T}} \boldsymbol{y}_\nu} \tag{2.155}$$

BFS 公式具有下列性质。

(1) 若矩阵 $\boldsymbol{A}^0$ 正定，则 $\boldsymbol{A}^\nu$ 正定。通常取 $\boldsymbol{A}^0 = \boldsymbol{I}$，所以迭代公式中 $\boldsymbol{A}^\nu$ 是正定的。

(2) 对于二次函数，BFS 公式产生的搜索方向是共轭方向，因而具有二次收敛性质。

大量计算经验表明，BFS 法比 DFP 法具有更好的稳定性，并且 BFS 法对一维搜索的精度要求不高。

2.5 有约束问题的无约束化

在实际工程中，遇到的结构设计问题大都具有一定数目的约束条件。对于有约束条件的最优化问题，通常是通过一定形式的转换，将其化为无约束最优化问题，再采用无约束优化方法进行求解。其数学模型的一般形式为

$$\begin{cases}\min F(\boldsymbol{X}) \\ g_i(\boldsymbol{X}) \leqslant 0(i = 1,2,\cdots,p) \\ h_j(\boldsymbol{X}) = 0(j = 1,2,\cdots,q) \\ \boldsymbol{X} = (x_1,x_2,x_3,\cdots,x_n)^{\mathrm{T}}\end{cases}$$

将有约束优化问题无约束化多采用惩罚函数法。惩罚函数法常分为内点惩罚函数法、外点惩罚函数法和混合惩罚函数法，它同样也是将一个有约束极值问题转化为一个等价的无约束极值问题的寻优方法。与拉格朗日乘子法相似，在构造惩罚函数时，该方法同样需要引入一个或几个可调整的惩罚系数，将原目标函数和约束条件经过加权处理，组合成新的目标函数——惩罚函数。这种方法使用起来比较方便。实际经验表明，惩罚函数法用于求解工程结构优化问题，方法可靠，但与前面所阐述的可行方向法等相比较，该方法计算量较大。

下面将分别详细阐述内点惩罚函数法、外点惩罚函数法、混合惩罚函数法的基本原理及应用。

2.5.1 内点惩罚函数法

内点惩罚函数法的基本思想是将不等式约束构造为一种定义在可行域内部的惩罚函数，使原不等式约束问题转化为一系列的无约束优化问题。在迭代过程中，设计变量值越靠近约束边界，惩罚项对目标函数惩罚得越剧烈。对于极小值问题，当设计变量靠近边界时，目标函数值将迅速增加，从而保证迭代点始终被惩罚在可行域内。随着一系列的无约束优化问题的寻优搜索过程，该方法惩罚项的作用逐渐减弱，迭代点将不断靠近约束边界，最终收敛于原问题的最优解。由于该惩罚函数法是从可行域内部逐渐逼近最优点，故称之为内点惩罚函数法。下面将详细阐述内点惩罚函数法。

对于有约束的优化问题

$$\begin{cases}\min F(\boldsymbol{X}) \\ g_i(\boldsymbol{X}) \leqslant 0(i = 1,2,\cdots,p) \\ \boldsymbol{X} = (x_1,x_2,x_3,\cdots,x_n)^{\mathrm{T}}\end{cases} \tag{2.156}$$

首先引入惩罚函数形式为

$$\boldsymbol{\Phi}(\boldsymbol{X},r_k) = F(\boldsymbol{X}) + r_k Q[g(\boldsymbol{X})] \tag{2.157}$$

一般可取惩罚函数为

$$\boldsymbol{\Phi}(\boldsymbol{X},r_k) = F(\boldsymbol{X}) - r_k \sum_{j=1}^{p} \frac{\omega_j}{g_j(\boldsymbol{X})} \tag{2.158}$$

或

$$\boldsymbol{\Phi}(\boldsymbol{X},r_k) = F(\boldsymbol{X}) - r_k \sum_{j=1}^{p} \omega_j \log(-g_j(\boldsymbol{X})) \tag{2.159}$$

式中，r_k 为惩罚系数，在目标函数和惩罚项之间起着加权的作用；ω_j 是加权系数，其作用是使得在惩罚项中各个约束条件的贡献尽可能具有相同的数量级。例如，当$\frac{1}{g_j(\boldsymbol{X})}$ 的数值比其他约束条件的贡献小了 1 000 倍，应取 $\omega_j = 1\,000$，否则在优化过程中$\frac{1}{g_j(\boldsymbol{X})}$ 就会不起作用，以致优化结果不能满足这个约束条件。

惩罚系数 r_k 是递降序列，即

$$r_0 > r_1 > r_2 \cdots > r_k > r_{k+1} \cdots$$

当 $k \to \infty$ 时，$r_k \to 0$。其中 $r_{k+1} = \beta r_k$，β 为惩罚递减系数，一般 $\beta = 0.05 \sim 0.5$。

从一个初始可行点开始，用无约束优化方法，求出惩罚函数 $\boldsymbol{\Phi}(\boldsymbol{X}, r_k)$ 的极小点 $\boldsymbol{X}^*(r_k)$。通常，当 $r_k \to 0$ 时，$\boldsymbol{X}^*(r_k)$ 趋于有约束极值问题，即式(2.156) 的最优解 $\boldsymbol{X}^*$。

内点惩罚函数法要求初始点 $\boldsymbol{X}^0$ 是在可行域内部。在优化过程中，当 $\boldsymbol{X}$ 离约束边界较远时，惩罚项的数值比较小；当 $\boldsymbol{X}$ 接近约束边界时，$\frac{1}{g(\boldsymbol{X})}$ 或 $\lg(-g(\boldsymbol{X}))$ 的绝对值急剧增加，因而惩罚项的数值急剧增大，因此惩罚项的作用是防止设计点穿过可行域边界。

参考文献[16] 已经证明，在以下这三个条件下：

(1) 目标函数 $F(\boldsymbol{X})$ 是凸函数；

(2) 约束函数 $g_j(\boldsymbol{X})(j = 1, \cdots, p)$，是凹函数；

(3) 罚函数 $\boldsymbol{\Phi}(\boldsymbol{X}, r_k)$ 的海色矩阵不等于零。

有

$$\lim_{x_k \to 0} \boldsymbol{\Phi}(\boldsymbol{X}, r_k) = F(\boldsymbol{X}^*)$$

即当 $k \to \infty$，$r_k \to 0$ 时，$\boldsymbol{\Phi}(\boldsymbol{X}, r_k)$ 的极小点 $\boldsymbol{X}^*(r_k)$ 趋近于约束极值问题的最优解 $\boldsymbol{X}^*$。当然即使在这些条件不能满足时，$\boldsymbol{X}^*(r_k)$ 仍有可能会收敛于 $\boldsymbol{X}^*$。

内点惩罚函数法是从可行域内部某一初始可行点开始，在可行域内进行寻优迭代，并且在寻优过程中一直将 $\boldsymbol{X}$ 限制于可行域内部，在求解过程中得到的中间结果 $\boldsymbol{X}^*(r_k)$ 都是可行的，这就是内点惩罚函数法最大的一个优点。在给定一个初始方案以后，通过寻优迭代的过程可以获得一系列可行的、逐步改进的设计方案，人们可在任何时候终止搜索，这对决策人员来说具有很大灵活性。

内点惩罚函数法的计算步骤可归结为以下几步。

(1) 给出一个满足所有约束条件的初始可行点 $\boldsymbol{X}^0$ 以及初始惩罚系数 r_0。

(2) 采用无约束优化方法求解惩罚函数 $\boldsymbol{\Phi}(\boldsymbol{X}, r_k)$ 的极值点 $\boldsymbol{X}^*(r_k)$。

(3) 检查惩罚函数 $\boldsymbol{\Phi}(\boldsymbol{X}, r_k)$ 的极值点 $\boldsymbol{X}^*(r_k)$ 是否已收敛于原问题的最优解，若满足收敛准则，则约束条件的最优解 $\boldsymbol{X}^* \approx \boldsymbol{X}^*(r_k)$，否则转向步骤(4)。

(4) 减小惩罚系数 r_k 的值，即 $r_{k+1} = \beta r_k$(β 为惩罚递减系数)，同时将 $\boldsymbol{X}^*(r_k)$ 作为下一次

迭代的初始点,即

$$X^0 = X^*(r_k)$$

且 $k \Leftarrow k+1$,再转向步骤(2)进行无约束优化迭代过程。

下面举例来说明惩罚函数的基本概念。

[**例 6**] 求 x,使

$$F(x) = x + 1 = \text{极小}$$

约束　$-x \leqslant 0$

由(2.158)式,取惩罚函数如下($\omega = 1$):

$$\boldsymbol{\Phi}(x, r_k) = x + 1 + \frac{r_k}{x}$$

由函数 $\boldsymbol{\Phi}$ 的驻值条件:

$$\frac{\partial \boldsymbol{\Phi}}{\partial x} = 1 - \frac{r_k}{x^2} = 0$$

得到 $\boldsymbol{\Phi}(x, r_k)$ 的极小点

$$x^*(r_k) = \pm \sqrt{r_k}$$

在上式右端取正号,以便 $x^*(r_k)$ 位于可行域内。令 $r_k \to 0$,得到

$$\lim_{x_k \to 0} x^*(r_k) = 0 = x^*$$

式中,x^* 即是约束极值问题的解。

随着 $r_k \to 0$,$x^*(r_k)$ 趋于 x^* 的情况为

$$r_k = 1.000, 0.300, 0.100, 0.010, 0.001, 0.0001, 0$$

$$x^*(r_k) = 1.000, 0.547, 0.316, 0.100, 0.0316, 0.010, 0$$

在前面的例 6 中,采用的是解析方法求解惩罚函数 $\boldsymbol{\Phi}$ 的极小点;而在实际工程问题中,由于设计变量比较多,而且约束条件往往是隐式的,因而只能用数值方法来求解惩罚函数的极小点。在设计变量较少时,可用共轭梯度法进行求解;在设计变量较多时,常用 DFP 法和 BFS 法。前面已经说过,内点惩罚函数法要求初始点 X^0 是可行点,从可行域内部逐渐逼近可行域边界。虽然惩罚项的作用是防止设计点穿越约束边界,但在搜索过程中,特别是当 r_k 已经很小、设计点已靠近约束边界时,还存在着设计点跑出可行域的危险。有两种情况可能出现这个越界现象,一种是进行一维搜索时,另一种是用差商公式求导时。设计点越界后,虽然如前所述,可用求解线性规划的方法把它拉回可行域,但毕竟很麻烦。为了解决这一矛盾,可采用延伸惩罚函数的方法,即用下述方法计算公式(2.157)中的 $Q[g(X)]$:

$$Q[g(X)] = \sum_{j=1}^{p} \omega_j C_j(X) \tag{2.160}$$

其中

$$C_j(x) = \begin{cases} -\dfrac{1}{g_j(\boldsymbol{X})}, g_j(\boldsymbol{X}) \leqslant -\varepsilon \\ \dfrac{g_j(\boldsymbol{X}) + 2\varepsilon}{\varepsilon^2}, g_j(\boldsymbol{X}) > -\varepsilon \end{cases} \tag{2.161}$$

式中，ε 是事先给定的正量。在转换点 $g_j(\boldsymbol{X}) = -\varepsilon$，按上式计算的 $C_j(\boldsymbol{X})$ 的函数值和一阶导数都是连续的，可采用利用一阶导数的优化方法。如果在求罚函数 $\boldsymbol{\Phi}(\boldsymbol{X}, r_k)$ 极小点时采用了利用二阶导数的优化方法，如牛顿法，就不能采用公式(2.161)，而应采用下式进行计算：

$$C_j(\boldsymbol{X}) = \begin{cases} -\dfrac{1}{g_j(\boldsymbol{X})}, g_j(\boldsymbol{X}) \leqslant -\varepsilon \\ \dfrac{1}{\varepsilon\left[\left(\dfrac{g_j(\boldsymbol{X})}{\varepsilon}\right)^2 + 3\dfrac{g_j(\boldsymbol{X})}{\varepsilon} + 3\right]}, g_j(\boldsymbol{X}) > -\varepsilon \end{cases} \tag{2.162}$$

在转换点 $g_j(\boldsymbol{X}) = -\varepsilon$，按上式计算的 $C_j(\boldsymbol{X})$ 的函数值、一阶导数及二阶导数都是连续的，故可称为二阶延伸惩罚函数。图2.25中表示了两种延伸惩罚函数。

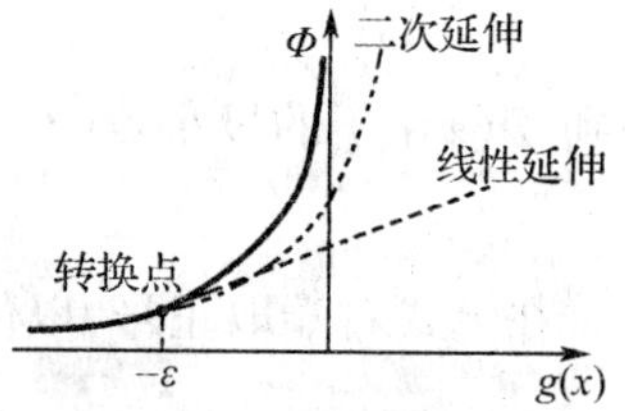

图2.25 延伸惩罚函数

2.5.2 外点惩罚函数法

外点惩罚函数法的基本思想是根据不同的约束条件，针对等式或不等式约束构造出一种惩罚函数，目的是将原问题转化为一系列的无约束问题进行求解。这种方法对不满足约束条件的惩罚方式不同于内点惩罚函数。在寻优迭代过程中，如果迭代点不满足约束条件，则根据迭代点距离约束的程度予以一定的惩罚；如果迭代点满足约束条件，则迭代点不会受到惩罚。通过这种方式，迫使一系列无约束问题的极值点收敛于原问题的极值点。

外点惩罚函数是从可行域外部逼近约束极小点，故称之为外点惩罚函数。它不但可处理不等式约束条件问题，也可处理等式约束条件问题。

1. 不等式约束问题的外点惩罚函数

对于约束极值问题式(2.156)，可取惩罚函数如下

$$\boldsymbol{\Phi}(\boldsymbol{X}, r_k) = F(\boldsymbol{X}) + \frac{1}{r_k}\sum_{j=1}^{p}\omega_j[\max\{0, g_j(\boldsymbol{X})\}]^2 \tag{2.163}$$

如果约束条件已规格化了，可取权系数 $\omega_j = 1$。r_k 是递减的数列，所以$\dfrac{1}{r_k}$是递增的数列。由上式可知，当设计点在可行域内时，$g_j(\boldsymbol{X}) \leqslant 0$，惩罚项等于零。但设计点在可行域外部时，$g_j(\boldsymbol{X}) > 0$，惩罚项不等于零。并且设计点离约束边界越远时，惩罚项的数值越大，在上式中惩罚项的作用

是促使设计点从可行域外部逼近可行域边界。由于$\frac{1}{r_k}$是递增的，当 $k \to \infty$，$r_k \to 0$ 时，惩罚函数 $\Phi(\boldsymbol{X}, r_k)$ 的无约束极小点 $\boldsymbol{X}^*(r_k)$ 趋于原问题(2.156)的有约束极小点 $\boldsymbol{X}^*$。

外点惩罚函数不要求初始点 $\boldsymbol{X}^0$ 是可行的。

下面举一个简单的例子来说明外点惩罚函数的寻优策略。

[**例 7**] 对于例 6 按式(2.163)取外点惩罚函数如下($\omega_j = 1$)

$$\Phi(x, r_k) = x + 1 + \frac{1}{r_k}[\max\{0, -x\}]^2$$

设初始点 $x < 0$，即设计在可行域外部，于是 $\max\{0, -x\} = -x$，所以惩罚函数为

$$\Phi(x, r_k) = x + 1 + \frac{x^2}{r_k}$$

由 Φ 的驻值条件

$$\frac{\partial \Phi}{\partial x} = 1 + \frac{2x}{r_k} = 0$$

可知

$$x^*(r_k) = -\frac{r_k}{2x}$$

当 $k \to \infty$，$r_k \to 0$ 时，$x^*(r_k) \to x^* = 0$。

随着 r_k 取值不同，$\Phi(x, r_k)$ 及 $x^*(r_k)$ 的变化情况有如下数值

$$r_k = 1.00, 0.300, 0.100, 0.030, 0.010, 0$$

$$x^*(r_k) = -0.5, -0.15, -0.05, -0.015, -0.005, 0$$

只有不等式约束条件的外点惩罚函数法计算步骤如下。

(1) 给定一个初始点 $\boldsymbol{X}^0$，适当的初始惩罚系数 r_0，收敛精度 ε。

(2) 采用无约束优化方法求解惩罚函数 $\Phi(\boldsymbol{X}, r_k)$ 的极值点 $\boldsymbol{X}^*(r_k)$。

(3) 检查极值点是否收敛于问题的最优解，若满足收敛准则，则得到了约束条件的最优解 $\boldsymbol{X}^* \approx \boldsymbol{X}^*(r_k)$；否则，转向步骤(4)。

(4) 减小惩罚系数 r_k 的值，即 $r_{k+1} = \beta r_k$(β 为惩罚递减系数)，将 $\boldsymbol{X}^*(r_k)$ 作为下一次迭代的初始点，即

$$\boldsymbol{X}^0 = \boldsymbol{X}^*(r_k)$$

且 $k \Leftarrow k + 1$，再转向步骤(2)进行无约束优化迭代过程。

2. 等式约束问题的外点惩罚函数

设目标函数为 $F(\boldsymbol{X})$，约束条件是等式约束

$$h_j(\boldsymbol{X}) = 0, j = 1, \cdots, q$$

可取外点惩罚函数为

$$\Phi(\boldsymbol{X},r_k) = F(\boldsymbol{X}) + \frac{1}{r_k}\sum_{j=1}^{p}\omega_j[h_j(\boldsymbol{X})]^2 \tag{2.164}$$

当 $\boldsymbol{X}^*(r_k)\to 0$ 时，$\frac{1}{r_k}$ 越来越大，促使等式条件愈来愈接近于被满足。

例如，对于约束极值问题：

$$F(\boldsymbol{X}) = (x_1-1)^2 + (x_2-1)^2 = 极小$$

约束

$$g_j(\boldsymbol{X}) = 4 - x_1 - x_2 = 0$$

可取惩罚函数为

$$\Phi(\boldsymbol{X},r_k) = (x_1-1)^2 + (x_2-1)^2 + \frac{1}{r_k}(4-x_1-x_2)^2$$

2.5.3 混合惩罚函数法

当求解的有约束极值问题中，同时包含了等式约束条件和不等式约束条件时，即

$$h_j(x) = 0, j = 1,\cdots,p$$
$$g_j(x) \leqslant 0, j = 1,\cdots,q$$

那么可采用下列混合惩罚函数

$$\Phi(\boldsymbol{X},r_k) = F(\boldsymbol{X}) + \frac{1}{r_k}\sum_{j=1}^{p}\omega_j[h_j(\boldsymbol{X})]^2 - r_k\sum_{j=1}^{q}\omega_j\lg(-g_j(\boldsymbol{X})) \tag{2.165}$$

外点惩罚函数和混合惩罚函数在结构优化设计中应用较少，但内点惩罚函数在结构优化设计中得到了广泛的应用，因为它具有下列优点。

(1) 使用方便，各种约束条件都可通过统一的格式如(2.158)式，(2.159)式，转换成惩罚项来处理。

(2) 方法可靠，一般都能把最优解求解出来。

(3) 内点惩罚函数在求解过程中得到的中间结果 $\boldsymbol{X}^*(r_k)$ 都是效果有所改善的可行设计方案。

思考题与练习题

2-1 应用黄金分割法计算程序求解函数

$$F(x) = 4x^2 + 10x + 1$$

在实数范围内的最小值，并画出黄金分割法求解此问题的流程图。

2-2 编制 DFP 和 BFS 两种变尺度法的优化程序，并且应用此程序解决教材中例 2。

2-3 编制梯度法计算机优化程序，并且应用此程序解决教材中的函数优化例 2。

2－4　有约束优化问题如下：

$$\min F(\boldsymbol{X}) = x_1 + 3x_2 + 1$$

约束

$$-x_1 \leqslant 0$$

$$-x_2 \leqslant 0$$

(1) 写出内点惩罚函数；

(2) 写出外点惩罚函数形式；

(3) 任选一种惩罚函数求解上述问题。

第3章　现代智能优化算法

最优化技术在国民经济的各个领域里获得了广泛的应用。近年来，以遗传算法、模拟退火算法、禁忌搜索以及群体智能为代表的现代智能优化技术发展迅速，受到人们的普遍关注。

优化技术是一种以数学为基础，用于求解各种工程问题最优解的应用技术。作为数学领域的一个重要分支，最优化技术一直受到人们的重视，并在诸多工程领域中得到迅速发展、推广及应用，如系统控制、人工智能、模式识别、生产调度和计算机工程等。实现结构工程设计的最优化，对于提高效益、节约资源以及提高工程性能等方面具有十分重要的意义。同时，优化方法的理论研究对改进算法性能、完善算法体系、拓宽算法应用领域等同样具有重要的价值。因此，优化理论与算法的研究是一个同时具有理论意义和应用价值的重要课题。

本章所要讨论的现代智能结构优化算法主要包括模拟退火算法(Stimulated Annealing)、遗传算法(Genetic Algorithms)、蚁群算法(Ant Colony Optimization Algorithm)、粒子群算法(Particle Swarm Optimization)。智能优化算法中的每一类算法都是以人类、生物的行为方式或物质的运动形态作为背景，由数学模型将其抽象为优化算法模型，再由计算机优化程序对工程优化问题进行求解。这些算法借助现代计算机这种工具，对复杂组合优化问题的求解具有普遍适用性，并且自20世纪80年代以来得到了快速的发展和广泛的应用。

3.1　模拟退火算法

模拟退火算法(Simulated Annealing, SA)的思想最早是由Metropolis等人提出的。1983年，Kirkpatrick等将其成功地应用于组合优化领域。模拟退火算法是以固体退火过程的物理现象和统计物理学原理为背景，基于Monte Carlo迭代求解策略的一种随机寻优算法。该算法主要用来解决与物理中固体物质的退火过程相似的一般组合优化问题。模拟退火算法是在某一初温下，随着温度参数的不断下降，结合概率突跳特性，求解空间中随机搜索目标函数的全局最优解。这种算法在其搜索过程中，能够概率性地跳出局部最优解，最终收敛于全局最优解。

模拟退火算法最早是针对组合优化问题提出的，其目的在于以下几方面。

(1)为具有NP复杂问题提供有效的近似求解算法。

(2)克服优化过程中算法易于陷入局部极小值的问题。

(3)克服传统优化算法对给定初始搜索点的依赖性问题。

模拟退火算法是一种通用的优化算法，目前已在工程中得到了广泛应用。模拟退火算法的基本思想来自于物理退火过程，因此我们先简单介绍物理退火过程以及Metropolis准则，然后从优化流程、操作、算法理论与技术等方面对模拟退火算法进行详细阐述。

3.1.1 固体退火过程的物理现象与 Metropolis 准则

1. 固体退火过程的物理现象

固体退火过程是先将固体加热至熔化,再徐徐冷却,使之凝固成规整晶体的热力学过程,属于热力学与统计物理学的研究范畴。热力学与统计物理所研究的对象,通常称为热力学系统,是指在给定范围内,由大量微观粒子所组成的宏观物体,如气体、液体、固体、等离子体等。对同一研究对象,热力学与统计物理学从不同角度加以研究。热力学从经验总结出的定律出发,找出系统宏观量之间的联系以及宏观量变化的规律;统计物理学从物质的微观结构出发,把宏观量作为相应微观量的统计平均值来计算,可以从理论上计算某些宏观量及其涨落,因此更能反映热运动的本质。

在加热固体时,固体粒子的热运动不断增强,随着温度的升高,粒子与其平衡位置的偏离越来越大。当温度升至熔解温度后,固体的规则性被彻底破坏,固体熔解为液态,粒子排列从较有序的结晶态转变为无序的液态,这个过程称为熔解。熔解过程的目的是消除系统中原先可能存在的非均匀状态,使随后进行的冷却过程以某一平衡态为初始点。熔解过程与系统的熵增过程相联系,系统能量也随温度升高而增大。

冷却时,粒子的热运动渐渐减弱,随着温度的徐徐降低,粒子运动渐趋有序。当温度降至结晶温度后,粒子运动变为围绕晶体格点的微小振动,液体凝固成固体的晶态,这个过程称为退火。退火过程之所以必须缓慢进行,是为了使系统在每一温度下都达到一种平衡态,最终达到固体的基态。退火过程中系统的熵值不断减小,系统能量也随温度降低而趋于最小值。在冷却过程中,若温度急剧降低,则将引起淬火效应,即固体只能冷凝为非均匀的亚稳态,系统能量不会达到最小值。

简单而言,物理退火过程由以下三部分组成。

(1)加温过程

加温过程的目的是增强粒子的热运动,使其偏离平衡位置。当温度足够高时,固体将熔解为液体,从而消除系统原先可能存在的非均匀态,达到某一新的平衡状态,随后进行的冷却过程以这一平衡状态为起点。熔解过程与系统的熵增过程相联系,系统能量也随温度的升高而增大。

(2)等温过程

物理学知识告诉我们,对于与周围环境交换热量但温度保持不变的封闭系统,系统状态的自发变化总是朝着自由减少的方向进行,当自由能达到最小时,系统达到平衡状态。

(3)冷却过程

冷却过程的目的是使粒子的热运动减弱并渐趋有序,系统能量逐渐下降,从而得到低能的晶体结构。

统计力学表明,在温度 T 时,分子停留在状态 r 时满足玻尔兹曼(Boltzmann)概率分布,即

$$P\{\overline{E} = E(r)\} = \frac{1}{Z(T)}\exp\left(-\frac{E(r)}{kT}\right) \tag{3.1}$$

式中,$E(r)$ 表示状态的能量,k 为玻尔兹曼常数,r 表示分子能量的一个随机变量。$Z(T)$ 为概率分布的标准化因子,它的计算公式如下

$$Z(T) = \sum_{s\in D}\exp\left(-\frac{E(s)}{kT}\right) \tag{3.2}$$

首先来研究公式随 T 变化的趋势。假设有两个能量状态 E_i 和 E_j,若 $E_i < E_j$,那么在同一温度 T 下有

$$P\{\overline{E} = E_i\} - P\{\overline{E} = E_j\} = \frac{1}{Z(T)}\exp\left(-\frac{E_i}{kT}\right)\cdot\left[1 - \exp\left(-\frac{E_j - E_i}{kT}\right)\right] \tag{3.3}$$

因为

$$\forall T > 0, \exp\left(-\frac{E_j - E_i}{kT}\right) < 1$$

所以

$$\forall T > 0, P\{\overline{E} = E_i\} - P\{\overline{E} = E_j\} > 0 \tag{3.4}$$

这表明在同一温度下,分子停留在能量小的状态概率要比停留在能量大的状态概率要大。但当温度相当高时,上式表明的概率分布使得每个状态的概率基本相同,接近平均值 $1/|D|$。这里,$|D|$ 为状态空间 D 中的状态个数。又由

$$\frac{\partial P\{\overline{E} = E(r)\}}{\partial T} = \frac{\exp\left(-\frac{E(r)}{kT}\right)}{Z(T)kT^2}\cdot\left[E(r) - \sum_{s\in D}E(s)\exp\left(-\frac{E(s)}{kT}\right)\Big/ Z(T)\right] \tag{3.5}$$

当 $r_{\min}$ 为 r 中最低能量状态,由公式(3.4)和公式(3.5)可得

$$\frac{\partial P\{\overline{E} = E(r_{\min})\}}{\partial T} < 0$$

所以,$P\{\overline{E} = E(r_{\min})\}$ 关于温度 T 是单调下降的。又由

$$P\{\overline{E} = E(r_{\min})\} = \frac{1}{Z(T)}\exp\left(-\frac{E(r_{\min})}{kT}\right)$$

可知,当温度 $T\to 0$ 时,分子停留在低能量状态的概率趋向于 1。由以上讨论可得出结论,温度越低,低能量状态的概率值越高。

2. Metropolis 准则

固体在恒定的温度下达到热平衡的过程可以用 Monte Carlo 方法进行模拟。这种方法虽然简单,但必须大量采样才能得到比较精确的结果,因而计算量很大。鉴于物理系统倾向于能量较低的状态,而热运动又妨碍它准确落到最低态的物理形态,采样时只需着重选取那些有重

要贡献的状态即可较快获得较优的计算结果。因此,Metropolis 等人在 1953 年提出了重要性采样法,即以概率性的方式来接受新状态。现将这种概率性地接受新状态方法阐述如下。

首先给定以粒子相对位置表征的初始状态 i 作为固体的当前状态,该状态的能量表示为 E_i。然后用摄动装置随机选取某个粒子,并使其随机地产生一个微小变化,得到一个新的状态 j,新状态的能量表示为 E_j。如果 $E_j < E_i$,则新状态 j 就取代前一状态 i;否则,若 $E_j > E_i$,该新状态是否取代前一状态则应加以考虑热运动的影响,依据概率的方法来进行判断。

上述方法的具体做法是随机产生[0,1]区间内的随机数 ξ,计算概率 p_r,即

$$p_r = \exp\left[-\frac{(E_j - E_i)}{kT}\right]$$

若 $p_r > \xi$,则接受新状态 j 为当前状态;否则保留状态 i 为当前状态。多次重复这一过程,即经过大量迁移后,系统最终将趋于能量较低的平衡态。同时我们也可以看到,这种重要性采样过程在高温下可接受与当前状态能量差较大的新状态,而在低温下基本接受与当前能量相差较小的新状态,这与不同温度下热运动的影响完全一致,而且在温度趋于零时,就不能接受比当前状态能量高的新状态。这种接受准则通常称为 Metropolis 准则,它的计算量相对 Monte Carlo 方法要显著减少。

3.1.2　模拟退火算法的马尔可夫(Markov)链描述

马尔可夫链是一个尝试序列,其中某次给定的尝试结果仅取决于前一次尝试的结果。设 $\{X(k)\}(k=0,1,2\cdots)$ 为所有状态构成的解空间序列,$X(k)=i$ 为 k 时刻状态变量的取值,$i \in D$,D 为状态空间。当 D 中的状态数为有限多个时,则称此状态空间为有限状态空间。若对任意正数 n,满足如下条件,即

$$\begin{aligned} &P\{X(n) = j \mid X(0) = i_0, X(1) = i_1, \cdots, X(n-2) = i_{n-2}, X(n-1) = i\} \\ &= P\{X(n) = j \mid X(n-1) = i\}, \quad i_0, \quad i_1, \cdots, i_{n-2}, i, j \in D \end{aligned} \tag{3.6}$$

则称 $\{X(k)\}(k=0,1,2\cdots)$ 为马尔可夫链,简称马氏链。

马氏链具有记忆遗忘特性,它只记忆状态空间中前一时刻的状态。式(3.6)可简单地记成

$$p_{ij}(n-1) = P\{X(n) = j \mid X(n-1) = i\} \tag{3.7}$$

称为一步状态转移。n 步状态转移可记为

$$p_{ij}^n = P\{X(n) = j \mid X(0) = i\} \tag{3.8}$$

当解空间为有限状态空间时,称为有限马氏链。

若解的状态空间满足

$$p_{ij}(n-1) = p_{ij}(n), \forall n \in D \tag{3.9}$$

则称马氏链为时齐马氏链。

由定义可知，以下所讨论的模拟退火算法所对应的马氏链均为有限状态马氏链。

考察模拟退火算法的搜索进程，算法从一个初始状态开始后，每一步状态转移均是在当前状态 i 的邻域 N_i 内随机产生新状态 j，并以接受概率判断其是否被接受。可见，接受概率仅依赖于新状态和当前的状态，并由温度对其进行控制。因此，模拟退火算法对应了一个马氏链。若固定每一温度 t，模拟退火算法均需计算马氏链的变化直至平稳分布，然后再降低温度，称这种算法为时齐算法；若在各温度下均无须使算法达到平稳分布，但温度需按一定的速率下降，则称这种算法为非时齐法或非平稳马氏链算法。

模拟退火算法的时齐马氏链和非时齐马氏链的收敛性证明，可参见参考文献[17]。

3.1.3 模拟退火算法与组合优化问题

1. 模拟退火算法的数学模型

模拟退火算法的数学模型可描述如下：在给定邻域结构后，模拟退火过程即是从一个状态到另一个状态不断地随机变动的过程。我们可以用马尔可夫链来对这一过程加以描述。对给定的温度 T，两个状态的转移概率为

$$p_{ij}(t) = \begin{cases} G_{ij}A_{ij}, & \forall j \neq i \\ 1 - \sum\limits_{j=1, j\neq i}^{n} G_{ij}A_{ij}, & j = i \end{cases} \tag{3.10}$$

式中，n 表示状态空间（解空间）中状态的个数，G_{ij}称为从 i 到 j 的生成概率（Generation Probability），它表示在状态 i 时，j 被选中的概率，可按下面的方法计算，即

$$G_{ij} = 1/|f_{ij}| \tag{3.11}$$

A_{ij}称为接受概率，表示状态 i 产生状态 j 后，接受状态 j 的概率。一般在模拟退火中接受概率 A_{ij}可按下式进行计算：

$$A_{ij}(t) = \begin{cases} 1, & F_i \geqslant F_j \\ \exp(-\Delta F_{ij}/t), & F_i < F_j \end{cases} \tag{3.12}$$

式(3.10)，式(3.11)，式(3.12)称为模拟退火算法的主要数学模型。

2. 模拟退火算法与组合优化问题

对于固体物理退火过程的研究给人们以新的启示。1982 年，Kirkpatrick 等首先意识到了固体退火过程与组合优化问题之间的相似性，Metropolis 等对固体在恒定温度下达到热平衡过程的模拟也对他们产生了启发的作用：应该把 Metropolis 准则引入到优化过程中来。最终，他们得到一种对 Metropolis 准则进行迭代的组合优化算法，这种算法是通过模拟固体物理退火过程而产生的，故称之为“模拟退火算法”。

组合优化问题即是在离散域内寻找目标函数的最优解。在利用简单的下降算法来求解这类问题时，搜索过程易陷入局部最优解。基于 Metropolis 接受准则的优化过程，可避免寻优搜

索陷入局部最小,并最终能够获得优化问题的全局最优解。而基于 Metropolis 接受准则的最优化过程与物理退火过程之间具有一定的相似性,表 3.1 描述了这种组合优化问题的求解过程与物理退火过程之间所对应的相似关系。

表 3.1　模拟退火算法与组合优化问题的相似性

组合优化	物理退火	组合优化	物理退火
解	粒子状态	Metropolis 抽样过程	等温过程
最优解	能量最低状态	控制参数的下降	冷却过程
设定初温	熔解过程	目标函数	能量

设组合优化问题的一个解 i 及其目标函数 $F(i)$ 分别与固体的一个微观状态 i 及其能量 E_i 等价;控制参数 t 随算法而不断减小,相当于固体物理退火过程中温度 T 的角色。从初始解出发,在当前邻域内随机产生一个解,对于此时的控制参数 t 根据 Metropolis 准则判断是否接受新解。对于控制参数 t 的每一取值,算法要不断执行“产生新解——判断——接受或舍弃”的迭代过程,这一过程对应着固体在某一恒定温度下趋于热平衡的过程,也就是执行了一次 Metropolis 准则。该准则从某一初始状态出发,通过计算系统的时间演化过程,求出系统最终达到的稳定状态。与此相似,模拟退火算法也是从某个初始解出发,经过大量解的变换后,可以求得在给定的某一控制参数值下,所对应的组合优化问题的相对最优解,然后再通过减小控制参数 t 的值,重复执行 Metropolis 准则,就可以在控制参数 t 趋于零时,最终求得组合优化问题的整体最优解。由于固体物理退火必须“徐徐”降温,才能使固体在每一温度下都能够达到热平衡,最终趋于能量最小的基态,控制参数 t 的值也必须缓慢下降,才可保证模拟退火算法最终能够趋于组合优化问题的全局最优解。

3.1.4　模拟退火算法的实现技术和参数设计

3.1.4.1　模拟退火算法的实现过程

模拟退火算法用 Metropolis 准则产生组合优化问题解的序列,并按如下步骤求解组合优化的最优值问题。

(1)在解空间内随机产生一个初始解 s,初始迭代次数 $i=0$,并给定初始温度 $t_k=\max T$,同时计算这一状态下的目标函数值 $F(s)$。

(2)判断是否满足内循环终止条件,即是否满足 Metropolis 抽样稳定性准则,若满足内循环终止条件,则转入步骤(6);否则,转入步骤(3)。

(3)给当前解 s 一个随机扰动,即在 s 的邻域内随机产生一个新解 s',计算这一新解的目标函数值 $F(s')$。

(4)若 $F(s') < F(s)$,转入步骤(2);否则,产生一个[0,1]内的随机数 ξ,转入步骤(5)。

(5)判断是否满足 $p_r - \xi = \exp[-(F(s') - F(s))/t_i] - \xi > 0$。若成立,则用扰动解替换当前解 s,即 $s \Leftarrow s'$,$F(s) \Leftarrow F(s')$,转入步骤(2)。

(6)降温过程:令 $t_{i+1} = \text{update}(t_i)$,并令 $i = i + 1$,并判断是否满足外循环终止条件。若满足外循环终止条件,则当前解即为最优解 s^*,算法结束;否则转向步骤(3)。

上述模拟退火算法的计算框图如图 3.1 所示。

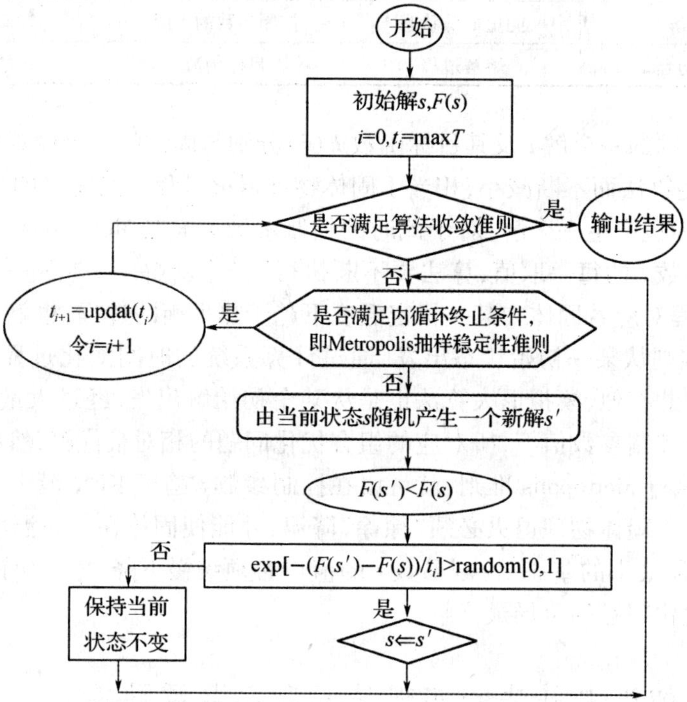

图 3.1 模拟退火算法计算框图

在上述模拟退火算法中,算法程序中包含了一个内循环过程和一个外循环过程。内循环过程是从步骤(2)到步骤(5),它表示在同一温度状态下,在不同状态间的随机搜索过程;外循环过程主要包括步骤(6)中的温度下降变化、迭代数的增加和程序终止条件。

3.1.4.2 模拟退火算法的参数设计

下面,我们来详细讨论模拟退火算法中影响算法收敛度的各个参数。从算法结构可知,初始温度的设置、新状态产生函数、新状态接受函数、降温函数、Metropolis 准则以及模拟退火算法循环终止条件是影响优化算法结果的主要环节。模拟退火算法具有质量高、初值鲁棒性强、通用性强,并且易于实现等优点。但是为了寻求最优解,算法通常要求较高的初温、较慢的降温速率、较低的终止温度以及各个温度下足够多的随机抽样次数,因而模拟退火算法往往优化过程较长,这也是该算法最大的缺点。因此,在保证一定优化质量的前提下提高算法搜索效率,是对模拟退火算法参数设计提出的主要要求。

从算法流程上看,模拟退火算法包括"三函数两准则",即状态产生函数、状态接受函数、温度更新函数、内循环终止准则和外循环终止准则,这些环节的设计将决定模拟退火算法的优化性能。此外,初温的选择对模拟退火算法性能也存在很大影响。

理论上,只有模拟退火算法的参数能够满足算法的收敛条件,才能保证该算法以概率 1 收敛到全局最优解。然而,由模拟退火算法的收敛性理论可知,某些收敛条件是无法严格实现,如时齐马氏链的内循环终止准则。即使某些收敛条件可以实现,如非时齐马氏链的更新函数,但也常常会因为实际应用的效果不理想而不被采用。因此,至今模拟退火算法的参数选择依然是一个难题,通常只能依据一定的启发式准则或大量的实验进行选取。

1. 状态产生函数

状态产生函数(邻域函数)选择的出发点,应该是尽可能地保证产生的候选解能够遍布整个解空间区域。通常,状态产生函数由两部分组成,即产生候选解的方式和候选解产生的概率分布。前者决定了由当前解产生候选解的方式,后者决定了在当前解产生的候选解中选择不同状态的概率。候选解的产生方式由问题的性质决定,通常在当前状态的邻域内以一定概率方式产生,而邻域函数和概率方式可以多样化设计,其中概率分布可以是均匀分布、正态分布、指数分布、柯西分布等。在函数优化问题中,状态产生函数最常用的方案为 $x(k+1)=x(k)+\eta\xi$,其中 η 为扰动幅度参数,ξ 为随机扰动变量。

随机扰动可如下柯西、高斯、均匀分布,甚至是混沌机制等。

(1)柯西分布:概率密度函数为

$$f(\xi)=\frac{1}{\pi}\frac{a}{a^2+\xi^2},\quad -\infty<\xi<\infty\ (a\text{ 为尺度参数})$$

(2)高斯分布:概率密度函数为

$$f(\xi)=\frac{1}{\sqrt{2\pi\sigma}}\exp[-\xi^2/2\sigma],\quad -\infty<\xi<\infty\ (\sigma\text{ 为方差})$$

(3)均匀分布:区间上 $[a,b]$ 均匀分布的概率密度函数为

$$f(\xi)=\begin{cases}1/(b-a), & \xi\in[a,b]\\ 0, & \text{其他}\end{cases}$$

(4)混沌机制:采用 Logistic 映射 $x_{k+1}=4x_k(1-x_k)$,$x_0\in[0,1]$。

其中,以圆点为中心的柯西和高斯分布的函数曲线如图 3.2 所示。

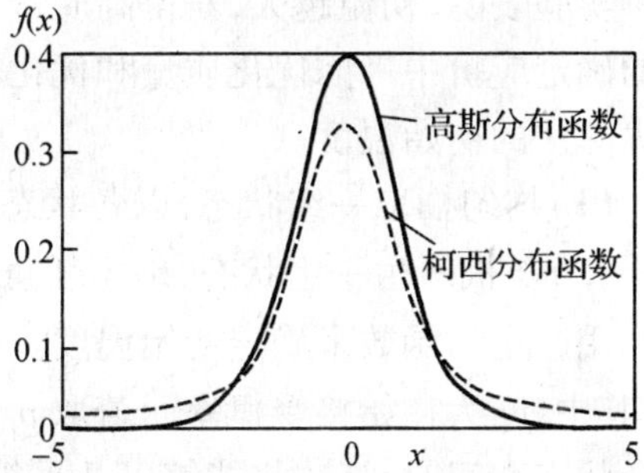

图 3.2　柯西和高斯分布的函数曲线

由概率分布函数可得以下几点。

(1)柯西分布在原点处的峰值比高斯分布小,而两端长扁平形状趋于零的速度很慢,基于高斯分布的邻域函数产生小扰动的概率较大而产生大扰动的概率几乎为零,基于柯西分布的邻域函数产生小扰动的能力相对高斯分布有所下降而产生大扰动的能力增强。

(2)均匀分布产生一定区域内的任意幅度的扰动概率均等,鉴于高斯分布在 ± 5 处的概率几乎为零,因此可将均匀分布的区间限于 $[-5,5]$。

(3)混沌机制在(0,1)范围内按自身规律以一种不重复方式进行轨道遍历,可通过尺度变换将其遍历范围扩充到 $[-5,5]$。

2. 状态接受函数

状态接受函数一般以概率的方式给出,不同接受函数的差别主要在于接受概率的形式不同。设计状态接受概率,应该遵循以下原则。

(1)在固定温度下,接受使目标函数值下降的候选解的概率要大于接受使目标函数值上升的候选解的概率。

(2)接受使目标函数值上升的候选解的概率要随着温度的下降而逐渐减小。

(3)当温度趋于零时,只能接受目标函数值下降的候选解。

状态接受函数的引入是模拟退火算法能够搜索到全局最优解的关键因素。但实验表明,状态接受函数的形式对算法性能的影响并不显著。因此,考虑到概率性接受原则以及易于实现等因素,模拟退火算法中通常会将 $\min\{1,\exp[-(F_j-F_i)/t]\}$ 作为状态接受函数。

3. 初始温度

初始温度 t_0、温度更新函数、内循环终止准则和外循环终止准则通常被称为退火历程(Annealing Schedule)。

在非时齐算法收敛性理论中,初始温度由退温函数 $t_k=\alpha/\lg(k+k_0)$ 中的 α 决定,但求解实际问题时很难精确得到 α 值或其下界。而在时齐模拟退火算法收敛性理论中,虽没有对初温加以限制,但根据与物理退火过程的类比关系,应该选择充分大的初始温度,以便几乎所有产生的候选解都能够被接受,如此保证最终模拟退火算法收敛于全局最优解。

实验表明,初温越大,获得高质量解的概率越大,但花费的计算时间也将会增加。因此初温的确定应折中考虑优化质量和优化效率两方面的因素,一般常用如下几种方法来确定模拟退火算法的初始温度。

(1)均匀抽取一组状态,以各状态目标函数值的方差作为初始温度。

(2)随机产生一组状态,确定任意两两状态间的最大目标值差 $|\Delta_{\max}|$,然后依据这一差值,再利用一定的函数来确定初始温度。例如,$t_0=K\Delta$,$K=-\Delta/\ln p_r$ 或者 K 取 10,20,100 等试验值,其中,p_r 为初始接受概率。若取 p_r 接近 1,且初始随机产生的状态能够在一定程度上表征整个状态空间时,算法将能够以几乎等同的概率接受任意状态,完全不受极小解的限制。

(3)利用经验公式给出,在此不作详细阐述。

4. 温度更新函数

温度更新函数,即温度的下降方式,用于在外循环中修改温度值。在非时齐模拟退火算法收敛性理论中,温度更新函数可采用函数 $t_k = \alpha / \lg(k + k_0)$。由于温度与退温时间的对数函数成反比,所以温度下降的速度很慢。当 α 取值较大时,温度下降到比较小的值时需要很长的计算时间。快速模拟退火算法采用更新函数 $t_k = \alpha / (1 + k)$,与前式相比,温度下降速度加快了。但需要强调的是,温度下降速度的加快并不能保证算法以较快的速度收敛于全局最优,温度下降的速度必须与状态产生函数相匹配。

在时齐模拟退火算法收敛性理论中,要求温度最终趋于零,整个系统以概率 1 收敛于到全局最优解。但对温度的下降速度没有任何限制,但这并不意味着可以使温度下降得很快,因为在收敛条件中要求各温度下产生的候选解数目无穷大,显然这在实际应用时无法实现。直观地来理解退温过程,温度总要是下降的,因此,目前最常用的温度更新函数如下。

(1) $t_{k+1} = \lambda t_k$,其中 $0 < \lambda < 1$。λ 越接近 1 温度下降越慢,且其大小可以不断变化。这种方法在模拟退火算法中应用最为广泛。

(2) $t_k = \dfrac{K - k}{K} t_0$,其中 t_0 为起始温度,K 为算法温度下降的总次数。这一下降方法的优点是易于操作,而且可以简单地控制温度下降的步数,其每一步的下降长度都相等。

5. 内循环终止准则

内循环终止准则,或称 Metropolis 抽样稳定性准则,用于决定在各温度下产生候选解的数目。在非时齐模拟退火算法理论中,由于在每个温度下只产生一个或少量候选解,所以不存在选择内循环终止准则的问题。但在时齐模拟退火算法理论中,收敛性条件要求在每个温度下产生候选解数目趋于无穷大,以使相应的马氏链达到平稳概率分布,显然在实际应用算法时这是无法实现的,只能在可能的情况下尽量满足这种要求。常用的几种抽样稳定性准则包括以下几种。

(1) 检验目标函数的均值是否稳定。若稳定,即可认为已经满足了抽样稳定性准则。

(2) 连续若干步的目标函数值变化较小时,即可认为已经满足了抽样稳定性准则。

(3) 设置最大抽样次数,达到这一最大抽样次数,即可认为已经满足了抽样稳定性准则。

6. 外循环终止准则

外循环终止准则,即算法终止准则,用于决定算法何时结束。设置终止温度 t_e 是一种简单的外循环终止准则。模拟退火算法的收敛性理论中要求 t_e 趋于零,这显然是不实际的。因此,通常的设置外循环终止条件的设置方式包括以下几种。

(1) 设置终止温度阈值

给定一个比较小的正数 ε,当温度 $t_k \leqslant \varepsilon$ 时,则表示已经达到最低温度,算法终止,输出最优结果。

(2)设置外循环迭代次数

即设置总的温度下降次数为一定值 K,当温度迭代次数达到 K 时,算法终止,输出最优结果。

(3)连续若干步算法搜索到的最优值保持不变

在某一个温度下,在给定的迭代次数内没有改进当前的局部最优解,即连续若干步算法搜索到的最优解保持不变,则算法终止,输出最优结果。

由于算法的某些环节无法在实际设计算法时实现,因此,模拟退火算法往往得不到全局最优解,或算法结果存在波动性。许多学者试图给出选择"最佳"模拟退火算法参数的理论依据,但所得结论与实际应用还有一定距离,特别是对连续变量函数的优化问题。目前,模拟退火算法参数的选择仍依赖于一些启发式准则和待求问题的性质。模拟退火算法的通用性很强,算法易于实现,但若能够保证该算法可靠性高、鲁棒性好的同时,克服计算时间较长、效率较低的缺点,并适用于规模较大的问题,尚需进行大量的研究工作。

3.1.5 模拟退火算法的改进

在确保一定要求的优化质量基础上,提高模拟退火算法的搜索效率(时间性能),是对模拟退火算法进行改进的主要内容。可行的改进方案主要包括以下几种。

(1)设计合适的状态产生函数,使其根据搜索进程的需要,表现出状态的全空间分散性或局部区域性。

(2)设计高效的退火历程。

(3)避免状态的迂回搜索。

(4)采用并行搜索方式。

(5)为避免陷入局部极小解,改进对温度的控制方式。

(6)选择合适的初始状态。

(7)设计合适的算法终止准则。

此外,对模拟退火算法的改进,也可通过增加某些环节来实现。从这个角度出发,改进方案有如下几种。

(1)增加升温或重升温过程

在算法进程的适当时机,将温度适当提高,从而可激活各状态的接受概率,以调整搜索进程中的当前状态,避免算法在局部最优解处停滞不前。

(2)增加记忆功能

为避免搜索过程中由于执行概率接受环节而遗失当前遇到的最优解,可通过增加存储环节,将历史最优解状态记忆下来。

(3)增加补充搜索过程

即在退火过程结束以后,以搜索到的最优解为初始状态,再次执行模拟退火过程或进行局部性搜索。

(4)多次搜索策略

对每一当前状态,采用多次搜索策略,以概率接受区域内的最优状态,而非标准模拟退火算法的单次搜索方式。

(5)结合其他优化算法

采用与其他优化算法相融合的策略,如遗传算法、混沌搜索等,来产生新的优化算法,这样有利于解决模拟退火算法本身的缺点,能够产生许多性能优良的新算法。

(6)上述各方法的综合应用

下面介绍一种对退火过程和抽样过程进行了一些修改的两阶段改进策略。

我们都知道,模拟退火算法在局部极小解处有机会跳出并最终趋于全局最优的根本原因在于算法通过概率判断的方式来接受新状态。这在理论上也已得到了严格证明,即当初温充分高、降温过程足够慢、每一温度下抽样次数足够多的情况下,当温度趋于零时,算法最终将以概率 1 收敛于全局最优解。但由于全局收敛条件难以实现,并且“概率接受”过程可能使得当前状态比搜索轨迹中的某些中间状态还要差,从而在实际算法中,往往最终得到的不是真正的最优解,而只是近似最优解。有时最终的近似最优解甚至可能比中间经历的最好解要差,而且搜索效率也较差。

为了不遗失历史最优解,同时提高寻优搜索效率,可采用如下改进措施:在算法搜索过程中保留中间最优解、并即时更新;设置双阙值,使得在尽量保持最优解的前提下减少计算量,即在各温度下,若当前状态连续 step1 保持不变的情况下,则可认为满足了 Metropolis 抽样稳定性准则;若退温过程中连续 step2 所得的最优解均保持不变时,则可认为模拟退火算法已经收敛。

改进的模拟退火算法由改进的退火过程和改进的随机抽样过程两部分组成,具体步骤可描述为如下几方面。

(1)改进的退火过程

①给定初温 t_0,随机产生初始状态 s,令初始最优解 $s^*=s$,当前状态为 $s(0)=s, i=p=0$,i 为外循环计数器,p 为退温过程中最优解 s^* 没有得到改善的次数。

②令 $t=t_i$,以 t, s^* 和 $s(i)$ 来调用下文的改进的随机抽样过程,返回其所得最优解 $s^{*\prime}$ 和当前状态 $s'(k)$,令当前状态 $s(i)=s'(k)$。

③判断 $F(s^*) > F(s^{*\prime})$ 是否成立。若成立,令 $p=p+1$;否则,令 $s^*=s^{*\prime}, p=0$。

④退温 $t_{i+1}=\text{update}(t_i)$,令 $i=i+1$。

⑤判断 $p>\text{step2}$ 是否成立。若是,则转向步骤(6);否则,返回第(2)步。

⑥以最优解 s^* 作为最终解输出,停止算法,输出最优解。

(2)改进的随机抽样过程

①令 k 记录状态改变次数,q 记录在某一温度下最优点没有得到改善的步数。令 $k=0$ 时

的初始当前状态为 $s'(0)=s(i)$，初始最优解 $s^{*\prime}=s^*$，$q=0$。

②由状态 s 通过状态产生函数产生新状态 s'，计算增量 $\Delta F'=F(s')-F(s)$。

③如果 $\Delta F'<0$，则接受 s' 作为当前解，并判断 $F(s^{*\prime})>F(s')$ 是否成立。若成立，则令 $s^{*\prime}=s'$，$q=0$；否则，令 $q=q+1$；若 $\Delta F'>0$，则以概率 $\exp(-\Delta F'/t)$ 来接受 $\Delta F'$ 作为下一当前状态。若 s' 被接受，则令 $s'(k+1)=s'$，$q=0$；否则，令 $s'(k+1)=s'(k)$，$q=q+1$。

④令 $k=k+1$，判断 $q>\text{step1}$ 是否成立。若是，则转向步骤(5)；否则，返回到第(2)步，再次产生新状态。

⑤将当前最优解 $s^{*\prime}$ 和当前状态 $s'(k)$ 返回到上文中改进的模拟退火过程中。

3.2 遗传算法

生物在自然界的生存繁衍，显示了其对自然环境所具有的优异的适应能力。基于这种启发，人们致力于对生物界各种生存特性的研究和行为模拟，为人工自适应系统的设计和开发提供了广阔的前景。遗传算法(Genetic Algorithms，简称 GA)就是这种生物行为的计算机模拟，遗传算法使得各种人工系统具有优良的自适应能力和寻优能力。遗传算法所借鉴的生物学基础就是生物的遗传、进化和自然选择过程。

3.2.1 概述

1. 遗传算法的仿生学基础

地球上的生物都是经过长期进化而来的，解释生物进化的学说主要是达尔文的自然选择学说。该学说的主要内容有如下几方面。

(1)大量繁殖。地球上的生物具有很强的繁殖能力，因此，能够产生许许多多的后代。

(2)物竞天择。生物的不断繁殖导致后代的数目大量增加，但由于在自然界中生物赖以生存的自然资源是有限的，并不是所有的生物后代都能够存活下来。因此，为了生存，生物之间就存在着激烈的竞争。

(3)适者生存。生物在生存竞争中，根据其对环境的适应能力适者生存，不适者将被淘汰，这就是自然选择的结果。

(4)遗传和变异。生物在繁殖过程中，通过遗传作用使得相同物种之间保持着相似性。与此同时，由于变异作用，物种会具有差别，甚至可能产生新的物种。

遗传算法是一种宏观意义上的仿生算法，它是通过模拟一切生命与智慧的产生与进化过程而提出的。遗传算法借鉴生物进化的规律，一步步地逼近问题的最优解。从一个初始种群开始，经过遗传、进化和自然选择操作后，一部分生物个体被淘汰掉，而生存下来的那部分个体又形成新的种群。新种群经过婚配又会产生子代群体，同时在进化过程中可能会因为变异而产生新的个体。综合变异的作用，子代成长为新的群体从而代替旧群体，这样一代又一代的繁衍，一代又一代的进化，从而产生出优良且适应环境的物种。因此，遗传算法又被称为进化计算。

2. 遗传算法的发展及研究现状

20 世纪六七十年代，美国 Michigen 大学的 Holland 教授及其同事和学生在受到模拟技术的启发后，创造出了这种基于生物遗传和进化机制的优化算法——遗传算法。该算法是一种自适应概率优化方法，它适用于求解复杂问题。20 世纪 80 年代后期，遗传算法已被广泛应用于各种复杂系统的自适应控制以及复杂结构优化问题中。在此期间，Goldberg 在遗传算法的研究中起着十分重要的作用，1983 年在他的博士论文中第一次将遗传算法应用到实际的煤气管道工程优化中，引起了各学科学者们对遗传算法应用的广泛兴趣，使得遗传算法的理论研究更加深入，应用研究成果更为丰富。同时，人们也越来越清楚地意识到传统优化方法的局限性。并且随着计算机速度的提高及并行计算机的普及，遗传算法和进化计算对机器速度的要求已不再是制约其发展的主要因素。由于遗传算法在机器学习、过程控制、经济预测、工程优化等领域中取得的成就，数学、物理学、化学、生物学、计算机科学、社会科学、经济学及工程应用等领域的专家也对其产生了极大的兴趣。在应用研究方面，由于遗传算法的求解精度高、收敛速度快、在现有仿真环境下易于实现、可扩充性和易于与其他方法相结合的优点，可以预料在不远的将来，随着理论研究的不断深入和应用领域的不断推广，遗传算法将会取得长足的发展。

3. 遗传算法的特点

为了解决各种优化设计问题，人们提出了各种各样的优化算法，如单纯形法、梯度法、牛顿法等。这些优化算法各有各的长处，各有各的适用范围，同时也存在各有各的限制因素。作为一种随机的寻优搜索方法，遗传算法是一类适用于复杂非线性优化问题的鲁棒性搜索策略，与一些传统的优化算法相比，它主要具有以下几个特点。

(1)遗传算法的运算对象为所求解问题的编码

与传统的结构优化方法不同，遗传算法的操作对象是编码集，而不是实际设计变量本身。算法在搜索过程中已不再有目标函数连续性要求，也不再受目标函数是否具有导数所制约。通过优良染色体基因的复制、交叉和变异过程，遗传算法便可以有效地处理各种复杂非线性优化问题。

(2)遗传算法使用的是多点搜索信息

遗传算法的操作对象是一组可行解，而非单个可行解；可同时进行多条搜索轨道，而非单条。因而具有良好的并行性。

(3)遗传算法只需要利用目标函数值的信息

遗传算法无需利用导数等高价值信息，因而适用于任何大规模、高度非线性、不连续的多峰值函数优化问题以及无解析表达式的目标函数优化问题，因此具有优良的通用性。除此之外,直接利用目标函数值或个体适应度,使得我们可以把搜索范围集中到适应度值较高的搜索空间中,从而提高了搜索效率。

(4)遗传算法使用了概率搜索策略

很多传统优化方法使用的往往是确定的搜索方式,从一个搜索位置到另一个搜索位置,这种确定性的搜索策略很有可能搜索不到最优点,因而也限制了算法的应用范围。而遗传算法运用的是一种随机的概率式搜索策略,其选择、交叉等运算都是以一种概率方式进行的,从而增加了其搜索过程的灵活性,因而具有良好的全局最优性和鲁棒性。

4. 遗传算法的应用

随着科技的飞速发展,人们所要解决的各种问题也变得越来越复杂,因此,人们迫切地寻找一种即快速、又有效的求解方法。遗传算法作为一种有效的全局搜索策略,它不依赖于问题的具体应用领域,所以在实际应用中,遗传算法几乎渗透到从工程到社会学科的各个领域,比如工程设计、制造业、人工智能、计算机科学、生物工程、自动控制、社会科学、商业和金融等。同时这些领域的应用实践又促进了遗传算法的发展和完善。

遗传算法主要的应用领域有如下几方面。

(1)函数优化领域

函数优化是遗传算法的经典应用领域,也是对遗传算法进行性能评估的常用算例。很多人构造出各种各样的复杂函数形式对遗传算法进行测试,有连续函数也有离散函数,有凸函数也有凹函数,有低维函数也有高维函数,有低峰值函数也有高峰值函数,有确定性函数也有随机函数,有单峰值函数也有多峰值函数等。用这些各具特色的函数来评价遗传算法的性能,更能反映遗传算法的本质效果。而且对于一些非线性、多模型、多目标函数优化问题,采用其他传统的优化方法一般较难求解,而采用遗传算法对其进行求解,可以方便地获得较好结果。

(2)组合优化领域

随着问题规模的增大,组合优化问题的搜索空间也急剧扩大,在当前的电子计算技术上用枚举法很难求解,甚至是不可能求出其精确最优解。对于这类复杂问题,人们已经意识到应该更加注重与搜索其满意解上,而遗传算法恰恰是寻找满意解的最佳工具之一。实践证明,遗传算法对于组合优化问题中的 NP 完全问题非常有效。例如,遗传算法已经在求解旅行商问题、背包问题、装箱问题和图形划分问题等方面取得了成功应用。

(3)生产调度问题

遗传算法同样可以用于求解生产调度问题。生产调度问题在很多情况下所建立起来的数学模型难以求解其精确解,即使是经过简化之后可以进行求解,也会因简化太多而使得求解的最优解与实际的精确最优解相差甚远。而目前,在现实生产中主要是依靠一些经验来进行生产调度的。现在,遗传算法已成为解决复杂生产调度问题的有效工具,已经证明,在单件生产车间调度、流水线生产车间调度、生产规划、任务分配等方面,遗传算法都已得到了有效的实践经验。

(4) 自动控制领域

遗传算法适用于求解复杂的参数辨识问题。在自动控制领域有很多与优化相关的问题需要求解,遗传算法已在其中得到了初步应用,并显示出了良好的效果。例如用遗传算法进行航空控制系统的优化、使用遗传算法来设计空间交会控制器、基于遗传算法的模糊控制器的优化设计、基于遗传算法的参数辨识、基于遗传算法的模糊控制规则的学习、利用遗传算法进行人工神经网络的结构优化设计和权值学习等,都显示出了遗传算法在这些领域中应用的可能性。

(5) 人工智能与计算机科学

遗传算法在人工智能与计算机科学领域也有大量应用,主要包括数据挖掘与知识获取、数据库查询优化、人工神经网络结构与参数优化、模式识别和专家系统等。

(6) 社会与经济学领域

遗传算法在早期就曾应用于囚徒困境问题。近年来,商业、金融领域已经成为遗传算法应用的热门领域。遗传算法与现代计算机强大的运算能力相结合,使金融交易中瞬息万变的诸多因素能够为人所理解并加以利用,使交易者更多地依赖于计算机速度。目前已经有许多基于遗传算法的软件包应用于金融系统和股票投资分析。

(7) 机器学习

学习能力是高级自适应系统所应具备的能力之一。基于遗传算法的机器学习,特别是分类器系统,在许多领域中都获得了应用。例如,遗传算法被用于模糊控制规则的学习,利用遗传算法学习隶属度函数,从而更好地改进了模糊系统的性能。基于遗传算法的机器学习可用于调整人工神经网络的连接权,也可用于神经网络结构的优化设计。分类器系统在多机器人路径规划系统中得到了成功的应用。

(8) 图像处理和模式识别

图像处理和模式识别是计算机视觉中的一个重要研究领域。在图像处理过程中,如扫描、特征提取、图像分割等不可避免地会产生一些误差,这些误差会影响到图像处理和识别的效果。如何使这些误差最小化,从而使计算机视觉效果达到实用化的重要前提。遗传算法在图像处理中的优化计算方面是完全能够胜任的。目前,遗传算法已在图像恢复、图像边缘特征提取、几何形状识别等方面得到了成功应用。

5. 遗传算法的主要内容

遗传算法是根据问题的目标函数构造一个适值函数,对一个由多个解(每个解对应一个染色体)构成的种群进行评估、遗传操作,经过多代繁殖,获得适应度最好的个体作为问题的最优解。基本遗传算法主要包括三个基本操作,即选择、交叉和变异。这些基本操作又有许多不同的方法,下面我们对这三个基本操作逐一进行介绍。

(1) 选择(Selection)

选择是用来确定用于重组或交叉的个体,以及被选个体将产生多少个子代个体。首先计算个体适应度,适应度的主要计算方法有以下两种。

①按比例的适应度计算(Proportional Fitness Assignment)。

②基于排序的适应度计算(Rank-based Fitness Assignment)。

适应度计算之后是选择过程,按照适应度的大小进行父代个体的选择。选择过程可以选用以下几种方法。

①赌轮盘选择(Roulette Wheel Selection)。

②随机遍历抽样(Stochastic Universal Sampling)。

③锦标赛选择(Tournament Selection)。

④最佳个体保存法(Elitist Model)。

(2)交叉或基因重组(Crossover/Recombination)

基因重组是结合来自父代交配种群中的信息产生新的个体。主要的交叉方法有以下几种。

①单点交叉(Single-point Crossover)。

②多点交叉(Multiple-point Crossover)。

③均匀交叉 (Uniform Crossover)。

④算术交叉(Arithmetic Crossover)。

(3)变异(Mutation)

交叉之后子代经历的是变异,实际上是子代基因按小概率扰动产生的变化。变异操作主要有以下几种方法。

①均匀变异(Uniform Mntation)。

②非均匀变异(Non-uniform Mutation)。

③高斯变异(Gaussian Mutation)。

至此,可能读者对以上的不同算法还很陌生,我们将它们留在3.2.2中作详细阐述。

3.2.2 基本遗传算法

本节首先从遗传算法优化一个多峰值函数的简单实例入手,来分析遗传算法的基本特征。然后我们将分别介绍遗传算法中的编码问题、适应度函数、交叉操作、变异操作中的具体实现技术。最后将讨论遗传算法设计过程中的具体参数选取的若干问题。

下面,我们引用参考文献[25]中的一个简例来详细说明遗传算法的具体操作过程。这里采用的是 Michalewicz 给出的算法步骤。

求解下面这一无约束函数优化问题

$$\max F(x_1,x_2) = 21.5 + x_1\sin(4\pi x_1) + x_2\sin(2\pi x_2)$$

$$-3.0 \leqslant x_1 \leqslant 12.1$$

$$4.1 \leqslant x_2 \leqslant 5.8$$

目标函数的三维图形如图 3.3 所示。

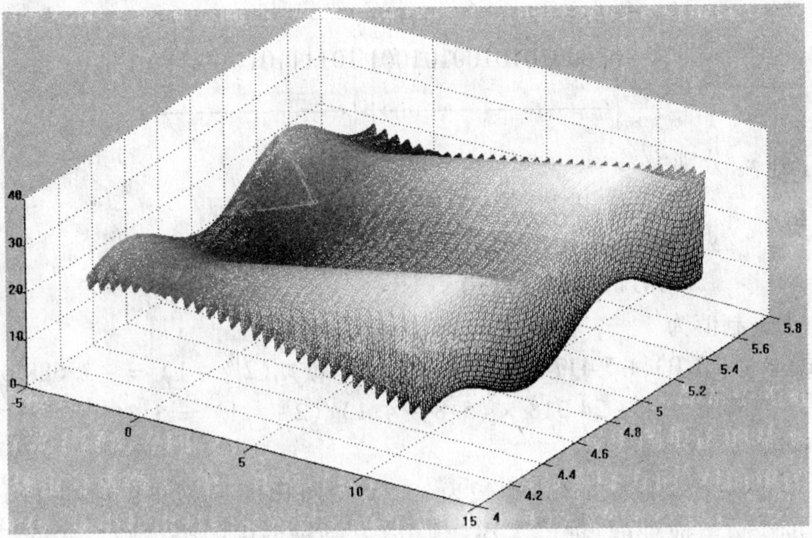

图 3.3　目标函数的三维图形

(1)基因表达

首先,将设计变量编码为二进制串,串长取决于需要的精度。例如,x_j 的值域是$[a_j, b_j]$,而要求的 6 位精度小数,这就要求 x_j 的值域至少要分为$(b_j - a_j) \times 10^6$ 份。设 x_j 所需要的子串长为 m_j,则有

$$2^{m_j-1} < (b_j - a_j) \times 10^6 \leqslant 2^{m_j} - 1$$

将 x_j 由二进制转为十进制可按下式计算

$$x_j = a_j + \text{decimal}(\text{substring}_j) \times \frac{b_j - a_j}{2^{m_j} - 1}$$

$\text{decimal}(\text{substring}_j)$表示变量 x_j 的子串 substring_j 的十进制码。例如 x_j 的二进制码是 0111,那么 decimal(0111) = 7。

假设 x_1 和 x_2 需要精确到 4 位小数,两个变量需要的总串长按下式计算

$$(b_1 - a_1) \times 10^4 = (12.1 - (-3.0)) \times 10\,000 = 151\,000$$

$$2^{17} < 1\,510\,002^{18} - 1$$

故,$m_1 = 18$。同理

$$(5.8 - 4.1) \times 10\,000 = 17\,000$$

$$2^{14} < 170\,002^{15} - 1$$

故,$m_2 = 15$

$$m = m_1 + m_2 = 18 + 15$$

因此,染色体的总长是 $m=33$ 位,可表示为

33位

X_j 000001010100101001 101111011111110

18位 18位

对应的变量 x_1 和 x_2 分别为

	二进制码	十进制码
x_1	000001010100101001	5 417
x_2	101111011111110	24 318

相对应的十进制值为

$$x_1 = (-3.0) + 5\,417 \times (12.1 - (-3.0))/(2^{18} - 1) = -2.688\,0$$

$$x_2 = 4.1 + 24\,318 \times (5.8 - 4.1)/(2^{15} - 1) = 5.361\,7$$

(2)初始种群

遗传算法中每一个体由随机产生串长为 33 的二进制编码组成染色体的基因码,我们可以产生一定数目的个体组成种群,种群大小(规模)就是种群中的个体数目。这里取种群大小 pop_size = 10,随机产生的初始种群为

$$\mathbf{V}_1 = [000001010100101001101111011111110]$$

$$\mathbf{V}_2 = [001110101110011000000010101001000]$$

$$\mathbf{V}_3 = [111000111000001000010101001000110]$$

$$\mathbf{V}_4 = [100110110100101101000000010111001]$$

$$\mathbf{V}_5 = [000010111101100010001110001101000]$$

$$\mathbf{V}_6 = [111110101011011000000010110011001]$$

$$\mathbf{V}_7 = [110100010011111000100110011101101]$$

$$\mathbf{V}_8 = [001011010100001100010110011001100]$$

$$\mathbf{V}_9 = [111110001011101100011101000111101]$$

$$\mathbf{V}_{10} = [111101001110101010000010101101010]$$

该种群所对应的十进制值为

$$\mathbf{V}_1 = [x_1, x_2] = [-2.688\,0, 5.361\,7]$$

$$\mathbf{V}_2 = [x_1, x_2] = [0.474\,1, 4.170\,1]$$

$$\mathbf{V}_3 = [x_1, x_2] = [10.419\,5, 4.661\,5]$$

$$\mathbf{V}_4 = [x_1, x_2] = [6.160\,0, 4.109\,6]$$

$$\mathbf{V}_5 = [x_1, x_2] = [-2.301\,3, 4.477\,3]$$

$$\mathbf{V}_6 = [x_1, x_2] = [11.788\,1, 4.174\,3]$$

$$\mathbf{V}_7 = [x_1, x_2] = [9.3421, 5.1217]$$

$$\mathbf{V}_8 = [x_1, x_2] = [-0.3303, 4.6950]$$

$$\mathbf{V}_9 = [x_1, x_2] = [11.6713, 4.8735]$$

$$\mathbf{V}_{10} = [x_1, x_2] = [11.4463, 4.1719]$$

(3)计算个体适应度

计算染色体适应度的过程主要分为以下三个步骤。

①将染色体的基因型转换为表现型,即将二进制转换为十进制值:$\boldsymbol{X}^k = (x_1^k, x_2^k)$,$k=1,2,\cdots,\text{pop\_size}$。这里,pop_size 即为上面所提到的种群大小。

②计算个体的目标函数值 $F(\boldsymbol{X}^k)$。

③将个体的目标函数值转换为个体的适应度值。对于该算例的极大化问题其目标函数在定义域内均大于0,可简单地取个体的目标函数值为个体的适应度值,即

$$\text{eval}(\mathbf{V}_k) = F(\boldsymbol{X}^k), k=1,2,\cdots,\text{pop\_size}$$

个体的适应度表示了个体染色体对目标函数的适应性的大小。在此算例中,染色体的个体适应度值分别为

$$\text{eval}(\mathbf{V}_1) = F(-2.6880, 5.3617) = 19.8051$$

$$\text{eval}(\mathbf{V}_2) = F(0.4741, 4.1701) = 17.3709$$

$$\text{eval}(\mathbf{V}_3) = F(10.4195, 4.6615) = 9.5905$$

$$\text{eval}(\mathbf{V}_4) = F(6.1600, 4.1096) = 29.4061$$

$$\text{eval}(\mathbf{V}_5) = F(-2.3013, 4.4773) = 15.6861$$

$$\text{eval}(\mathbf{V}_6) = F(6.1600, 4.1096) = 11.9005$$

$$\text{eval}(\mathbf{V}_7) = F(9.3421, 5.1217) = 17.9587$$

$$\text{eval}(\mathbf{V}_8) = F(-0.3303, 4.6950) = 19.7632$$

$$\text{eval}(\mathbf{V}_9) = F(11.6713, 4.8735) = 26.4017$$

$$\text{eval}(\mathbf{V}_{10}) = F(11.4463, 4.1719) = 10.2525$$

显然,染色体 $\mathbf{V}_4$ 是最好的,而染色体 $\mathbf{V}_3$ 是最差的。

(4)选择

一般情况下,遗传算法采用轮盘赌法作为选择方法,它是一种正比例选择策略,能够以与个体的适值成正比的概率选出父代种群。轮盘赌法主要由以下四步构成。

①计算各染色体 $\mathbf{V}_k$ 的适应度值 $\text{eval}(\mathbf{V}_k)$

$$\text{eval}(\mathbf{V}_k) = F(\boldsymbol{X}_1), k = 1,2,\cdots,\text{pop\_size}$$

②计算种群中所有染色体的适应度之和 E

$$E = \sum_{k=1}^{\text{pop\_size}} \text{eval}(\mathbf{V}_k)$$

③对各染色体 $\mathbf{V}_k$，计算其选择概率 p_k

$$p_k = \frac{\text{eval}(\mathbf{V}_k)}{E}$$

④对各染色体 $\mathbf{V}_k$，计算其累积概率

$$q_k = \sum_{j=1}^{k} p_j$$

这种选择过程就是旋转转轮 pop_size 次，每次按如下步骤选出一个染色体来构造新的种群。

步骤 1：在[0,1]区间内产生一个均匀分布的伪随机数 r。

步骤 2：若 $r \leqslant q_1$，则选第一个染色体 $\mathbf{V}_1$；否则，若 $q_{k-1} < r \leqslant q_k (2 \leqslant \mathbf{V}_k \leqslant \text{pop\_size})$，则选择第 k 个染色体 $\mathbf{V}_k$。

本算例中，种群的适应度之和 E 为

$$E = \sum_{k=1}^{10} \text{eval}(\mathbf{V}_k) = 178.135\ 4$$

各染色体 $\mathbf{V}_k$ 的选择概率 p_k 为

$$p_1 = 0.111\ 2, p_2 = 0.097\ 5, p_3 = 0.053\ 8$$

$$p_4 = 0.165\ 1, p_5 = 0.088\ 1, p_6 = 0.066\ 8$$

$$p_7 = 0.100\ 8, p_8 = 0.111\ 0, p_9 = 0.148\ 2$$

$$p_{10} = 0.057\ 6$$

各染色体的积累概率 q_k 为

$$q_1 = 0.111\ 2, q_2 = 0.208\ 7, q_3 = 0.262\ 5$$

$$q_4 = 0.427\ 6, q_5 = 0.515\ 7, q_6 = 0.582\ 3$$

$$q_7 = 0.683\ 1, q_8 = 0.794\ 1, q_9 = 0.942\ 3$$

$$q_{10} = 1.000\ 0$$

下面，旋转转轮 10 次，每次选择一个染色体来构造新的种群。设产生的[0,1]间的随机数分别为

$$0.301\ 4, 0.322\ 1, 0.766\ 5, 0.881\ 9, 0.350\ 9$$

$$0.583\ 4, 0.177\ 6, 0.343\ 2, 0.032\ 7, 0.197\ 6$$

第一个数 $q_3 < r_1 = 0.3014 < q_4$，这表示染色体 $\mathbf{V}_4$ 被选中来重新构造新的种群；第二个数为，$q_3 < r_2 < q_4$，表示染色体 $\mathbf{V}_4$ 再次被新种群选中，重复以上操作，最后选出了如下新的种群

$$(\mathbf{V}_1)' = [100110110100101101000000010111001](\mathbf{V}_4)$$

$$(\mathbf{V}_2)' = [100110110100101101000000010111001](\mathbf{V}_4)$$

$$(\mathbf{V}_3)' = [001011010100001100010110011001100](\mathbf{V}_8)$$

$$(\mathbf{V}_4)' = [111110001011101100011101000111101](\mathbf{V}_9)$$

$$(\mathbf{V}_5)' = [10011011010010110100000000101111001](\mathbf{V}_4)$$

$$(\mathbf{V}_6)' = [110100010011111000100110011101101](\mathbf{V}_7)$$

$$(\mathbf{V}_7)' = [001110101110011000000010101001000](\mathbf{V}_2)$$

$$(\mathbf{V}_8)' = [10011011010010110100000000101111001](\mathbf{V}_4)$$

$$(\mathbf{V}_9)' = [000001010100101001101111011111110](\mathbf{V}_1)$$

$$(\mathbf{V}_{10})' = [001110101110011000000010101001000](\mathbf{V}_2)$$

在新种群中，$\mathbf{V}_4$ 被选中四次，$\mathbf{V}_3$ 没有被选中，一定程度上说明了轮盘赌选择法能够以较大概率选出优良的亲代。

(5)交叉

对于交叉操作，首先要先设交叉率 $p_c = 0.25$，即平均有 25% 染色体进行交叉，于是选择用于交叉操作亲代的过程如下。

①开始，设 $k = 0, p_c = 0.25$。

②判断是否满足循环终止条件，若满足收敛条件，则转向步骤(4)；否则转向步骤(3)。

③随机产生[0,1]分布随机数 r_k，如果 $r_k < p_c$，则选择 $\mathbf{V}_k$ 作为交叉的双亲之一；否则，令 $k \leftarrow k+1$，转向步骤(2)。

④结束。

设随机数序列为

$$r_1 = 0.625\,7, r_2 = 0.266\,8, r_3 = 0.288\,6, r_4 = 0.288\,6$$

$$r_5 = 0.163\,3, r_6 = 0.567\,5, r_7 = 0.085\,9, r_8 = 0.392\,9$$

$$r_9 = 0.770\,7, r_{10} = 0.548\,7$$

因为 $r_5 = 0.163\,3 \leqslant 0.25, r_7 = 0.085\,9 \leqslant 0.25$，于是染色体$(\mathbf{V}_5)'$和$(\mathbf{V}_7)'$被选出参加交叉。

本算例中采用单点交叉法，该方法通过随机地选择染色体基因码的某一个断点，然后交换双亲上断点的右端，生成子代。对于如下两个染色体，假设随机断点位于第 17 个基因之后，如下所示

$$(\mathbf{V}_1) = [10011011010010110 \vdots 000000010111001]$$

$$(\mathbf{V}_2) = [00101101010000110 \vdots 010110011001100]$$

交换双亲上断点的右端后得到的两个子代如下

$$(\mathbf{V}_1) = [10011011010010110 \vdots 010110011001100]$$

$$(\mathbf{V}_2) = [0010110101000011 \vdots 1000000010111001]$$

具体操作过程中，随机产生一个整数作为断点，$\text{pos} \in [1,32]$（因为33 是染色体的长度，所以断点位置是在总长度的前一位）。假设产生的 pos = 1，两染色体自第 1 位后切断，并交换染色体断点右端的基因，得到

$$(\mathbf{V}_5) = [1 \vdots 00110110100101101000000000101111001]$$

$$(\mathbf{V}_7) = [0 \vdots 01110101110011000000001010101001000]$$

$$\downarrow \text{交叉}$$

$$(\mathbf{V}_5)' = [1 \vdots 01110101110011000000001010101001000]$$

$$(\mathbf{V}_7)' = [0 \vdots 00110110100101101000000000010111001]$$

(6)变异

变异操作是以等于变异率的概率改变染色体上一个或几个基因。假设 $\mathbf{V}_1$ 的第 16 个基因被选来进行变异操作，该基因为 l，变异操作就是将其变为 0。于是变异后染色体为

$$\mathbf{V}_1 = [10011011010010110\ \underline{1}000000010111001]$$

$$\downarrow \text{变异得到新的染色体基因型}$$

$$(\mathbf{V}_1)' = [10011011010010110\ \underline{0}000000010111001]$$

设变异率 $p_m = 0.01$，即种群中平均有 1% 个基因发生变异。种群共有 $m \times \text{pop\_size} = 33 \times 10 = 330$ 个基因，这样每代平均有 3.3 个基因会发生变异。为使每个基因都有相同的机会发生变异，需要产生[0,1]间均匀分布的随机数序列 $r_k(k = l, \cdots, 330)$。假设有如下随机数

$$r_{105} = 0.009\,857 < 0.01$$

$$r_{164} = 0.003\,113 < 0.01$$

$$r_{105} = 0.000\,964 < 0.01$$

$$r_{105} = 0.001\,282 < 0.01$$

其他随机数均大于 0.01，则这些基因发生变异

位址	染色体号	位号	随机数
105	4	6	0.009 857
164	5	32	0.003 113
199	7	1	0.000 946
329	10	32	0.001 282

变异后的新种群为

$$(\mathbf{V}_1)' = [10011011010010110100000000010111001]$$

$$(\mathbf{V}_2)' = [10011011010010110100000000010111001]$$

$$(\mathbf{V}_3)' = [00101101010000110001011001100110\,0]$$

$$(\mathbf{V}_4)' = [11111\ \underline{1}00101110110001110100011110\,1]$$

$$(\mathbf{V}_5)' = [1011101011100110000000010101001\,0\ \underline{1}0]$$

$$(\mathbf{V}_6)' = [11010001001111100010011001110110\,1]$$

$$(\mathbf{V}_7)' = [\underline{1}0011011010010110100000000010111001]$$

$$(\mathbf{V}_8)' = [10011011010010110100000000010111001]$$

$$(\mathbf{V}_9)' = [00000101010010100110111101111111\,0]$$

$$(\mathbf{V}_{10})' = [0011101011100110000000101010010\underline{1}0]$$

相应的十进制值和适应度为

$$F(6.1599, 4.1096) = 29.4061$$
$$F(6.1599, 4.1096) = 29.4061$$
$$F(-0.3303, 4.1096) = 19.7632$$
$$F(11.9072, 4.8735) = 5.7028$$
$$F(8.0241, 4.1703) = 19.9102$$
$$F(9.3420, 5.1217) = 17.9587$$
$$F(6.1599, 4.1096) = 29.4061$$
$$F(6.1599, 4.1096) = 29.4061$$
$$F(-2.688, 5.3617) = 19.8052$$
$$F(0.4741, 4.1703) = 17.3709$$

至此,我们完成了一次遗传算法的迭代过程。实验运行在 1 000 代后结束,但算法在 149 代就得到了最佳的染色体,即

$$\mathbf{V}^* = [111110000000111000111101001010110]$$
$$x_1^* = 11.6314$$
$$x_2^* = 5.7248$$
$$\text{eval}(\mathbf{V}^*) = F(11.6314, 5.7248) = 38.8182$$
$$F(x_1^*, x_2^*) = 38.8182$$

这样,在若干代以后,遗传算法计算得到的适应度最好的个体所对应的解即被认为是问题的最优解。

下面将详细介绍遗传算法基本原理中的编码方法、适应度函数、选择复制、交叉/基因重组、变异运算等内容。

3.2.2.1 编码方法

在遗传算法的运行过程中,它不是直接对所求解问题的实际决策变量进行操作,而是对表示可行解的个体编码施加选择、交叉、变异等遗传运算,通过这种遗传操作来达到优化的目的。遗传算法通过对个体编码的操作,不断搜索出适应度值较高的个体,并在种群中逐渐增加其数量,最终获得问题的最优解或近似最优解。在遗传算法中,如何描述问题的可行解,即把一个问题的可行解从其解空间转换到遗传算法所能处理的搜索空间是一个重要环节,而这样的转换方法就称为编码方法。

编码问题是应用遗传算法时所要解决的首要问题,也是设计遗传算法时的一个关键步骤。编码方法除了决定个体的染色体排列形式之外,它还决定了个体从搜索空间的基因型交换到解空间的表现型时的解码方法,编码方法也影响到交叉算子、变异算子等遗传算子的运算方

法。由此可见，编码方法在很大程度上决定了如何进行群体的遗传进化运算，并且也在很大程度上影响遗传进化运算的效率。一个好的编码方法，有可能会使得交叉运算、变异运算等遗传操作简单地实现和执行。而一个差的编码方法却有可能会使得交叉运算、变异运算等遗传操作难以实现，也有可能会产生很多在可行解集合内无对应可行解的个体，这些个体经解码处理后所表示的解称为无效解。虽然有时产生一些无效解并不完全都是有害的，但大部分情况下它却是影响遗传算法运行效率的主要因素之一。

针对一个具体应用问题，如何设计一种完美的编码方案一直是遗传算法的应用难点之一，也是遗传算法的一个重要研究方向。Holland 提出的遗传算法是采用二进制编码来表现个体的遗传基因型，它采用的编码符号集由二进制符号 0 和 1 组成的，因此实际的遗传基因型是一个二进制字符串。这种二进制字符串的优点在于编码、解码操作简单，交叉、变异等遗传操作便于实现，而且便于利用模式定理进行理论分析等。其缺点在于，不便于反映所求问题的特性，对于一些连续函数的优化问题等，由于遗传算法的随机特性而使得其局部搜索能力较差，对于一些多维、高精度要求的连续函数优化，二进制编码存在着连续函数离散化时的映射误差，个体编码串较短时，可能达不到精度要求；而个体编码串的长度较长时，虽然能提高精度，但却会使算法的搜索空间急剧扩大，会造成遗传算法的计算性能降低。之后，许多学者对遗传算法的编码方法进行了多种改进。例如，为提高遗传算法局部搜索能力，提出了格雷码（Gray Code）编码；为改善遗传算法的计算复杂性、提高运算效率，提出了浮点数编码、符号编码方法等。

下面，我们从实际角度出发具体介绍其中的几种主要编码方法。

1. 二进制编码方法

遗传算法中最常用的一种编码方法是二进制编码方法，它使用的编码符号集是由二进制符号 0 和 1 所组成的二值符号集{0,1}，它所构成的个体染色体基因型是一个二进制编码符号串。

二进制编码符号串的长度与问题所要求的求解精度有关。假设有某一设计变量的取值范围是$[U_{\min}, U_{\max}]$，我们用长度为 l 的二进制编码符号串来表示该设计变量，则它总共能够产生 2^l 种不同的编码，若使设计变量编码时的对应关系为

$$00000000\cdots00000000 = 0 \quad \rightarrow U_{\min}$$

$$00000000\cdots00000001 = 1 \quad \rightarrow U_{\min} + \delta$$

$$11111111\cdots11111111 = 2^l - 1 \quad \rightarrow U_{\max}$$

则二进制编码的精度为

$$\delta = \frac{U_{\max} - U_{\min}}{2^l - 1} \tag{3.13}$$

假设某一个体的编码为

$$\boldsymbol{X}: b_l b_{l-1} b_{l-2} \cdots b_2 b_1$$

则对应的解码公式为

$$x = U_{\min} + \left(\sum_{i=1}^{l} b_i \cdot 2^{i-1}\right) \cdot \frac{U_{\max} - U_{\min}}{2^l - 1} \tag{3.14}$$

例如，对 $x \in [0,1023]$，若用 10 位长的二进制编码来表示该设计变量，则下述符号串

$$\boldsymbol{X}: 0010101111$$

就可表示一个个体，它所对应的参数值 $x = 175$，此时的编码精度为 $\delta = 1$。

二进制编码方法有下述两个优点。

(1)编码、解码等操作简单易行。

(2)交叉、变异等遗传操作便于实现。

2. Gray Code(格雷码)编码

Gray 编码是通过将二进制编码进行变换得到的编码。二进制编码不便于反映所求问题的结构特征，对于一些连续变量目标函数的优化问题等，由于遗传运算的随机特性而使得其局部搜索能力较差。为改进这个特性，人们提出用格雷码(Gray Code)来对个体进行编码。

格雷码是这样的一种编码方法，其连续的两个整数所对应的编码值之间仅仅只有一个码位是不相同的，其余码位都完全相同。

假设有一个二进制编码为 $B = b_m b_{m-1} b_{m-2} \cdots b_2 b_1$，其对应的格雷码为 $G = g_m g_{m-1} g_{m-2} \cdots g_2 g_1$。由二进制编码变换到格雷码的转换公式为

$$\begin{cases} g_m = b_m \\ g_i = b_{i+1} \oplus b_i, \quad i = m-1, m-2, \cdots, 1 \end{cases} \tag{3.15}$$

由格雷码变换回二进制码的转换公式为

$$\begin{cases} b_m = g_m \\ b_i = b_{i+1} \oplus g_i, \quad i = m-1, m-2, \cdots, 1 \end{cases} \tag{3.16}$$

在上面的两种转换公式中，$\oplus$代表异或运算符。

根据以上转换公式，十进制数 0 ~ 15 之间的二进制码和相应的格雷码分别如表 3.2 所示。

格雷码的特点为：任意两个相邻整数的差是这两个整数所对应的格雷码之间的海明距离(Hamming Distance)，即这两个二进制字符串的对应位不同的个数。如 10001001 和 10110001 之间的海明距离为 3。这个特点是遗传算法中使用格雷码来进行个体编码的主要原因。

遗传算法的局部搜索能力不强，其主要原因是，新一代群体的产生主要是通过上一代群体之间的随机交叉重组来完成的，所以即使已经搜索到最优解附近，而想要达到这个最优解，却要费一番周折，甚至需要花费较大的代价。对于用二进制编码方法表示的个体，变异操作之后虽然只有一个基因码的差异(个体基因型 $\boldsymbol{X}$ 的微小差异)，而对应的参数值却相差较大(个体表现型 $\boldsymbol{X}$ 相差较大)。但是，若使用格雷码来对个体进行编码，则编码串之间的一位差异，对应的参数值也只是微小的差别。这样就相当于增强了遗传算法的局部搜索能力，便于对连续函数进行小范围空间内的搜索。

表 3.2 二进制码与格雷码

十进制数	二进制数	格雷码	十进制数	二进制数	格雷码
0	0000	0000	8	1000	1100
1	0001	0001	9	1001	1101
2	0010	0011	10	1010	1111
3	0011	0010	11	1011	1110
4	0100	0110	12	1100	1010
5	0101	0111	13	1101	1011
6	0110	0101	14	1110	1001
7	0111	0100	15	1111	1000

例如,对于区间[0,1023]中两个邻近的整数 $x_1=175$ 和 $x_2=176$,若使用长度为 10 位的二进制编码,它们可分别表示为

$$\boldsymbol{X}_1:0\,0\,1\,0\,1\,0\,1\,1\,1\,1$$

$$\boldsymbol{X}_2:0\,0\,1\,0\,1\,1\,0\,0\,0\,0$$

而使用同样长度的格雷码,它们可分别表示为

$$\boldsymbol{X}_1:0\,0\,1\,1\,1\,1\,1\,0\,0\,0$$

$$\boldsymbol{X}_2:0\,0\,1\,1\,1\,0\,1\,0\,0\,0$$

显然,在使用格雷码时,两个编码中之间只有一位编码值差异;而使用二进制编码时,两个编码串之间却相差较大。

由于格雷码编码是二进制编码的一种变形,因此其编码精度与相同长度的二进制编码的精度相同。

格雷码编码方法的主要有以下两个优点。

(1)便于提高遗传算法的局部搜索能力。

(2)便于实现种群的交叉、变异等遗传操作。

3. 实数编码

对于某些多维、高精度要求的连续函数优化问题,使用二进制编码来表示个体时并不适合,主要原因有如下几点。

(1)二进制编码存在着连续函数离散化时的映射误差。当个体编码串的长度较短时,可能达不到精度要求;而当个体编码串的长度较长时,虽然能提高编码精度,但却会使遗传算法的搜索空间急剧扩大。

(2)二进制编码不便于反映所求问题的特定特征,也就不便于开发针对专门问题的遗传运算编码。这样,在优化过程中无法利用人们在一些经典优化算法的研究中所总结的一些宝

贵经验，不便于处理某些特殊的约束条件。

实数编码方法就是为了改进二进制编码方法的上述缺点而提出的。所谓实数编码方法，就是指个体的每个基因值用某一范围内的一个浮点数来表示，个体的编码长度等于所待解决的问题的设计变量数目。

例如，如果某一优化问题含有 5 个设计变量 $x_i(i=1,2,\cdots,5)$，每个变量都有其对应的上下限 $[U_{\min},U_{\max}]$，则

$$\boldsymbol{X}_i=(5.08,6.90,3.50,3.80,5.00)$$

就表示一个个体的基因型，其所对应的表现型是为 $X=[5.80\quad 6.90\quad 3.50\quad 3.80\quad 5.00]^{\mathrm{T}}$。

在实数编码方法中，必须保证基因值在给定的区间范围内，遗传算法中所使用的交叉、变异等遗传操作也必须保证其运算结果所产生的新个体的基因值也在这个区间范围内。除此之外，当用多个字节来表示一个基因值时，交叉运算必须在两个基因的分界字节处进行，而不能在某个基因的中间字节分隔处进行。

实数编码方法主要有以下几个优点。

(1) 适于在遗传算法中表示范围较大的数。

(2) 适于精度要求较高的优化问题。

(3) 便于较大空间的遗传搜索。

(4) 改善了遗传算法的复杂性计算过程，提高了运算效率。

(5) 便于遗传算法与经典优化方法的混合使用。

(6) 便于反应某些特定的优化问题，开发出针对专门问题的遗传算法。

(7) 便于处理复杂的设计变量约束条件。

4. 符号编码

符号编码是指个体染色体编码串中的基因值取自一个无数值含义、而只有代码含义的符号集。这个符号集可以是一个字母表，如 $\{A,B,C,D,\cdots\}$；也可以是一个数字序号表，如 $\{1,2,3,4,5,\cdots\}$；还可以是一个代码表，如 $\{A1,A2,A3,A4,A5,\cdots\}$ 等。

例如，对于某一旅行商问题，假设有 n 个城市分别记为 $C_1,C_2,\cdots,C_n$，将各个城市的代号按其被访问的顺序连接在一起，就可构成一个表示旅行路线的个体。如

$$\boldsymbol{X}:[C_1,C_2,\cdots,C_n]$$

就表示顺序访问城市 $C_1,C_2,\cdots,C_n$。若将各个城市按其代号的下标进行编号，则这个个体也可表示为

$$\boldsymbol{X}:[1,2,\cdots,n]$$

对于使用符号编码的遗传算法，一般需要认真设计交叉、变异等遗传运算操作，以满足问题的各种约束要求，这样才能提高算法的搜索性能。

3.2.2.2　适应度函数

遗传算法在进化搜索中基本不利用外部信息，仅以适应度函数（Fitness Function）为依据，

利用种群中每个个体的适应度值来进行搜索。因此适应度函数的选取至关重要，直接影响到遗传算法的收敛速度以及是否能找到最优解。一般而言，适应度函数是由目标函数变换而来的。我们把从目标函数域变换到适应度函数的某种映射变换称为适应度函数的尺度变换(Fitness Scaling)。

下面，我们将具体介绍一些关于适应度函数的相关问题。

1. 几种常见的适应度函数

一般来讲，适应度函数主要有以下几种。

(1) 直接以待求解的目标函数 $F(\boldsymbol{X})$ 转化为适应度函数 fit，即

若求目标函数最小值问题，则

$$\mathrm{fit}(F(\boldsymbol{X})) = -F(\boldsymbol{X}) \tag{3.17}$$

若求目标函数最大值问题，则

$$\mathrm{fit}(F(\boldsymbol{X})) = F(\boldsymbol{X}) \tag{3.18}$$

这种适应度函数的表达方法简单直观，但存在两个问题，一是可能不满足常用的轮盘赌选择中概率非负的要求；二是某些待求解问题的目标函数值分布不均匀，由此得到的平均适应度可能不利于体现种群的平均性能，因而影响算法的优化性能。

(2)对待求解的目标函数值做线性变换，转换为相应的适应度函数，即

若求目标函数最小值问题，则

$$\mathrm{fit}(F(\boldsymbol{X})) = \begin{cases} c_{\max} - F(\boldsymbol{X}), & F(\boldsymbol{X}) < c_{\max} \\ 0, & \text{其他} \end{cases} \tag{3.19}$$

式中，$c_{\max}$ 为 $F(\boldsymbol{X})$ 的最大估算值。

若求目标函数最大值问题

$$\mathrm{fit}(F(\boldsymbol{X})) = \begin{cases} F(\boldsymbol{X}) - c_{\min}, & F(\boldsymbol{X}) > c_{\min} \\ 0, & \text{其他} \end{cases} \tag{3.20}$$

式中，$c_{\min}$ 为 $F(\boldsymbol{X})$ 的最小估算值。

这种方法是对上一种方法的改进，可以称为“界限构造法”，但有时存在界限值预先估计困难、不可能精确的问题。

(3)对待求解的目标函数值做线性变换，取其倒数值作为适应度函数，即

若求目标函数最小值问题，则

$$\mathrm{fit}(F(\boldsymbol{X})) = \frac{1}{1 + c + F(\boldsymbol{X})} \quad (c \geqslant 0, c + F(\boldsymbol{X}) \geqslant 0) \tag{3.21}$$

若求目标函数最大值问题，则

$$\mathrm{fit}(F(\boldsymbol{X})) = \frac{1}{1 + c - F(\boldsymbol{X})} \quad (c \geqslant 0, c - F(\boldsymbol{X}) \geqslant 0) \tag{3.22}$$

这种方法与第二种方法相类似，c 为目标函数界限的保守估计值。

设计目标函数的适应度函数应该满足以下条件。

(1)单值、连续、非负

这个条件是很容易理解和实现的。

(2)合理、一致性

要求适应度能够反映对应解的优劣程度,是否能满足这个条件往往比较难以衡量。

(3)计算量小

设计的适应度函数应尽可能简单,这样可以减少计算时间和空间上的复杂性,降低计算成本。

(4)通用性强

适应度函数在某类具体问题中,应尽可能通用,最好无需使用者改变适应度函数中的参数。从目前而言,这个条件并不一定要满足。

2. 适应度函数的尺度变换

在遗传算法中,个体被遗传到下一代群体中的概率是由该个体的适应度来决定的。应用实践表明,采用上述各式进行个体适应度计算时,有些遗传算法收敛较快,但也有些遗传算法收敛较慢。由此可见,要如何确定适应度函数,对遗传算法的收敛性能具有较大影响。例如,在遗传算法运行的初期阶段,群体中可能会有少数几个个体的适应度相对其他个体来说非常高。若按照常用的比例选择方法来确定个体的遗传数量,则这几个相对较好的个体将在下一代群体中占有很高的比例,在极端情况下或当群体现模较小时,新的群体甚至完全由这样的少数几个个体所组成。这时,主要用来产生新个体的交叉算子也就起不了什么作用,因为相同的两个个体不论在何处进行交叉操作都永远不会产生出新的个体。群体的多样性降低了,这很容易导致遗传算法发生早熟现象(或称早期收敛),使得遗传算法所求得的解停留在某一局部最优点上。

为了克服上述现象,希望在遗传算法运行的初期阶段,算法能够对一些适应度较高的个体进行控制,一方面,降低其适应度与其他个体适应度之间的差异程度,从而限制其复制数量,以维护种群的多样性;另一方面,在遗传算法搜索的后期阶段,群体中所有个体的平均适应度可能会接近于群体中最佳个体的适应度。也就是说,大部分个体的适应度和最佳个体的适应度差异不大,它们之间无竞争力,都会有以相接近的概率被遗传到下一代的可能性,从而使得进化过程无竞争性可言,只是一种随机的选择过程,这将导致算法无法对某些重点区域进行重点搜索,从而影响遗传算法的运行效率。在这种情况下,应该改变原始适应值的比例关系,以提高个体之间的竞争力。

由此看来,不能完全依靠适应度函数来确定个体的适应度,有时在遗传算法运行的不同阶段,还需要对个体的适应度进行适当的扩大或缩小。这种对个体适应度所作的扩大或缩小变换就称为适应度尺度变换。

目前常用的个体适应度尺度变换方法主要有三种,即线性尺度变换、乘幂尺度变换和指数尺度变换,下面将详细介绍这三种方法。

(1)线性尺度变换法

设原适应度函数为f,变换后的适应度函数为f',则线性变换可采用表示为

$$f' = af + b \tag{3.23}$$

式中,系数a,b直接影响尺度变换的大小,其确定方法有多种,但对其选取要满足以下两个条件。

条件一:尺度变换后,新 适应度平均值要等于原适应度的平均值,并且种群中适应度接近于平均适应度的个体在下一代的期望选择值是1,即

$$f_{avg}' = f_{avg} \tag{3.24}$$

条件二:尺度变换后的新的适应度最大值应等于原适应度平均值的指定倍数,以控制适应度最大的个体在下一代中的复制数,即

$$f_{max}' = Cf_{avg} \tag{3.25}$$

式中,C为最佳个体的期望复制数量。试验表明,指定倍数C可在1.2~2.0范围内。即根据上述条件可确定线性比例的系数

$$a = \frac{(C-1)f_{avg}}{f_{max} - f_{avg}} \tag{3.26}$$

$$b = \frac{(f_{max} - Cf_{avg})f_{avg}}{f_{max} - f_{avg}} \tag{3.27}$$

如图3.4所示,线性交换法变换了适应度之间的差距,保持了种群内的多样性,并且计算简便,易于实现。如果种群内某些个体适应度远远低于平均值,有可能出现变换后适应度值为负的情况。为此,考虑到保证最小适应度值非负的条件,进行如下的变换

$$a = \frac{f_{avg}}{f_{avg} - f_{min}} \tag{3.28}$$

$$b = \frac{-f_{min}f_{avg}}{f_{avg} - f_{min}} \tag{3.29}$$

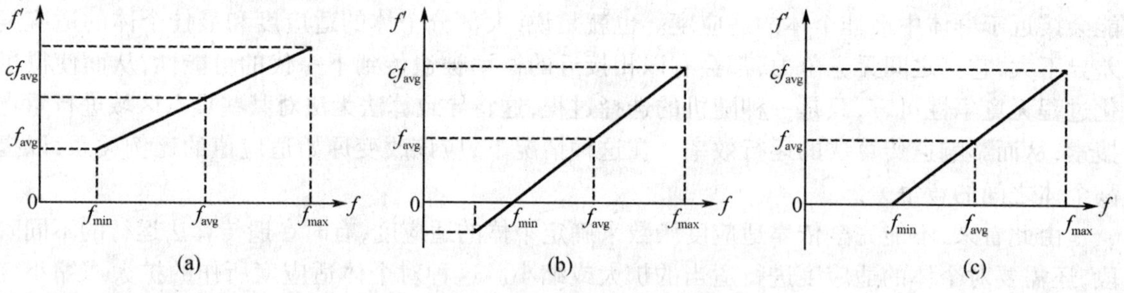

图3.4 适应度函数的线性调整

(a)正常情况;(b)适应度出现负值;(c)适应度出现负值时的变换

(2)幂函数尺度变换法

幂函数尺度变换公式为

$$f' = f^k \tag{3.30}$$

即新的适应度是原有适应度的某个指定乘幂。式中,幂指数 k 与所求的最优化问题有关,并且在算法的执行过程中需要不断对其进行修正,同时结合一些试验进行一定程度的精细变换才能获得较好的结果。

(3)指数尺度变换法

指数尺度变换公式为

$$f' = e^{-af} \tag{3.31}$$

即新的适应度是原适应度的某个指数。这种变换方法的基本思想来源于模拟退火过程,其中的系数 a 决定了选择的强制性,a 值越小,原有适应度较高的个体的新适应度与其他个体的新适应度相差愈大,也就越增加了选择该个体的强制性。

3.2.2.3　选择/复制

选择操作也称为复制操作,是从当前种群中按一定概率选出优良的个体,使它们有机会作为父代繁殖下一代子孙。选择过程的第一步是计算适应度值。显然这一操作借用了达尔文适者生存的进化原则,即个体适应度越高,其被选中的机会就越多。在被选集合中每一个体都具有个体选择概率,这个选择概率的大小取决于种群中个体适应度及其分布。下面将分别介绍个体选择概率的常用方法和遗传算法的选择方法。

1. 个体选择概率常用的分配方法

在遗传算法中,个体被选择进行交叉操作是按照概率进行的,适应度大的个体被选择的概率较大,但不能说一定能被选中;适应度小的个体被选择的概率较小,但也可能被选中。所以,首先要根据个体的适应度确定个体被选择的概率。个体选择概率常用的分配方法主要有以下两种。

(1)比例适应度分配法

按比例的适应度分配方法也叫蒙特卡洛法(Monte Carlo),是目前遗传算法中最基本,也是最常用的选择方法。在该方法中,各个体被选择的概率与其适应度值成比例。设某个种群规模大小为 M,个体 i 的适应度为 f_i,则其被选中的概率为

$$p_i = \frac{f_i}{\sum_{i=1}^{M} f_i} \tag{3.32}$$

(2)基于排序的适应度分配法

所谓基于排序的适应度分配法是计算每个个体的适应度之后,根据适应度的大小顺序对种群中个体进行排序,然后把事先设计好的概率按序分配给个体,作为各自的选择概率。表 3.2给出了排序选择方法中适应度与选择概率之间关系的例子。在基于排序的适应度分配

中，种群按目标值进行排序。适应度仅取决于个体在种群中的序位，而不是实际的目标函数值。排序方法的优点是克服了比例适应度计算的尺度问题，以及当选择压力太小的情况下，由于选择所导致搜索策略的过早收敛和停滞。而且对于极大值或极小值问题，不需要进行适应度的标准化和调节，可以直接使用原始适应度值进行排名选择。排序方法较比例选择法具有更好的鲁棒性，是一种比较好的选择方法。

表 3.2 排序法概率分配

排序	个体	适应度	选择概率
1	3	3	0.35
2	1	2.5	0.2
3	7	2.5	0.15
4	5	2.1	0.1

基于排序的适应度分配法分为线性排序和非线性排序两种。

①线性排序

线性排序选择概率分配法最初由 J. E. Baker 提出。他首先假设种群成员适应度大小从好到坏依次排列为 $x_1, x_2, \cdots, x_n$，然后根据线性函数给第 i 个个体 x_i 分配选择概率 p_i

$$p_i = \frac{a - bi}{M(M+1)} \tag{3.33}$$

然后按类似于轮盘赌选择方法选择父代以进行以后的操作。式(3.33)中，a，b 是常数。

②非线性排序

Z. Michalewicz 提出将种群中的成员按适应值从好到坏依次排列，并按下式分配选择概率

$$p_i = \begin{cases} q(1-q)^{i-1} & i = 1,2,\cdots,M-1 \\ (1-q)^{M-1} & i = M \end{cases} \tag{3.34}$$

式中，i 为个体排序序号，q 是常数，表示最好的个体的选择概率。

也可使用其他非线性函数来分配选择概率 p_i，只要满足以下条件。

条件一：若 $p = \{p_1, p_2, \cdots, p_M\}$ 且 $f(x_1) \geqslant f(x_2) \geqslant \cdots \geqslant f(x_M)$，则分配的概率 p_i 满足 $p_1 \geqslant p_2 \geqslant \cdots \geqslant p_M$。

条件二：$\sum_{i=1}^{M} p_i = 1$。

2. 遗传算法的选择方法

选择操作是根据个体的选择概率来确定哪些个体被选择进行交叉、变异等操作。基本的选择方法有轮盘赌选择法、随机遍历抽样法、锦标赛选择法及最佳个体保存法等，下面将对这些选择方法进行详细介绍。

(1)轮盘赌选择法(Rouletee Wheel Selection)

轮盘赌选择法在遗传算法中应用的最多。在轮盘赌选择法中,首先按个体的选择概率产生一个轮盘,轮盘每个区的角度与个体的选择概率成正比,然后产生一个随机数,它落入轮盘的哪个区域就选择相应的个体进行遗传、交叉和变异等操作。显然,选择概率大的个体被选中的可能性大。轮盘赌选择法是最简单的一种选择方法,在实际计算过程中,可按个体顺序求出每个个体的累积概率,然后产生一个随机数,最后通过选择相应区域的个体来完成选择过程。

如图表 3.3 表示了 11 个个体的适应度、选择概率和累积概率。为了选择交配个体,需要进行多轮选择。每一轮产生一个[0,1]之间的均匀随机数,将其作为选择指针来确定被选个体。例如,第 1 轮产生的随机数为 0.81,则第 6 个个体被选中,第 2 轮随机数为 0.32,则第 2 个个体被选中,依此类推,第 3,4,5,6 轮随机数为 0.96,0.01,0.65,0.42,则第 9,1,5,3 个个体依次被选中。

表 3.3　轮盘赌选择法的个体适应度、选择概率和累积概率

个体	1	2	3	4	5	6	7	8	9	10	11
适应度	2	1.8	1.6	1.4	1.2	1	0.8	0.6	0.4	0.2	0.1
选择概率	0.18	0.16	0.15	0.13	0.11	0.09	0.07	0.06	0.03	0.02	0
累积概率	0.18	0.34	0.49	0.62	0.73	0.82	0.89	0.95	0.98	1	1

(2)随机遍历抽样法(Stochastic Universal Sampling)

假设 N 为所需要选择的个体数目,那么等距离选择个体时,选择指针的距离规定为 $1/N$,第一个指针的位置由 $[0,1/N]$ 区间内的均匀随机数决定。如果需要选择 6 个个体,则指针间的距离为 $1/6=0.167$,产生的第一个指针的随机位置为 0.1,则第二个指针位置为 $0.1+0.167=0.267$,以后依次为 0.434,0.601,0.768,0.935。按这种选择方法,上例中被选中的个体分别为 1,2,3,4,6,8。

(3)锦标赛选择法(Tournament Selection)

该方法十分简单,其操作思想是从种群中随机地选择一定数目个体,组成一个联赛规模。在此联赛中,适应度最高的个体保存到下一代。再选择同样数目的个体组成联赛规模,同样,适应度最高的个体被保存到下一代。这一过程反复执行,直到保存到下一代的个体数达到预先设定的数目为止。

锦标赛选择法的优点是克服了基于适应度比例选择法和基于排序选择法在群体规模很大时,其额外计算量(如计算总体适应度或排序)不可避免地会变大的问题。它常常比轮盘赌选择得到更多的种群多样性。

显然,这种方式也使得适应度高的个体具有较大的生存机会。同时,由于它只使用适应度的相对值作为选择的标准,而与适应度的数值大小不成直接比例,从而也避免了超级个体的影响，一定程度上避免了过早收敛和停滞现象的发生。

作为锦标赛选择法的一种特殊情况，随机竞争方法(Stochastic Tournament)是每次按照轮盘赌选择方法选择一对个体，然后让两个个体进行竞争，适应度高者获胜。如此反复，直到选满为止。

(4)最佳个体保存法(Elitist Model)

遗传算法迭代过程中，通过对个体进行交叉、变异等遗传操作，群体的进化过程会不断地产生出越来越多新的优良个体，但由于选择、交叉、变异等遗传操作的随机性，也有可能破坏掉当前群体中适应度最好的个体。这种现象的发生会降低群体的平均适应度，并且对遗传算法的运行效率、收敛速度都有不利的影响。最佳个体保存法是把群体中适应度高的个体不进行交叉而直接复制到下一代中，保证遗传算法终止时得到的最后结果一定是历代出现过的最高适应度的个体。使用这种方法能够明显提高遗传算法的收敛速度。

最优保存策略进化模型的具体操作过程以下几点。

①找出当前群体中适应度最高的个体和适应度最低的个体。

②若当前群体中最佳个体的适应度比总的迄今为止的最好个体的适应度还要高，则以当前群体中的最佳个体作为新的迄今为止的最好个体。

③用迄今为止的最好个体替换掉当前群体中的最差个体。

最优保存策略可视为选择操作的一部分。该策略的实施可保证迄今为止所得到的最优个体不会被交叉、变异等遗传运算所破坏，它是遗传算法收敛性的一个重要保证条件。但另一方面，它也容易使得某个局部最优个体不易被淘汰掉反而快速扩散，从而使得算法的全局搜索能力不强。所以该方法一般要与其他一些选择操作方法配合起来使用，方可获得良好的效果。

另外，最优保存策略还可加以推广，即在每一代的进化过程中保留多个最优个体不参加交叉、变异等遗传运算，而直接将它们复制到下一代群体中。这种选择方法也称为稳态繁殖。

3.2.2.4 交叉/基因重组

在生物进化过程中，生物遗传基因的交叉重组是遗传和进化过程中的一个重要环节。同样，遗传算法中基因交叉重组对于遗传算法的寻优过程也起着核心作用。遗传算法中所谓的交叉，是指对两个相互配对的染色体按照某种方式交换部分基因，从而形成两个新的个体。

在遗传算法进行交叉运算之前，需要对种群中交叉个体进行配对。一般采用的配对方式是随机配对，即将群体中 M 个个体按照某种随机的方式组成 $M/2$ 对染色体组，交叉运算就是在这些染色体组之间进行。

下面将分别介绍二进制编码个体和实值编码个体的几种交叉运算方式。

1. 单点交叉(Single-point Crossover)

单点交叉又称简单交叉，它是指在个体编码串中随机设置一个交叉点，然后在该交叉点前或交叉点后互换两个个体的部分结构，生成两个新的个体。

考虑如下两个 10 位编码串的个体，假设交叉位置为 5，则交叉生成子为

父个体 1：01010⋮01101

父个体 2：10110⋮10010

↓交叉

子个体 1：01010　10010

子个体 2：10110　01101

2. 多点交叉(Muti-point Crossover)

多点交叉是单点交叉的推广。对于多点交叉,多个交叉位置可无重复的随机选择,配对的染色体组在交叉点之间交换染色体基因

考虑如下两个 10 位编码串的个体,假设交叉位置为 2,6,9,则交叉生成子代为

父个体 1：01 ⋮ 0100 ⋮ 110 ⋮ 1

父个体 2：10 ⋮ 1101 ⋮ 001 ⋮ 0

↓交叉

子个体 1：01　1101　110　0

子个体 2：10　0100　001　1

多点交叉可以促进解空间的搜索,避免遗传算法的过早收敛。

3. 均匀交叉(Uniform Crossover)

均匀交叉是染色体基因串上每一基因都以相同的交叉概率进行变换,从而形成两个新的个体 。均匀交叉实际上属于多点交叉的范围,其具体运算可通过设置一屏蔽字来确定新个体的各个基因如何由父代个体来提供。均匀交叉的主要操作过程如下所示。

(1)随机产生一个与个体编码串长度等长的由 0,1 组成的屏蔽字符串 $W = w_1 w_2 \cdots w_i \cdots w_l$,其中 l 为个体编码串长度。

(2)由下述规则从 A,B 两个父代个体中产生出两个新的子代个体 A',B'：若 $w_i = 0$,则 A' 在第 i 个基因上的基因值继承 A 在第 i 个基因上所对应的基因值,B'在第 i 个基因上的基因值继承 B 在第 i 个基因上所对应的基因值;$w_i = 1$,则 A'在第 i 个基因上的基因值继承 B 在第 i 个基因上所对应的基因值,B'在第 i 个基因上的基因值继承 A 在第 i 个基因上所对应的基因值。

均匀交叉操作的示例如下

$$\begin{matrix} A: x\ x\ x\ x\ x\ x\ x\ x\ x\ x \\ B: y\ y\ y\ y\ y\ y\ y\ y\ y\ y \end{matrix} \xrightarrow[W=0101010101]{\text{均匀交叉}} \begin{matrix} A': x\ y\ x\ y\ x\ y\ x\ y\ x\ y \\ B': y\ x\ y\ x\ y\ x\ y\ x\ y\ x \end{matrix}$$

4. 算数交叉(Arithmetic Crossover)

算数交叉是指由两个个体的线性组合而产生两个新个体。为了能够进行线性组合运算,算数交叉的操作对象一般是由实数编码所组成的个体。

假设在两个个体 $\boldsymbol{X}_A$,$\boldsymbol{X}_B$ 之间进行算数交叉,则交叉运算后所产生出的两个新个体分别为

$$\begin{cases} \boldsymbol{X}_A^{t+1} = \alpha \boldsymbol{X}_B^t + (1-\alpha)\boldsymbol{X}_A^t \\ \boldsymbol{X}_B^{t+1} = \alpha \boldsymbol{X}_A^t + (1-\alpha)\boldsymbol{X}_B^t \end{cases} \tag{3.35}$$

式中，α 为一参数，它可以是一个常数，此时所进行的交叉运算称为均匀算数交叉；它也可以是一个由进化代数所决定的变量，此时所进行的交叉运算称为非均匀算数交叉。

3.2.2.5　变异运算

变异运算与交叉运算都是产生新个体的方法，这两种方法所不同的是：交叉运算是遗传算法中产生新个体的主要方法，它决定了遗传算法的全局搜索能力；而变异运算是产生新个体的辅助方法，它决定了遗传算法的局部搜索能力。交叉运算与变异运算相辅相成，共同完成对搜索空间的全局搜索和局部搜索过程，从而使得遗传算法能够以良好的搜索性能完成最优化问题的寻优过程。

在遗传算法中使用变异运算主要有以下两个目的。

(1)改善遗传算法的局部搜索能力

遗传算法使用交叉运算能够从全局的角度出发找到一些较好的个体编码结构，它们已接近或有助于接近问题的最优解。但仅使用交叉运算无法对搜索空间的细节进行局部搜索。这时若再使用变异运算来调整个体编码串中的部分基因值，就可以从局部的角度出发使个体更加逼近最优解，从而提高了遗传算法的局部搜索能力。

(2)维持群体的多样性，防止出现早熟现象

变异运算用新的基因值替换原有基因值，从而可以改变个体编码串的结构，维持种群的多样性，这样就有利于防止早熟现象的出现。

变异操作是按位进行的，即把某一位上的内容进行变异。主要的变异方法有以下几种。

1. 二进制编码的变异方法

(1)基本位变异

基本位变异操作是指对个体编码串中以变异概率 p_m 随机指定的某一位或某几位基因座上的基因值进行变异运算，其具体操作过程已在前面作过介绍，此处不再赘述。

基本位变异操作改变的只是个体编码串中的个别几个基因座上的基因值，并且变异发生的概率也比较小，所以其发挥的作用比较小，效果也不明显。

(2)逆转变异

在个体编码中随机挑选两个点，称之为逆转点，将这两个逆转点之间的基因值以逆向排序插入到原来位置中。

假设某一10位编码串的个体 A，两逆转点分别为3,6，则逆转变异操作为

$$\text{个体}A:0\ \ 1\ \ \underbrace{0\ \ 1\ \ 0\ \ 1\ \ 1}_{\text{逆转点}}\ \ 1\ \ 0\ \ 1$$

$$\xrightarrow{\text{逆转}}\text{个体}A':0\ \ 1\ \ 1\ \ \underbrace{1\ \ 1\ \ 0\ \ 1\ \ 0}_{\text{逆转后}}\ \ 1\ \ 1\ \ 0\ \ 1$$

(3)互换变异

随机选取染色体的两个基因进行简单互换。

(4)移动变异

随机选取一个基因,向左或者向右移动一个随机位数。

(5)自适应变异

自适应变异与基本位变异的操作类似,唯一不同的是变异概率不是固定不变的,而是随群体中个体多样性程度而自适应调节。

2. 实数编码的变异方法

对于实数编码,可以采用如下变异方法。

(1)均匀变异(Uniform Mutation)

均匀变异操作是指分别用符合某一范围内均匀分布的随机数,以某一较小的概率来替换个体编码串中某个基因座上的原有基因值。

均匀变异的具体操作过程如下。

①依次指定个体编码串中的每个基因座为变异点。

②对每一个变异点,以变异概率 p_m 从对应基因的取值范围内取一随机数来替代原有基因值。

假设有一个体为 $\boldsymbol{X}=(x_1,x_2,\cdots,x_k,\cdots,x_l)$,若 x_k 为变异点,取值范围为$[U_{\min}^k,U_{\max}^k]$,则在该点对个体 $\boldsymbol{X}$ 进行均匀变异操作后,可得到一个新的个体 $\boldsymbol{X}=(x_1,x_2,\cdots,x_k',\cdots,x_l)$,其中变异点的新基因值是

$$x_k' = U_{\min}^k + r\cdot(U_{\max}^k - U_{\min}^k) \tag{3.36}$$

式中,r 为$[0,1]$范围内符合均匀概率分布的一个随机数。

均匀变异操作适用于遗传算法的初期阶段,它使得搜索点可以在整个搜索空间内自由地移动,从而可以增加群体的多样性,使算法能够获得更多的模式。

(2)非均匀变异(Non-uniform Mutation)

均匀变异操作取某一范围内均匀分布的随机数来替换原有基因值,可使得个体在搜索空间内自由移动。但另一方面,它却不便于对某一重点区域进行局部搜索。为改进这个性能,我们不是取均匀分布的随机数去替换原有的基因值,而是对原有基因值作一随机扰动,以扰动后的结果作为变异后的新基因值。对每个基因座都以相同的概率进行变异运算之后,相当于整个解向量在解空间中作了一个轻微的变动。这种变异操作方法就称为非均匀变异。

非均匀变异的具体操作过程与均匀变异相类似,但它着重搜索变异个体附近的微小区域。

在进行由 $\boldsymbol{X}=x_1,x_2,\cdots,x_k,\cdots,x_l$ 向 $\boldsymbol{X}'=x_1,x_2,\cdots,x_k',\cdots,x_l$ 的非均匀变异操作时,若变异点 x_k 处的基因值取值范围为$[U_{\min}^k,U_{\max}^k]$,则新的基因值 x_k' 由下式确定,即

$$x_k' = \begin{cases} x_k + \Delta(t, U_{\max}^k - \nu_k), & \text{if} \quad \text{random}(0,1) = 0 \\ x_k - \Delta(t, \nu_k - U_{\min}^k), & \text{if} \quad \text{random}(0,1) = 1 \end{cases} \tag{3.37}$$

式中,$\Delta(t,y)$(y 代表 $U_{\max}^k - x_k$ 和 $x_k - U_{\min}$)表示$[0,y]$范围内符合非均匀分布的一个随机数,要求随着进化代数 t 的增加,$\Delta(t,y)$接近于0的概率也逐渐增加。例如,$\Delta(t,y)$可按下式定义

$$\Delta(t,y) = y \cdot (1 - r^{(1-t/T)b}) \tag{3.38}$$

式中,r 为[0,1]范围内符合均匀概率分布的一个随机数,T 是最大进化代数,b 是一个系统参数,它决定了随机扰动对进化代数的依赖程度。

由式(3.37)和式(3.38)可知,非均匀变异可使得遗传算法在其初始阶段(t 较小时)进行均匀随机搜索,而在其后期运行阶段(t 较接近于 T 时)进行局部搜索,所以它产生的新基因值比均匀变异所产生的基因值更接近于原有基因值。故随着遗传算法的运行,非均匀变异就使得最优解的搜索过程更加集中在某一最有希望的重点区域中。

(3)高斯变异(Gaussian Mutation)

高斯变异是改进遗传算法对重点搜索区域的局部搜索性能的另一种变异操作方法。所谓高斯变异操作,是指进行变异操作时用符合均值为 μ、方差为 σ^2 的正态分布的一个随机数来替换原有基因值。由正态分布的特性可知,高斯变异也是重点搜索原个体附近的某个局部区域,高斯变异的具体操作过程与均匀变异相类似。

具体实现高斯变异时,符合正态分布的随机数 Q 可由一些符合均匀分布的随机数利用公式来近似产生。假定有 12 个在[0,1]范围内均匀分布的随机数 $r_i(i=1,2,\cdots,12)$,则符合 $N(\mu,\sigma^2)$ 正态分布的一个随机数 Q 可由下式求得

$$Q = \mu + \sigma \cdot \left(\sum_{i=1}^{12} r_i - 6\right) \tag{3.39}$$

在进行由 $X=(x_1,x_2,\cdots,x_k,\cdots,x_l)$ 向 $X'=(x_1,x_2,\cdots,x'_k,\cdots,x_l)$ 的高斯变异操作时,若变异点 x_k 处的基因值取值范围为 $[U_{\min}^k, U_{\max}^k]$,并假设

$$\mu = \frac{U_{\max}^k + U_{\min}^k}{2} \tag{3.40}$$

$$\sigma = \frac{U_{\max}^k - U_{min}^k}{6} \tag{3.41}$$

则根据公式(3.41),新的基因值 x'_k 可由下式确定

$$x'_k = \frac{U_{\max}^k + U_{\min}^k}{2} + \frac{U_{\max}^k - U_{\min}^k}{2} \cdot \left(\sum_{i=1}^{12} r_i - 6\right) \tag{3.42}$$

3.2.3 遗传算法控制参数设置

遗传算法中需要选择的运行参数主要有个体编码串长度 l、群体大小 M、交叉概率 p_c、变异概率 p_m 及终止代数 T 等。这些参数对遗传算法的运行性能影响较大,需认真选取。

(1)编码串长度 l

使用二进制编码来表示个体时,编码串长度 l 的选取与问题所要求的求解精度有关;使用浮点数编码来表示个体时,编码串长度 l 与设计变量的个数 n 相等;使用符号编码来表示个体

时，编码串长度 l 由问题的编码方式来确定；另外，也可使用变长度的编码来表示个体。

(2)种群大小 M

种群大小 M 表示种群中所含个体的数量。当 M 取值较小时，可提高遗传算法的运算速度，但却降低了群体的多样性，有可能会引起遗传算法的早熟现象；而当 M 取值较大时，又会使得遗传算法的运行效率降低。一般建议 M 的取值范围是 20 ~100。

(3)交叉概率 p_c

交叉操作是遗传算法中产生新个体的主要方法，所以交叉概率一般应取较大值。但若 p_c 取值过大，会破坏种群中的优良个体，对进化运算反而产生不利影响；若 p_c 取值过小，产生新个体的速度又较慢。一般建议 p_c 的取值范围是 0.4 ~0.99。另外，也可使用自适应的思想来确定交叉概率。

(4)变异概率 p_m

若变异概率 p_m 取值较大，虽然能够产生出较多的新个体，但也有可能破坏掉很多较好的个体，使得遗传算法的性能近似于随机搜索算法的性能；若变异概率 p_m 取值太小，则变异操作产生新个体的能力和抑制早熟现象的能力就会有所降低。一般建议 p_m 的取值范围是 0.005 ~0.1。另外，也可使用自适应的思想来确定变异概率 p_m。

(5)终止代数 T

终止代数 T 是表示遗传算法运行结束条件的一个参数，它表示遗传算法运行到指定的进化代数之后就停止运行，并将当前种群中的最佳个体作为所求问题的最优解输出。一般建议 T 的取值范围是 100 ~1 000。

至于遗传算法的终止条件，还可以利用某种判定准则，当判定出群体已经进化成熟且不再有进化趋势时就可终止算法的运行过程。常用的判定准则主要有以下两种方式。

①连续几代个体平均适应度的差异小于某一个极小的阙值。

②群体中所有个体适应度的方差小于某一个极小的阙值。

3.2.4　遗传算法的基本流程

遗传算法是一种随机启发式优化算法，但它不是简单的随机比较搜索过程，而是通过对染色体的评估和对染色体中基因进行有目的的操作，有效地利用已知的信息来指导搜索种群质量较上一代有所改善的个体图 3.5 为标准遗传算法计法框图。

标准遗传算法的主要步骤可描述如下。

(1)随机产生一组初始个体构成初始种群，并评价每一个体的适应度值(Fitness Value)。

(2)判断是否满足算法终止条件，若满足算法终止条件，则输出搜索结果；否则转向步骤(3)。

(3)根据适应度值大小以一定选择方法执行选择操作。

(4)按交叉概率 p_c 执行交叉操作。

(5)按变异概率 p_m 执行变异操作。

(6)返回步骤(2)。

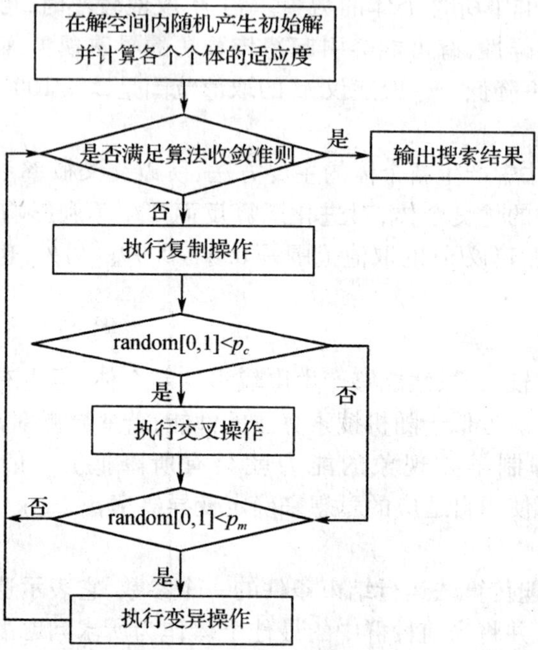

图 3.5 标准遗传算法计算框图

上述算法中,适应度是对染色体(个体)进行评价的一种指标,是遗传算法进行优化所用的主要信息,它与个体的目标函数值之间存在着一种对应关系;选择操作通常采用比例复制,即复制概率正比于个体的适度值,如此意味着适度值高的个体在下一代中被选择的概率大,从而提高了种群的平均适度值;交叉操作通过交换两父代个体的部分信息而产生新的后代个体,使得后代继承父代的一些信息,从而有助于产生优良个体;变异操作通过随机改变个体中某些基因而产生新个体,有助于增加种群的多样性,避免早熟现象的发生。

3.2.5 遗传算法的改进

自从 1975 年 J. H. Holland 系统地提出遗传算法以来,遗传算法的基本理论日趋成熟。遗传算法的主要任务和目的是设法在进化过程中产生充分表征解空间的优良个体,并且算法的收敛效率要好,同时要避免早熟收敛现象的发生。但是,实际应用遗传算法时,往往出现早熟收敛或收敛性能差等缺点。多年来众多学者一直致力于推动遗传算法发展方面的研究,对编码方法、控制参数的确定、选择方式和交叉操作等进行深入研究,针对基因编码、种群的遗传操作以及并行化遗传算法进行探讨，引入了动态策略和自适应策略以改善遗传算法的性能，提出了各种各样改进了的遗传算法（Variants of Canonical Genetic Algorithms，VCGA）。其基本改进策略主要有以下几个方面，即改变遗传算法的组成成分或使用技术，如选用优化控制参数、适合问题特性的编码技术等；采用混合遗传算法；采用动态自适应技术，在进化过程中调整算法控制参数和编码方法；采用非标准的遗传操作运算；采用并行遗传算法等。下面将介绍几种遗传算法的改进方法。

3.2.5.1 分层遗传算法

对于一个优化问题，首先随机地生成 $N \times n$ 个样本（$N \geqslant 2, n \geqslant 2$），然后将它们分成 N 个子种群，每个子种群包含 n 个样本。对每个子种群独立地运行各自的遗传算法，记它们为 GA_i（$i=1,2,\cdots,n$）。这 N 个遗传算法最好在设置特性上有较大差异，这样就可以为将来的高层遗传算法产生更多差异较大、且性能优良的个体。

在每个子种群的遗传算法运行到一定代数后，将 N 个遗传算法的结果种群记录到二维数组 $R[1\cdots N,1\cdots n]$ 中，则 $R[i,j]$（$i=1\cdots N, j=1\cdots n$）表示 GA_i 的结果种群中的第 j 个个体。同时，将 N 个结果种群的平均适应度值记录到数组 $A[1\cdots N]$ 中，$A(i)$ 表示 GA_i 的结果种群平均适应度值。高层遗传算法与普通遗传算法的操作相类似，也可分成如下三个步骤。

1. 选择

基于数组 $A[1\cdots N]$，即 N 个遗传算法的平均适应度值，对数组 R 代表的结果种群进行选择操作，一些结果种群由于它们的平均适应度值高而被复制，甚至复制多次；另一些结果种群由于它们的种群平均适应度值低而被淘汰。

2. 交叉

如果 $R[i,1,\cdots,n]$ 和 $R[j,1,\cdots,n]$ 被随机地匹配到一起，而且从位置 x 进行交叉（$1 \leqslant i, j \leqslant N; 1 \leqslant x \leqslant n-1$），则 $R[i,x+1,\cdots,n]$ 和 $R[j,x+1,\cdots,n]$ 相互交换相应的部分。这一步骤相当于交换 GA_i 和 GA_j 中结果种群的 $n-x$ 个个体。

3. 变异

以很小的概率将少量的随机生成的新个体替换 $R[1\cdots N,1\cdots n]$ 中随机抽取的个体。

至此，高层遗传算法的第一轮运行结束。N 个遗传算法 GA_i（$i=1,2,\cdots,n$）可以从相应于新的 $R[1\cdots N,1\cdots n]$ 种群继续各自的操作。

在 N 个 GA_i 各自运行到一定代数后，再次更新数组 $R[1\cdots N,1\cdots n]$ 和 $A[1\cdots N]$，并开始高层遗传算法的第二轮运行。继续循环操作，直至得到满意的结果。

上述改进的遗传算法，称为分层遗传算法（Hierarchic Genetic Algorithm，HGA）。N 个低层遗传算法中的每一个 GA_i 在经过一段时间后均可以获得位于个体串上的一些特定位置的优良个体。通过高层遗传算法的操作，GA_i（$i=1,2,\cdots,n$）可以获得包含不同种类的优良性能的新个体，从而为它们提供了更加平等的竞争机会。这种改进的遗传算法与并行或分布遗传算法相比，在上一层的个体交换上，它不需要人为地控制交换哪些个体，也不需要人为地指定将各处理器传输出的个体送被往哪个处理器,或者从哪个处理器接受个体。这样改进的遗传算法不但在每个处理器上运行着遗传算法,同时对各处理器不断生成的新种群进行着高一层的运算和控制。

分层遗传算法的计算框图如图 3.6 所示。

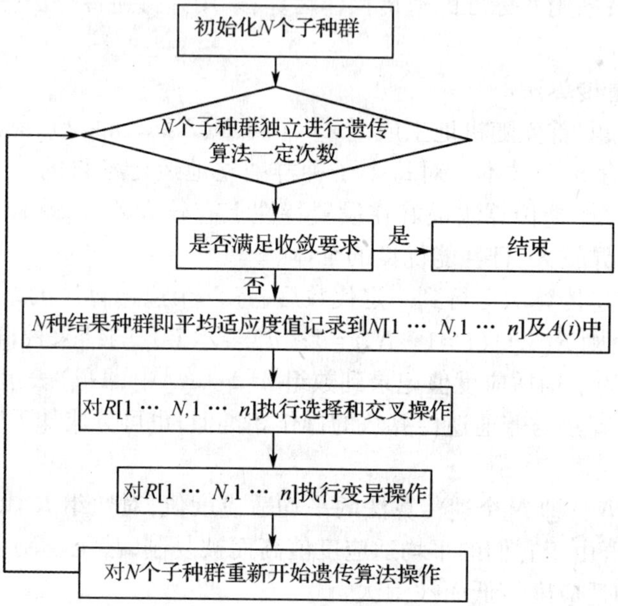

图 3.6 分层遗传算法

3.2.5.2 CHC 遗传算法

CHC 遗传算法是 Eshelman 于 1991 年提出的,它是一种改进的遗传算法的简称,第一个 C 代表跨世代精英选择(Cross Generational Elitist Selection)策略,H 代表异物种重组(Heterogeneous Recombination),第二个 C 代表大变异(Cataclysmic Mutation)。CHC 算法与基本遗传算法的不同点在于基本遗传算法的遗传操作比较单纯,简单地实现并行处理;而 CHC 算法牺牲这种单纯性,换取遗传操作的更好效果,并强调优良个体的保留机制。下面详细介绍 CHC 遗传算法的操作过程。

1. 选择

通常,遗传算法是依据个体的适应度进行个体复制过程来完成选择操作的,而在 CHC 算法中,上一代种群与通过交叉方式产生的新个体群混合起来,从中按照概率选择方法来选择较优秀的个体。这一策略称为跨世代精英选择,其明显的优点表现为以下两方面。

(1)鲁棒性

由于这一选择策略,即使当交叉操作产生较劣个体偏多时,由于原种群大多数个体残留,不会引起个体平均适应度的降低。

(2)多样性保持

在遗传过程中,由于较大的个体种群操作,可以更好地保持进化过程中的种群多样性。

2. 交叉

CHC 算法采用的交叉操作是对均匀交叉的一种改进方法。均匀交叉对父代个体的各位位值以相同的概率实行交叉操作。而在 CHC 中的改进之处在于:当两个父代个体位值相异的位数为 m 时,从中随机选取 $m/2$ 个位置,实行父代个体位值的互换。显然,这样的操作对种群中的个体具有很强的破坏性。因此,确定一阙值,当个体间的海明距离(Hamming Distance)低于该阙值时,不进行交叉操作。并且,随着种群的进化收敛,逐渐地减小该阙值。

3. 变异

CHC 算法在进化初期的阶段不进行变异操作,而是当种群进化到一定的收敛时期,再从优秀个体中选择一部分个体进行初始化操作。该初始化的本质即是变异操作,方法是选择一定比例的基因位置,按照一定的比例值随机地决定这些基的位值,这个比例值称为扩散率,一般取 0. 35。具体操作是随机产生一个随机数,若该随机数大于扩散率,则改变该基因上的基因值,原来基因上的基因值若为 0,变异后的基因值为 1;若原来基因上的基因值为 1,变异后的基因值为 0。

这一初始化过程完成之后,可考察算法的收敛性,若收敛,则结束算法;否则,再返回到选择操作过程,继续进行交叉变异等操作,直至算法收敛为止。

3.2.5.3　自适应遗传算法

遗传算法参数中的交叉概率 P_c 和变异概率 P_m 的选择是影响遗传算法优化过程和优化性能的关键,直接影响算法的收敛性。对于交叉概率 P_c,其值越大,新个体产生的速度就越快,然而,P_c 过大时遗传个体被破坏的可能性也就越大,使得具有高适应度的个体结构很快就会被破坏;但是如果 P_c 过小,会使搜索过程缓慢,甚至停滞不前。对于变异概率 P_m,若 P_m 取值过大,那么遗传算法就变成了纯粹的随机搜索算法,但若 P_m 过小,就不易产生新的个体结构。针对不同的优化问题,需要反复实验来确定 P_c 和 P_m,这是一件繁琐的工作,而且很难找到适应于每个问题的最佳 P_c 和 P_m 值。Srinvivas 等提出一种自适应遗传算法(Adaptive GA, AGA),P_c 和 P_m 能够随适应度自动改变。当种群中各个体适应度趋于一致或者趋于局部最优时,则增加 P_c 和 P_m 值,而当群体适应度比较分散时,减少 P_c 和 P_m 值。同时,对于适应度值高于群体平均适应值的个体,对应于较低的 P_c 和 P_m 值,使得该解得到保护进入下一代;而对适应度值低于平均适应值的个体,则相对应于较高的 P_c 和 P_m 值,使得该解容易被淘汰掉。因此,自适应的 P_c 和 P_m 能够提供相对某个解的最佳 P_c 和 P_m 值。自适应遗传算法在保持群体多样性的同时,也能够保证遗传算法的收敛性。图 3. 7 为自适应交叉率和变异率示意图。

在自适应遗传算法中,P_c 和 P_m 按如下公式进行自适应调整

$$P_c = \begin{cases} \dfrac{k_1(f_{max} - f)}{f_{max} - f_{avg}} & f \geqslant f_{avg} \\ k_2 & f < f_{avg} \end{cases} \tag{3.43}$$

$$P_m = \begin{cases} \dfrac{k_3(f_{max} - f')}{f_{max} - f_{avg}} & f' \geqslant f_{avg} \\ k_4 & f' < f_{avg} \end{cases} \tag{3.44}$$

式中，f_{max}为群体中最大的适应度值；f_{avg}为每一代群体的平均适应度值；f为交叉的两个个体中较大个体的适应度值；f'为变异个体的适应度值。

这里，只要设定 k_1,k_2,k_3,k_4 取(0,1)区间的值，就可以自适应调整。

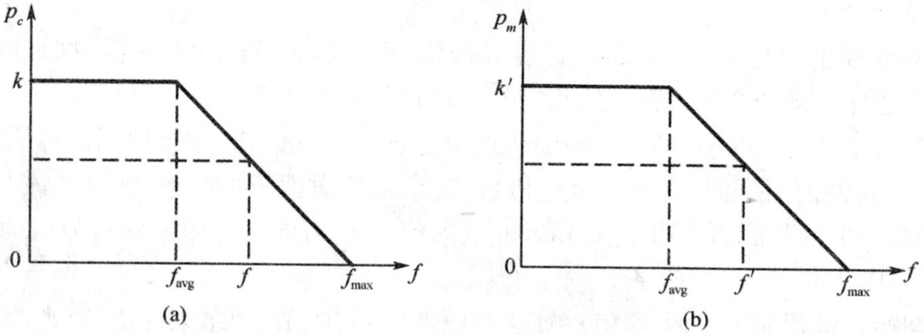

图 3.7 自适应交叉率和变异率

(a)自适应的交叉概率($k=k_1=k_2$)；(b)自适应的变异概率($k'=k_3=k_4$)

当适应度值低于平均适应度值时，说明该个体的性能不好，对其就应采用较大的交叉率和变异率；若适应度值高于平均适应度值，则说明该个体的性能优良，对其就应根据其适应度值取相应的交叉率和变异率。可以看出，当适应度值越接近最大适应度值时，交叉率和变异率就越小；当等于最大适应度值时，交叉率和变异率的值为零。这种调整方法对于群体处于进化后期比较合适，但对于进化初期不利，因为进化初期群体中的较优的个体几乎处于一种不发生变化的状态，而此时的优良个体不一定是优化的全局最优解，这容易使进化走向局部最优解。为此，可以作进一步的改进，使群体中最大适应度值的个体的交叉率和变异率不为零，分别提高到 P_{c2}和 P_{m2}，这就相应地提高了群体中表现优良的个体的交叉率和变异率，使得它们不会处于一种近似停滞不前的状态。为了保证每一代的优良个体不被破坏，采用精英选择策略，将它们直接复制到下一代中。

经过上述改进，P_c 和 P_m 计算表达式为

$$P_c = \begin{cases} P_{c1} - \dfrac{(P_{c1} - P_{c2})(f - f_{avg})}{f_{max} - f_{avg}}, & f \geqslant f_{avg} \\ P_{c1}, & f < f_{avg} \end{cases} \tag{3.45}$$

$$P_m = \begin{cases} P_{m1} - \dfrac{(P_{m1} - P_{m2})(f_{max} - f)}{f_{max} - f_{avg}}, & f' \geqslant f_{avg} \\ P_{m1}, & f' < f_{avg} \end{cases} \tag{3.46}$$

式中，$P_{c1} = 0.9$，$P_{c2} = 0.6$，$P_{m1} = 0.1$，$P_{m2} = 0.0001$。

3.2.5.4　基于小生境技术的遗传算法

生物学上，将特定环境中的一种组织功能称为小生境(Niche)。在自然界中，特征、性状相似的物种往往相聚在一起，并在同类中交配繁衍后代。在用遗传算法求解多峰值函数的优化问题时，经常是只能找到个别的几个最优解，得到的往往是局部最优解。我们希望优化算法能够找出全部的最优解，引进小生境的概念，有助于实现这样的目的。

小生境技术就是将每代种群中的个体划分为若干类，每个类中选出若干适应度较大的个体作为一个类的优秀代表组成一个种群，再在种群中以及不同种群之间通过杂交、变异等产生新一代个体群，同时采用预选择(Preselection)机制、排挤(Crowding)机制或共享(Sharing)机制完成选择操作。基于这种小生境技术的遗传算法(Niched Genetic Algoriths，NGA)，可以更好地保持解的多样性，同时具有很高的全局寻优能力和收敛速度，特别适合于复杂多峰函数的优化问题。

模拟小生境的方法主要是建立在对常规选择操作的改进基础之上。Cavichio 在 1970 年提出了基于预选择机制的选择策略，其基本做法是当新产生的子代个体的适应度超过其父代个体的适应度时，所产生出的子代个体才能代替其父代个体而遗传到下一代群体中，否则父代个体仍保留在下一代群体中。由于子代个体和父代个体之间编码结构的相似性，所以替换掉的只是一些编码结构相似的个体，故它能够有效地维持群体的多样性，并造就小生境的进化环境。

De Jong 在 1975 年提出了基于排挤机制的选择策略，其基本思想来源于在一个有限的生存空间中，各种不同的生物为了能够延续生存，它们之间必须相互竞争各种有限的生存资源。因此，在算法中设置一个排挤因子 CF(一般取 $CF=2$ 或 3)，由群体中随机选取的 M/CF 个个体组成排挤成员，然后依据新产生的个体与排挤成员的相似性来排挤一些与排挤成员相类似的个体，个体之间的相似性可用个体编码串之间的海明距离来度量。随着排挤过程的进行，群体中的个体逐渐被分类，从而形成一个个小的生存环境，并维持了群体的多样性。

共享机制的选择策略是 Goldberg 等于 1987 年提出的。其基本做法是利用个体之间相似程度的共享函数来调整群体中各个个体的适应度，从而在群体的进化过程中，算法能够依据这个调整后的新适应度来进行选择操作，以维护群体的多样性，创造出小生境的进化环境。共享函数(Sharing Function)是表示群体中两个个体之间密切关系程度的函数，可记为 $S(d_{ij})$。其中，d_{ij}表示个体 i 与个体 j 之间的某种关系。例如，个体基因之间的海明距离就可定义为一种共享函数。这里个体之间的密切程度要体现在个体基因型的相似性或者个体表现型之间的相似性上。当个体之间比较相似时，其共享函数值就比较大；反之，当个体之间不大相似时，其共享函数值就比较小。

适应度共享函数的直接目的是将搜索区间的多个不同峰值在地理上区分开来,每一个峰值处接受一定比例数目的个体,比例大小与峰值高度有关。为了实现这样的分布,共享法将个体的适应度降低,即适应度 f_i 除以一个 Niche 计数 m_i 获得共享函数,Niche 计数 m_i 是个体密集程度的估计,即

$$m_i = \sum_{j \in \mathrm{Pop}} Sh(d(i,j)) \tag{3.47}$$

式中,$d(i,j)$ 是个体 i 和 j 之间的距离,$Sh[d]$ 是共享函数,它是一个递减函数,且 $Sh(0)=1$,$Sh(d_{\text{share}})=0$。

下面是个典型的三角共享函数

$$Sh(d) = \begin{cases} 1 - \dfrac{d}{\sigma_{\text{share}}}, & d \leqslant \sigma_{\text{share}} \\ 0, & d > \sigma_{\text{share}} \end{cases} \tag{3.48}$$

这里 σ_{share} 是 Niche 半径,由使用者自己给定,它是较好峰值之间个体的最小距离。在距离为 σ_{share} 的范围内的个体彼此削减适应度。因为这些个体 Niche 大小相同,因此收敛在一个 Niche 内,避免了整个种群的收敛;当一个 Niche 添满时,其 Niche 计数增大,使共享函数低于其他的 Niche 。Goldberg 和 Richardson(1987)指出当所有 Niche 的共享函数相等时,就达到一种平衡状态,即

$$\frac{f_i}{m_i} = \frac{f_j}{f_j} \tag{3.49}$$

适应度函数共享或多或少独立于使用的选择方法。当共享法与比较流行的竞争选择法结合起来,这种遗传算法会出现混沌现象(Goldberg,1991),Goldberg 建议将连续变化的共享法与竞争选择法结合起来,Niche 计数的计算采用当前种群,而不是采用部分添满的下世代种群。

为了定义一个 Niche,我们采用一种将海明距离测度(基因型差异)与适应度距离(表现型差异)相结合的方法。若 $d_1(x_i,x_j)$ 为任意两个个体 x_i 和 x_j 的海明距离,$d_2(x_i,x_j)$ 是适应度距离,这时共享函数可以定义为

$$S(x_i,x_j) = \begin{cases} 1 - \dfrac{d_1(x_i,x_j)}{\sigma_1}, & \text{若 } d_1(x_i,x_j) < \sigma_1, d_2(x_i,x_j) \geqslant \sigma_2 \\ 1 - \dfrac{d_2(x_i,x_j)}{\sigma_2}, & \text{若 } d_1(x_i,x_j) \geqslant \sigma_1, d_2(x_i,x_j) < \sigma_2 \\ 1 - \dfrac{d_1(x_i,x_j)\,d_2(x_i,x_j)}{\sigma_1\sigma_2}, & \text{若 } d_1(x_i,x_j) < \sigma_1, d_2(x_i,x_j) < \sigma_2 \\ 0, & \text{其他} \end{cases} \tag{3.50}$$

这里 σ_1 和 σ_2 是 Niche 半径,即分别代表一个 Niche 内个体的基因型最大距离和表现型的最大距离。

个体适应度函数在共享后变为如下形式

$$f'(x_i) = \frac{f(x_i)}{\sum_{j=1}^{M} s(x_i, x_j)} \tag{3.51}$$

3.2.5.5 混合遗传算法

梯度法、爬山法及模拟退火法等一些优化算法具有很强的局部搜索能力，而另一些含有与问题相关的启发式算法的运行效率也比较高。融合这些优化方法的思想，构成一种新的混合遗传算法(Hybrid Genetic Algorithm)，是提高遗传算法运行效率和求解质量的一种有效手段。目前，混合遗传算法的实现方法主要体现在两个方面，一是引入局部搜索过程；二是增加编码变换操作过程。

在构成混合遗传算法时，De Jong 提出以下三个基本原则。

(1)尽量采用原有算法的编码方法。

(2)利用原有算法全局搜索的优点。

(3)改进遗传算子。

1. 遗传算法与最速下降法相结合的混合遗传算法

最速下降法(Steepest Descent Method)也称梯度法，是无约束极小化问题的基本方法。为求目标函数 $F(\boldsymbol{X})$ $(\boldsymbol{X} \in R^n)$ 的极小点，从变量空间的某点 $\boldsymbol{X}^{(k)}$ 出发，沿 $F(X)$ 在此点的负梯度 $-\nabla F(\boldsymbol{X}^{(k+1)})$ 方向求它的极小点 $\boldsymbol{X}^{(k+1)}$，即求步长 α，使

$$F(\boldsymbol{X}^{(k)} - \alpha_k \nabla F(\boldsymbol{X}^{(k)})) = \min_{\alpha} F(\boldsymbol{X}^{(k)} - \alpha \nabla F(\boldsymbol{X}^{(k)}))$$

并令

$$\boldsymbol{X}^{(k+1)} = \boldsymbol{X}^{(k)} - \alpha_k \nabla F(\boldsymbol{X}^{(k)})$$

如此反复进行，得到点集 $\{\boldsymbol{X}^{(k)}\}$。在一定条件下，可以证明集合 $\{\boldsymbol{X}^{(k)}\}$ 收敛于 $F(\boldsymbol{X})$ 的极小点 X^*。在此优化算法中，初始点是预先选定的。在实际计算时，若给定了终止误差 $\varepsilon > 0$，则进行到 $\| \nabla F(\boldsymbol{X}^{(k)}) \| < \varepsilon$ 时，算法结束，$\boldsymbol{X}^{(k)}$ 作为 $\boldsymbol{X}^*$ 的近似值输出。

最速下降法虽然易于实现，有一阶的收敛速度，但其所求得的是局部最优解，并不能保证是全局最优性。针对最速下降法和遗传算法在最优化问题上的不足，综合两种方法各自的优势，产生两者相结合的适用于求解连续可微函数的全局优化问题的混合算法，简称为 HGACSDM (Hybrid Genetic Algorithm Combined with Steepest Descent Method)。在这种混合算法中，为加速遗传算法在全局优化问题上的收敛性，发挥传统数值优化算法在计算速度和计算精度上的优势，在遗传算法中嵌入了一个最速下降运算过程。该最速下降运算主要进行的是传统最速下降法中的一维搜索运算。即在每次繁殖中产生的新的子代，都要以概率 P_s 判断其是否需要进行一维搜索运算。由于最速下降法的线性搜索运算是一种能保证迭代产生的点集是函数单调下降的良好的局部极值数值优化算法，因此经最速下降运算的线性搜索运算产生的新的个体继承了其父代的优良品质。因而，可用后代取代父代进入候选群体以待选择新的子代，而不

需要父代和子代都进入子代候选群体。

混合算法中的遗传运算——交叉运算、变异运算和选择运算的作用是宏观搜索，处理的是大范围搜索问题，而最速下降运算中的线性搜索过程的作用是局部极值搜索，即微观搜索，处理的是小范围搜索和加速搜索问题。

最速下降运算的线性搜索可采用黄金分割法，概率 P_s 值的大小应能够保证在繁殖过程中使群体中的每个个体都有机会得到一定次数的最速下降运算的线性搜索。因此，确定最速下降运算过程中的概率 P_s 值应考虑以下两方面因素。

(1)所优化函数的一维搜索迭代的收敛性

若其一维搜索迭代收敛较快，则相应的 P_s 值可取小一些；否则，则相应的 P_s 值应取大一些。

(2)最大进化代数

若最大进化代数较大，则相应的 P_s 值可取小一些；否则，则相应的 P_s 值应取大一些。

2. 遗传算法与模拟退火算法相结合的混合遗传算法

下面介绍一种混合遗传算法——模拟退火遗传算法(Simulated Annealing Genetic Algorithm, SAGA)。

设组合优化问题的一个解 i 及其所对应的目标函数值分别与固体的微观状态 i 及其能量 E_i 等价。现令随着算法进程逐渐缩小的控制参数 t 担当固体退火过程中的温度 T 的角色，则对于控制参数 t 的每一个取值，算法应重复进行"产生新解——判断——接受/舍弃"的迭代过程就对应于固体在某一恒定温度下趋于热平衡的过程。将从统计物理学中获得的 Metropolis 接受准则应用于确定从当前解 i 到新解 j 的转移概率 P_k，即

$$P_k(i,j) = \begin{cases} 1, & \text{当} f_i \leqslant f_j \\ \exp\left(\dfrac{f_i - f_j}{t}\right), & \text{其他} \end{cases} \tag{3.52}$$

Paul L Stoffa 借鉴模拟退火思想，提出了模拟退火遗传算法(SAGA)，该算法在计算适应度时，采用如下方法进行适应度拉伸过程，即

$$F_i = \frac{e^{f_i/T}}{\sum\limits_{i=1}^{M} e^{f_i/T}} \tag{3.53}$$

$$T = T_0(0.99^{g-1}) \tag{3.54}$$

式中，f_i 为第 i 个个体的原适应度；M 为种群大小；g 为遗传代数；T 为温度；T_0 为初始温度。

遗传算法在运行早期个体差异较大，当采用经典的轮盘赌方法选择时，后代产生个数与父代个体适应度大小成正比，因此在早期容易使个别好的个体在后代整个种群中占大多数，导致算法早熟(Premature)；在遗传算法后期，适应度趋向一致，优秀的个体在产生后代时，优势不明显，从而使整个种群进化停滞不前(Stalling)，因此对适应度适当地拉伸(Scaling or Stretching)是必要的。这样在温度高时(遗传算法的前期)，适应度相近的个体产生的后代概率相

近;而当温度不断下降后,拉伸作用加强,使适应度相近的个体适应度差异放大,从而使得优秀的个体优势更明显。

3.2.5.6　二倍体遗传算法

1. 基本思想

二倍体遗传首先要从自然界中的染色体的二倍体现象说起。基本遗传算法中每个基因型由一条染色体组成,自然界一些简单的植物采用这种遗传,而大多数动物和高级植物都采用二倍体遗传,即每个基因型由一对染色体组成。

二倍体遗传算法采用显性和隐性两个同源染色体同时进行进化。因此,二倍体遗传算法提供了一种记忆以前有用的基因块的功能:在某些低适应度染色体中,其局部基因块十分有用,是最优解中的基因片段,但由于基因块在当前染色体中的位置不当等因素,导致当前染色体的适应度值不高。保留这些基因块,有利于提高物种适应能力。二倍体遗传采用显性遗传,当一对染色体对应的基因块不同时,显性基因遗传给后代。

这种二倍体遗传延长了有用基因块的寿命,提高了算法的收敛能力,并且在变异概率低的情况下,也能保持一定水平的多样性。Goldberg 用动态 Knapsack 问题进行了比较研究,试验表明多倍体比单倍体动态跟踪能力强。

2. 二倍体遗传算法的设计

(1)编码/解码

对于二倍体遗传算法,群体中的每个个体具有两个染色体,一个是显性染色体,一个是隐性染色体,每个染色体的编码/解码方式与基本遗传算法相同。

(2)选择

当进行选择操作时,计算显性染色体的适应度,按照显性染色体的选择概率将个体复制到下一代种群中。

(3)交叉

对于交叉操作,从群体中选取两个个体,两个个体的显性染色体进行交叉操作,隐性染色体也同时进行交叉操作。显性交叉率和隐性交叉率可以不同,为了工程实现方便也可将显性交叉率和隐性交叉率设为相同,然后进入下一代种群。

(4)变异

对于变异操作,个体的显性染色体按照正常的变异概率执行变异操作,而个体的隐性染色体则按照较大的变异概率执行变异操作。

(5)二倍体遗传算法显隐性重排算子

当选择、交叉和变异三种遗传运算都执行完任务之后,将个体的染色体显隐性进行重新排定,个体中适应值较大的染色体设定为显性染色体,适应值较小的染色体设置为隐性染色体。

使用二倍体遗传算法结构与基本遗传算法结构的主要差别在于以下几点。

(1)显、隐性性状同时进化,所以同源染色体之间也需要进行交叉操作。

(2)交叉操作也要考虑隐性染色体。

(3)对染色体进行交叉、变异等操作后,要将同源染色体中适应度大的染色体设置为显性染色体。

3.3 蚁群算法

蚁群算法(Ant Colony Algorithm,ACA)是一种新发展起来的模仿蚂蚁觅食行为的仿生优化算法,这种方法是一种分布式的群体智能优化算法。蚁群算法作为一种直接搜索策略,其工作原理是信息素的累积和更新,即采用了正反馈、并行自催化的机制。该方法具有较强的鲁棒性、优良的分布式计算机制和易于与其他算法相融合等特点,并且在求解各种复杂的组合优化问题方面具有很好的通用性和较强的鲁棒性,表现出了很好的全局搜索能力。

1991 年意大利学者 Dorigo M,Maniezzo V,Colorni A 等从生物进化机制中受到启发,通过模拟自然界中蚂蚁搜索路径的行为,提出了蚁群算法(ACA)。1992 年,Dorigo M 又在其博士学位论文中进一步阐明了蚁群算法的核心思想,在此基础上一种很好的优化方法逐渐发展起来。受其影响,蚁群算法近几年引起很多学者的关注,吸引了国内外众多研究人员对其进行多方面的研究。蚁群算法之所以能引起相关领域研究者的注意,是因为这种求解模式能将问题求解的快速性、全局最优性以及在有限的时间内获得可靠解的合理性结合起来。其中,寻优的快速性是通过正反馈式的信息传递和积累来保证的;而其分布式计算的特征又降低了该算法的早熟收敛的可能性;同时,具有贪婪启发式搜索特征的蚁群系统又能在搜索过程的早期就找到可行解。

虽然蚁群算法在求解 TSP 问题、二次分配问题和工作调度问题等方面取得了较好试验结果,但是这种优化方法仍处于深入探索阶段。不过很多初步研究成果已经显示了蚁群算法在求解复杂的结构优化问题方面的优越性,证明了它是一种很有发展前景的优化方法。

本节参考文献[26,27],首先介绍蚁群算法的仿生学基础和研究现状,然后详细介绍蚁群算法的数学模型,分析该算法的收敛性,最后再介绍几种蚁群算法的改进方法。

3.3.1 蚁群优化算法的概述

3.3.1.1 群智能算法的特点

受社会性生物行为的启发,智能自动化、智能计算等相关领域通过对生物行为的模拟,研究出很多求解问题最优解的新方法。这些研究可称为针对群体智能的研究。群体智能(Swarm Intelligence)中的群体(Swarm)是指“一组相互之间可以进行直接通信或者间接通信(通过改变局部环境),并且能够合作进行分布问题求解的主体”。而所谓群体智能是指“无智能的主体通过合作表现出智能行为的特性”。这样,群体智能的协作性、分布性、鲁棒性和快速性的特点使之在没有集中控制,并且不提供全局模型的前提下,为寻找复杂非线性的大规模问题提供可行方案。

群体智能的优点可描述为如下几点。

(1)群体中相互合作的个体是分布式的。在计算机得到广泛应用的今天,这种分布模式在优化领域内的优越性更加明显。

(2)智能优化系统的优化过程不依赖于个体行为,而是依赖于整个系统内的群体行为,这样的系统其鲁棒性更好,不会由于群体中的某一个或者某几个个体的故障而影响整个问题的求解进程。

(3)智能优化系统不通过个体之间的直接通信传递信息,而是通过非直接通信方式进行信息的传输与合作,因此系统行为具有较好的遍历性,并且由于系统中个体的增加而增加的计算量也较小。

(4)系统中每个个体的能力有限,计算方式也简单,所以每个个体的执行时间也比较短,这样智能优化的实现较为方便,可操作性较好。

虽然群体智能的研究仍处于初级阶段,并且还存在着许多未解决的难题,但由于其具有以上这些优点,我们可以预言,群体智能的研究代表了智能控制及智能优化算法研究的一个重要方向。

作为群体智能的典型实现,模拟蚂蚁觅食行为特征的蚁群算法和模拟鸟群运动模式的粒子群算法正在受到学术界的广泛关注。其中,蚁群算法出于所提出的时间相对较早,广大研究人员对其进行了较为充分的研究。

3.3.1.2　蚁群算法的生物学特性及其产生

蚂蚁是地球上最常见、数量最多的昆虫种类之一,常常成群结队地出现在人类的日常生活中。在自然界中,蚂蚁的食物源总是随机分布于蚁巢周围。但无论怎样的随机分布,经过一段时间后,蚂蚁总能找到一条从蚁巢到食物源的最短路径。虽然单只蚂蚁的能力和智力非常简单,但是他们通过相互协调、分工、合作能够完成十分浩大的工程项目。并且,这些蚂蚁不仅能够完成复杂的工作,还能够适应环境的变化,如在蚁群运动路线上突然出现障碍物时,一开始蚂蚁在各条路径上的分布是均匀的,不管路径长短,蚂蚁总是以均匀概率选择各条路径。同时,蚂蚁在运动过程中会在他们经过的路径上释放一种被称之为“信息素(Pheromone)”的化学物质。经研究发现,蚂蚁的这种群体协作功能就是通过这种物质进行通信和协调的。这些物质能被同一蚁群中的蚂蚁所感受到,并通过感知这种物质的存在及其强度来指导自己的运动方向。路径上经过的蚂蚁越多,路径上的信息素积累就越多,则选择较短路径的蚂蚁也随之增多。这样,由大量蚂蚁组成的蚁群群体行为就表现出了一种信息正反馈现象,即某一条路径上走过的蚂蚁越多,则后来者选择该路径的可能性也就越大,蚂蚁个体之间就是通过这种信息交流机制来搜索食物,并最终沿着最短路径行进。

20 世纪 90 年代,意大利学者 Dorigo M,Maniezzo V,Colorni A 等人受到真实蚂蚁觅食行为的启发于 1991 年首先提出了这种新型智能优化算法，即蚁群算法，开创了蚁群算法研究的先河。其主要特点就是通过正反馈、分布式协作来寻找最优路径。这是一种基于种群寻优的启发式搜索算法，它充分利用了生物蚁群能通过个体间简单的信息传递，搜索从蚁巢至食物间最短路径的集体寻优特征，以及该过程与旅行商问题求解之间的相似性，得到了旅行商问题的最优解答。同时，该算法还被用于求解工作调度问题、二次指派问题以及背包问题等，显示了其适用于组合优化类问题求解的优越特征。1992 年，Dorigo M 在他的博士论文中进一步提出了蚁群系统（Ant System）。在这篇论文中，根据信息素增量的不同计算方法，Dorigo M 给出了三种不同的模型，分别称之为 Ant-cycle，Ant-quantity，Ant-density 模型，同时通过大量实验，讨论了不同参数对算法性能的影响，确定了算法主要参数的有效区间。

3.3.1.3 蚁群算法中的人工蚂蚁与真实蚂蚁的异同

蚁群算法是受到自然界中真实蚂蚁觅食的群体行为的启发而提出的，其中的很多观点都来源于真实蚁群，因此蚁群算法中所定义的人工蚂蚁与真实蚂蚁存在着很多共同点，主要有以下几方面。

（1）都存在一个群体中个体交流通信的机制

人工蚂蚁和真实蚂蚁都存在一种改变当前所处环境的机制。真实蚂蚁在经过路径上留下信息素；而人工蚂蚁改变在其所经过的路径上存储数字信息，该信息就是算法中所定义的信息量，它记录了蚂蚁当前解和历史解的性能状态，而且可被其他后继人工蚂蚁所读写。

（2）信息素的挥发机制

在蚁群算法中存在着一种挥发机制，它像真实信息素挥发一样随着时间的推移来改变路径上的信息量。这种机制可以使蚂蚁逐渐忘记过去，这样蚂蚁在选择路径时不仅仅依靠以前蚂蚁所留存的“经验”，不受过去“经验”的过分约束，有利于指引蚂蚁向着新的方向进行搜索，避免早熟现象的发生。

（3）都要完成一个相同的任务

人工蚂蚁和真实蚂蚁都要完成一个相同的任务，即寻找一条从初始值（巢穴）到最优解（食物源）的最短路径。人工蚂蚁和真实蚂蚁都不具有跳跃性，只能一步步移动，直到遍历完所有组合变量。

（4）人工蚂蚁利用了真实蚂蚁觅食行为中的自催化机制——正反馈

当一些路径上经过的蚂蚁越来越多时，其留下的信息素轨迹也越来越多，使得信息素强度增大。根据蚂蚁倾向于选择信息强度大的路径的特点，后来的蚂蚁选择该路径的概率也越高，从而增加了该路径的信息素强度，这种选择过程被称为自催化过程。自催化机制利用信息素作为反馈，通过对系统演化过程中较优解的自我增强作用，使得问题的解向着全局最优的方向不断进化，最终能够有效地获得相对较优的解。正反馈在基于群体的优化算法中是一个强有力的机制。但在使用正反馈时，要注意避免早熟收敛。

(5)状态转移策略

人工蚂蚁和真实蚂蚁一样,应用概率的决策机制沿着邻近状态移动,从而建立问题的解决方案。人工蚂蚁的策略只是充分利用了局部信息,而并没有利用前瞻性来预测未来的状态。因此,所应用的策略在时间和空间上完全是局部的。这个策略既是一个由问题状态所表示的信息函数,又是一个由过去的蚂蚁引起的环境局部改变的函数。

但是,在从真实蚁群行为获得启发而构造蚁群算法过程中,人工蚂蚁还具备了真实蚂蚁所不具有的一些特征。

(1)人工蚂蚁存在于一个离散空间中,它们的移动是从一个状态到另一个状态的转换。

(2)人工蚂蚁具有一个记忆其本身过去行为的内在状态。

(3)人工蚂蚁存在于一个与时间无关的环境之中。

(4)人工蚂蚁不是完全盲从的,它还受到问题空间特征的启发。例如有的问题中人工蚂蚁在产生一个解后改变信息量,而有的问题中人工蚂蚁每作出一步选择就更新信息量,但无论哪种改变方式,信息量的更新并不是随时都进行的。

(5)为了改善算法的优化效率,人工蚂蚁可增加的一些性能,如预测未来、局部优化、原路返回等,这些行为在真实蚂蚁中是不存在的。

3.3.1.4 蚁群算法在工程中的应用及其研究前景

蚁群算法是一种启发式搜索算法,它来源于对蚂蚁群体搜索行为的研究。这种优化方法充分模拟了实际蚁群寻求最短路径的协作优化特性。由于蚂蚁寻求最短路径的行为类似于旅行商(TSP)问题的求解过程,因而蚁群算法能在TSP问题实例中得到了成功应用。另外,蚁群算法还被用于作业车间调度问题、二次分配问题、多维背包问题、数据的特征聚类过程,并取得了很好的寻优结果。

在工程应用中,由于微型机器人(或移动机器人)的协调策略、行为策略、优化策略和蚁群系统的内在相似性,蚁群系统模型在多机器人系统协调、分布式控制规则设计、停滞恢复策略研究和气味传感机器人开发等方向有很大的参考意义。在微型机器人系统动态模型、微型自治机器人系统的群体行为设计、可移动机器人的行为控制系统、痕迹跟踪机器人和自治机器人的导航策略等领域,蚁群算法的思想也被引入其中,这些机器人系统模仿了蚁群系统的群体优化能力,并具有实际蚂蚁系统的协同操作、协同决策、协同优化和分布式通信特性。

在其他工程应用中,如在交通系统控制中,蚁群算法还被引入公共汽车路线规划和其他类型的车辆路线规划问题中。在通信网络应用中,蚁群智能借助于运动协调和模拟信息素沉积来解决负载平衡问题。在电力系统应用中,故障单元估计问题可被描述为一个组合优化问题,因而也可以使用蚁群系统来解决。虽然热电经济分配问题被分解为两个子问题,但是合作蚂蚁智能体可以有效地处理这个问题的约束,并给出合理的解。在制造系统控制中,也可以使用蚁群系统的通信和协调能力。在图像处理中,采用蚁群算法来揭示大图中的一些结构特征,并可将蚁群算法用于图像着色问题求解。在分布式自治系统的实现中,蚁群系统可用于动态资源配置和协调运动规划。

蚁群算法在求解决组合优化类问题方面表现突出。人工蚁群中的多个环节通过正反馈确保了最优化过程的快速性,而早熟收敛则可以由蚁群算法的分布式计算特征来加以避免。同时,由于它的贪婪式启发搜索特性,在搜索过程的早期就可以找到可接受的解。这样,在这种问题求解模式中,同时结合了问题求解的快速性、全局最优特征以及在优化过程初期解的有效性等优点,从而引起了相关领域研究人员的关注。

在基本原理已经明确的条件下,蚁群算法首要的任务就是开发出求解问题的算法模型,使求解问题更加切实有效,而在工程实际的应用中,算法模型的收敛性和算法的复杂度是值得深入研究的问题。但是必须指出,蚁群优化算法是一种概率算法,从数学上对它们的正确性与可靠性的证明还是比较困难的,并且在这方面所作的工作也比较少。

3.3.2 基本蚁群算法

3.3.2.1 蚁群算法的基本原理

首先来观察蚁群的最短路径搜寻过程。在这一过程中,信息素的挥发和感知是蚁群算法寻优搜索过程中最为关键的一个环节。信息素多的路径,所经过的蚂蚁就多,经过一段时间的正反馈过程,就会有更多的蚂蚁聚集过来。假设有两条路从蚁穴通向食物。开始时经过这两条路径的蚂蚁数量同样多(或者在较长的路上蚂蚁多一些,这无关紧要)。蚂蚁沿着一条路到达终点以后就马上返回。这样,在短的路径上,蚂蚁来往一次的时间就短,这也意味着其路程重复的频率就高,因而在单位时间内走过的蚂蚁数目就多,释放的信息素自然也更多,就会有更多的蚂蚁被吸引过来,从而释放更多的信息素;而长的那条路径上的情况正好相反。因此,随着时间的推移,越来越多的蚂蚁会聚集到较短的路径上来,这样就近似找到了最短路径。对于局部最短路径和全局最短路径的问题,即局部最优和全局最优的问题求解模式,实际上蚂蚁是逐渐接近全局最优的。这源于蚂蚁会按照一定的概率不向信息素高的地方走而另辟蹊径。

这里我们引用 Dorigo M 所举的例子来具体说明蚁群系统的寻优原理。如图 3.8 所示,设 A 点是蚁巢,D 点是食物源,EF 为一障碍物。由于障碍物的存在,蚂蚁只能由 A 经 E 或 F 到达 D,或由 D 到达 A,各点之间的距离如图 3.8(a)所示。假设每个时间单位有 30 只蚂蚁由 A 到达 D 点,有 30 只蚂蚁从 D 到达 A 点,蚂蚁过后留下的信息量为 1。为了方便起见,设该物质停留时间为 1。在初始时刻,由于路径 BF,FC,BE,EC 上均无信息素存在,位于 A 和 D 的蚂蚁可以随机选择路径,从统计学的角度可以认为蚂蚁以相同的概率选择 BF,FC,BE,EC,如图 3.8(b)所示。经过一个时间单位后,在路径 BFC 上的信息素是路径 BEC 上的信息量的 2 倍,将会有 20 只蚂蚁由 B,F,C 点到达 D,如图 3.8(c)所示。随着时间的推移,蚂蚁将会以越来越大的概率选择路径 BFC,最终将会完全选择路径 BFC,从而找到从蚁巢到食物源的最短路径。

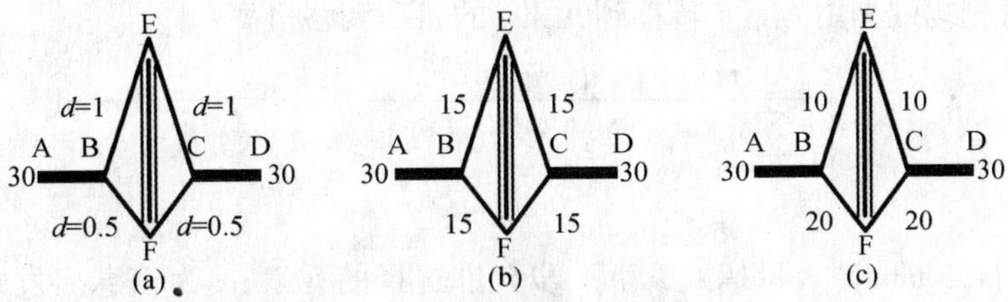

图 3.8　蚂蚁觅食原理模拟示意图

3.3.2.2　蚁群算法的数学模型

为了便于理解，我们通过求解平面上 n 个城市的旅行商（TSP）问题的原始蚁群系统模型来说明基本蚁群算法的数学模式。

选择旅行商问题作为测试问题的主要原因有以下几点。

(1)它是一个最短路径问题，蚁群优化算法很容易适应这类问题。

(2)容易理解，不会因为有太多的术语而使得算法行为的解释难以理解。

(3)TSP 是典型的组合优化问题，用于来验证这类算法的有效性，且便于与其他算法比较。对于其他组合优化问题，对此模型稍作修改便可以应用。虽然它们从形式上看各有不同，但基本原理是相同的，都是通过模拟蚁群行为来达到优化的目的。

1. TSP 问题描述

TSP 问题属于典型的组合优化问题。其定义是：给定 n 个城市的集合，由一个旅行商从某一个城市出发，访问各城市一次且仅有一次后回到原出发城市，要求找出一条最短长度的巡回路径。设 $C=\{c_1,c_2,\cdots,c_n\}$ 是 n 个城市的集合，$L=\{l_{ij}\mid c_i,c_j\subset C\}$ 是集合中元素（城市）两两连接的集合，d_{ij}（$i,j=1,2,\cdots,n$）为城市 i 和 j 连线 l_{ij} 之间的距离，即 $d_{ij}=\sqrt{(x_i-x_j)^2+(y_i-y_j)^2}$。一个 TSP 问题可由有向图 $G=(C,L)$ 给定，则 TSP 的目的就是从有向图 G 中寻找长度最短的 Hamilton 圈，Hamilton 圈即为一条对 $C=\{c_1,c_2,\cdots,c_n\}$ 中各城市访问且仅访问一次的最短封闭路线。

2. 求解 TSP 问题的蚁群算法模型

设 $b_i(t)$ 表示 t 时刻位于元素 i 的蚂蚁数目，$\tau_{ij}(t)$ 为 t 时刻路径 (i,j) 上的信息素量，n 表示 TSP 问题的城市规模，m 为蚁群中蚂蚁的总数目，则 $m=\sum_{i=1}^{n}b_i(t)$，$\Gamma=\{\tau_{ij}(t)\mid c_i,c_j\subset C\}$ 是 t 时刻集合 C 中元素（城市）两两连接 l_{ij} 上残留信息素量的集合。在初始时刻各条路径上的信息素量相等，并设 $\tau_{ij}(0)=\text{const}$，基本蚁群算法的寻优是通过有向图 $G=(C,L,\Gamma)$ 实现的。蚂蚁 $k(k=1,2,\cdots,m)$ 在运动过程中，根据各条路径上的信息素量决定其转移方向。用禁忌表 $\text{tabu}_k(k=1,2,\cdots,m)$ 来记录蚂蚁 k 当前走过的城市，集合随着 tabu_k 进化过程作动态调整。在搜索过程中，蚂蚁根据各条路径上的信息素量及路径的启发信息来计算状态转移概率。

$p_{ij}^k(t)$表示在 t 时刻蚂蚁 k 由元素 i 转移到元素 j 的状态转移概率

$$p_{ij}^k(t)=\begin{cases}\dfrac{[\tau_{ij}(t)]^\alpha\cdot[\eta_{ik}(t)]^\beta}{\sum\limits_{s\subset \text{allowed}_k}[\tau_{is}(t)]^\alpha\cdot[\eta_{ik}(t)]^\beta}, & \text{若 } j\in \text{allowed}_k\\ 0, & \text{其他}\end{cases} \tag{3.55}$$

式中，$\text{allowed}_k=\{C-\text{tabu}_k\}$表示蚂蚁 k 下一步允许选择的元素；α 为信息启发式因子，表示路径的相对重要性，反映了蚂蚁在运动过程中累积的信息素在路径选择中的作用，该值越大，蚂蚁越倾向于选择其他蚂蚁经过的路径，蚂蚁之间协作性就越强；β 为期望启发式因子，表示对未来路径选择预测的相对重要性，反映了蚂蚁在运动过程中启发信息在路径选择中的重要程度，该值越大，则该状态转移概率越接近于贪心规则；$\eta_{ij}(t)$为启发函数，其表达式为

$$\eta_{ij}=\frac{1}{d_{ij}} \tag{3.56}$$

式中，d_{ij}表示相邻两个城市之间的距离。该启发函数表示蚂蚁从元素 i 转移到元素 j 的期望程度。对蚂蚁而言，d_{ij}越小，$1/d_{ij}$则越大，η_{ij}也就越大。显然，该启发函数表示蚂蚁从元素（城市）i 转移到元素（城市）j 的期望程度。

为避免残留信息素量过多导致残余信息过分约束路径选择，在每一次路径选择之后都要对相应路径上的信息素做信息素挥发处理。由此，$t+1$ 时刻在路径(i,j)上的信息量可按下式进行调整，即

$$\tau_{ij}(t+1)=(1-\rho)\cdot\tau_{ij}(t)+\Delta\tau_{ij}(t) \tag{3.57}$$

$$\Delta\tau_{ij}(t)=\sum_{k=1}^{m}\Delta\tau_{ij}^k(t) \tag{3.58}$$

式中，ρ 表示信息素挥发系数，则 $1-\rho$ 表示信息素残留因子。$\rho\subset[0,1)$；$\Delta\tau_{ij}(t)$表示本次循环中路径(i,j)上的信息素增量，初始时刻 $\Delta\tau_{ij}(t)=0$，$\Delta\tau_{ij}^k(t)$表示第 k 只蚂蚁在本次循环中留在路径(i,j)上的信息素量。

根据信息素更新策略的不同，Dorigo M 提出了三种不同的基本蚁群算法模型，分别称之为 Ant-cycle 模型、Ant-quantity 模型和 Ant-density 模型，其主要差别在于 $\Delta\tau_{ij}^k(t)$表达方法不同。

（1）在 Ant-cycle 模型中

$$\Delta\tau_{ij}^k(t)\begin{cases}\dfrac{Q}{L_K}, & \text{若第 } k \text{ 只蚂蚁在本次循环中经过}(i,j)\\ 0, & \text{其他}\end{cases} \tag{3.59}$$

式中，Q 表示信息素强度，在一定程度上影响算法的收敛速度；L_k 表示第 k 只蚂蚁在本次循环所走路径的总长度。

(2)在 Ant-quantity 模型中

$$\Delta\tau_{ij}^{k}(t)=\begin{cases}\dfrac{Q}{d_{ij}},\text{若第 } k \text{ 只蚂蚁在 } t \text{ 和 } t+1 \text{ 循环中经过}(i,j)\\ 0,\quad \text{其他}\end{cases} \tag{3.60}$$

(3)在 Ant-density 模型中

$$\Delta\tau_{ij}^{k}(t)=\begin{cases}Q,\text{若第 } k \text{ 只蚂蚁在 } t \text{ 和 } t+1 \text{ 循环中经过}(i,j)\\ 0,\quad \text{其他}\end{cases} \tag{3.61}$$

在 Ant-cycle 模型中,利用的是整体信息素更新策略,蚂蚁完成一次循环后更新所有路径上的信息素;而在 Ant-quantity 模型和 Ant-density 模型中,算法利用的是局部信息素更新策略,即蚂蚁完成一步状态转移以后即更新相应路径上的信息素。整体信息素更新策略在求解 TSP 问题时通常采用第一种信息素更新策略,其优化性能较好。但在解决某些具体问题时,可同时结合两种信息素更新策略。

以 TSP 为例,基本蚁群算法的实现步骤和程序流程(图3.9)如下所示。

(1)在零时刻,首先进行的是初始化步骤。将 m 只蚂蚁放在 n 个不同的城市,同时设置各支路上信息素的初始值 $\tau_{ij}(t)=\text{const}$,所有蚂蚁禁忌表内第一个元素被设置成它的出发点。令 $t=0$ 和循环次数 $N_c=0$,并设置最大循环次数 $N_{c\max}$,且初始时刻 $\Delta\tau_{ij}(t)=0$。

(2)计算循环次数 $N_c=N_c+1$。

(3)蚂蚁的禁忌表索引号 $k=1$。

(4)计算蚂蚁数目 $k=k+1$。

(5)蚂蚁个体根据状态转移概率公式(3.55)计算元素的选择概率,并把该元素移动到该蚂蚁个体的禁忌表中。

(6)修改禁忌表指针,即选择好之后再根据状态转移概率选择下一元素,并将该元素移动到该蚂蚁个体的禁忌表中。

(7)若集合 C 中的元素未遍历完,即 $k<m$,即跳到(4),否则转向步骤(8)。

(8)根据公式(3.57)和(3.58)更新每条路径上的信息素。

(9)若满足结束条件,即如果循环次数 $N_c \geqslant N_{c\max}$,循环结束并输出程序计算结果,否则清空禁忌表并转向

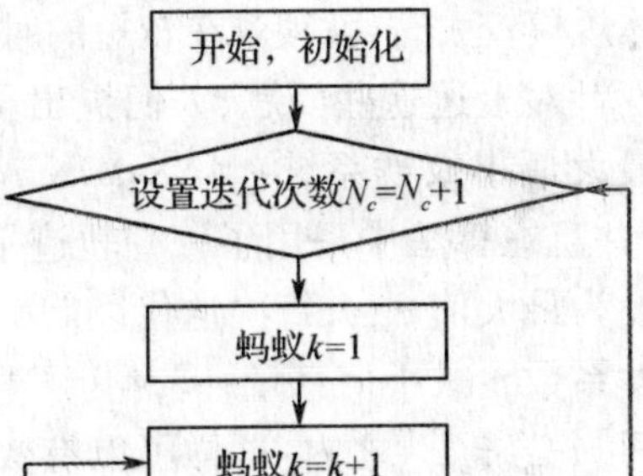

图3.9　基本蚁群算法流程图

步骤(2)。

3.3.3 蚁群算法的改进

从蚁群算法发表并解决了旅行商问题之日起,它就引起了全世界相关研究领域的广泛关注。从一系列的研究结果表明,由于该算法利用了正反馈原理,在一定程度上加快了进化过程;该算法本质上是一种并行算法,个体之间不断地进行信息交流和传递,因此,蚁群算法具有很强的搜索较好解的能力,并且不容易陷入局部最优解。虽然蚂蚁个体容易收敛于局部最优解,但蚁群群体通过合作,会很快收敛于解空间的某一子集。

但是,这种算法还是存在着一些缺陷,如搜索时间花费较长;当问题规模较大时也易陷入局部最优解,即产生过早收敛;蚁群中智能个体的运动是随机的,在算法进化的初级阶段,各个路径上的信息量相差不明显,通过信息正反馈,使得较好路径上的信息量能够逐渐增大,但当群体规模较大时,就很难在较短的时间内从大量杂乱无章的路径中找出一条较好的路径等缺点。

针对上述这些问题,人们提出了一些改进方法,如德国学者 Stutzle T 和 Hoos H 提出了一种最大最小蚁群系统(MAX-MIN Ant System,MMAS),这种算法限定了信息量允许值的上下限,并且在算法中采用了一种轨迹平滑机制,即在搜索初期阶段,MMAS 将所有路径上的信息量设为最大值 τ_{max},每次迭代以后,只有最佳路径上的弧段才允许增加信息量,其他路径均按挥发系数 ρ 减小信息量;同时为了避免早熟现象的发生,该算法将各路径可能的信息量限制在区间$[\tau_{min},\tau_{max}]$之内,这样可以有效避免某一条路径上的信息量远大于其他路径上的信息量,使得所有蚂蚁都集中在同一条路径上,造成早熟现象。国内也有一些研究人员对蚁群算法作出了改进,如吴庆洪等人从遗传算法中变异算子的作用得到启发,在蚁群算法中采用了逆转变异机制,进而提出了一种具有变异特性的蚁群算法,这是国内学者最早对蚁群算法的改进。

下面将介绍蚁群算法的若干改进方法。

3.3.3.1 最大最小蚁群算法(MMAS)

最大最小蚁群算法(MAX-MIN Ant System,MMAS)是由德国学者 Stutzle T 和 Hoos H 提出的,这种改进的蚁群算法的性能与传统蚁群算法具有共同点,即在算法的每次迭代中只允许表现最好的蚂蚁更新路径上的信息素。作这种改进的主要目的是防止算法出现过早停滞现象。他们的基本作法是限定信息素浓度允许值的上下限,并且采用了平滑机制。

算法过早停滞(早熟)现象的出现,是由于信息素过分集中到几条较好的路径上,而其他路径则由于长时间没有蚂蚁经过,信息素逐渐挥发,致使路径上的信息素浓度趋于0。这样,蚂蚁选择这些信息素浓度极低的路径的概率几乎为0,从而丧失了探索新路径的可能性,算法就表现出停滞的特征。

为了减少在搜索初期阶段算法出现早熟的可能,该改进方法对算法中信息素浓度引入最大值和最小值限制,将每条路径上的信息素 $\tau_{ij}(t)$限定在$[\tau_{min},\tau_{max}]$之间,即 $\tau_{min}\leqslant\tau_{ij}(t)\leqslant\tau_{max}$。在每次迭代之后,路径上的信息素浓度都保证满足该式,若 $\tau_{ij}(t)>\tau_{\max}$,则 $\tau_{ij}(t)=\tau_{\max}$;同样,若 $\tau_{ij}(t)<\tau_{\min}$,则 $\tau_{ij}(t)=\tau_{\min}$。当然,还应保证 $\tau_{\min}>0$,并且,如果对于所有的解元素有 $\eta_{ij}<\infty$,那么选择一特定解元素的概率不为0。

在搜索过程中,可以由下式设置信息素的最大值 $\tau_{\max}$,该值为信息素最大极限值的估计,其中 $\boldsymbol{X}^{gb}$ 为全局最优解,即

$$\tau_{\max}=\lim_{t\to\infty}\tau_{ij}(t)=\tau_{ij}\leqslant\frac{1}{1-\rho}\cdot\frac{1}{F(\boldsymbol{X}^{gb})}\tag{3.62}$$

当得到最优解时,按照该公式更新 $\tau_{\max}$,这样便可得到一个动态的变化值 $\tau_{\max}(t)$。

为了决定 $\tau_{\min}$,可以使用下面的假设。

(1)最优解是在搜索停滞前得到的。在这种情况下,算法一次迭代可找到全局最优解 $\boldsymbol{X}^{gb}$ 的概率就远远大于0,因为较好的解可能就处于接近最优解的地方。

(2)影响解的一个主要原因取决于信息素最大和最小值限制的差异,而不是启发信息。

根据上面的假设,可以选择一个好的 $\tau_{\min}$ 值来提高算法的收敛性:这里先给定一个 P_{best},计算选择相应解元素的概率 $P_{\text{dec}}=\sqrt[n]{P_{\text{best}}}$,然后根据下式设置 $\tau_{\min}$,即

$$P_{\text{dec}}=\frac{\tau_{\max}}{\tau_{\max}+(\bar{\tau}-1)\tau_{\min}}\tag{3.63}$$

得出

$$\tau_{\min}=\frac{\tau_{\max}(1-P_{\text{dec}})}{(\bar{\tau}-1)P_{\text{dec}}}=\frac{\tau_{\max}(1-\sqrt[n]{P_{\text{best}}})}{(\bar{\tau}-1)\sqrt[n]{P_{\text{best}}}}\tag{3.64}$$

若 $P_{\text{best}}=1$,那么 $\tau_{\min}=0$;若 P_{best} 太小,通过上式计算得到的值可能会出现 $\tau_{\min}>\tau_{\max}$,这时可设置 $\tau_{\min}=\tau_{\max}$。

信息素浓度最大值和最小值的选择取决于平均路径的长度。通过设定信息素的上下限,不会使某条路径的信息素浓度过高,从而导致过早停滞,也不会因为某些路径的信息素浓度过低而导致算法发现新路径的可能性降低。这样,通过对信息素浓度的限制,就降低了算法搜索中的早期收敛(停滞)问题。特别是对于要求迭代次数较多的问题求解过程,这样的寻优模式将具有更好的效果。

在最大最小蚁群算法中,只允许其中的一个路径更新信息素。该路径通常是最优路径,它可以是在所有搜索过程中已经找到的最优路径,也可以是在当前搜索中找到的最优路径。信息素可按照下面的公式进行更新,即

$$\tau_{ij}(t+1)=\rho\tau_{ij}(t)+\Delta\tau_{ij}^{\text{best}}\tag{3.65}$$

式中,$\Delta\tau_{ij}^{\text{best}}=1/F(\boldsymbol{X}^{gb})$,并且 $F(\boldsymbol{X}^{gb})$ 表示该次迭代中的最优路径,或者是全局最优路径的目标函数。

在传统蚁群算法中也可以应用仅使用一只蚂蚁来更新所搜索到路径的信息素的方法。尽

管很有限的试验使用了迭代中的最优路径，但一般在传统算法中，使用的仅是全局最优路径，这时，搜索可能会过快地收敛，对可能存在的较好解范围的开发过程也将受到限制，这将会导致算法的局部收敛。若只使用迭代中的最优路径，则可避免上述情况。因为，当前迭代的最优路径会随着迭代次数的不同而显著变化，并且会有较大数量的路径得到增强。当然，也可以使用混合策略，比如使用迭代中的最优路径作为信息素更新的默认值，而仅在固定的迭代次数间隔时才使用全局最优路径。

最大最小蚁群算法相对于基本的蚁群算法，其性能必然有很大的提高。但是这里需要指出的是，尽管在算法中对信息素浓度进行了最大和最小值的限制，但最大最小蚁群算法仍然可能出现停滞现象。也就是说，只采用最大最小信息素浓度的限制还不足以在较低的运行时间内持久消除停滞现象。因此，还采用了信息素的平滑机制，即按照比例更新的方法来调整信息素的浓度，使信息素浓度的增加值正比于 τ_{max} 与路径 (i,j) 上的信息素浓度，$\tau_{ij}(t)$ 的差值，即

$$\Delta\tau = \tau_{max} - \tau_{ij}(t) \tag{3.66}$$

在最大最小蚁群算法中，还可结合局部搜索算法。局部搜索算法是从一个初始解 $i \in S$ 开始，在 i 的邻域 S 中随机产生若干个解，局部搜索比 i 更优的解。若找到比 i 更优的解，就用这个解替代 i，成为当前解，再继续计算；否则算法终止，则当前解即是算法的最终解。在该算法中可使用局部搜索算法的原因有以下两点。

（1）通过结合局部搜索策略，来提高算法的性能，从而可以在早期找到较好的解，并且能够更直接地引导学习机制。

（2）最大最小蚁群算法还可以为随后的局部搜索阶段构造一个好的初始路径，这样就可以逐步找到一个近似最优的路径。

蚁群算法与局部搜索方法相结合，提高了局部搜索的效率。实验也表明最大最小蚁群算法在寻找解的有效性方面和防止算法的过早停滞方面有了较大改进。该算法的一个不足之处在于它运行时间较长，当算法在每次迭代中构造 m 条路径，并且每条路径的计算量为 n^2 量级时，最大最小蚁群算法对于每一次迭代，其总的计算量就为 $m \cdot n^2$。通常我们可以选择 m 等于节点的数量（在 TSP 问题中就是城市的数量），那么算法的总体复杂度就为 n^3。因此，运行时间就会随着问题规模的增加而大大增加。为了降低运行时间，可以考虑增加候选解集合的选择概率。这样，除了可以降低算法的运行时间之外，还可以增强该算法的全局搜索能力。

3.3.3.2 随机扰动蚁群算法（RPAS）

随机扰动蚁群算法（Ant System with Random Perturbation Behavior，RPAS）也是针对基本蚁群算法所具有的计算搜索较长、易于出现早熟现象等缺点所提出的一种改进方法。

蚁群算法充分利用了信息正反馈原理和某种启发式原理相结合的机理，其转移概率公式就充分体现了这一机制。它表明，若某条路径上的信息素越多且路径越短，那么该路径被蚂蚁选中的概率就越大，类似于遗传算法中的轮盘赌选择法。鉴于这样一层物理含义，可以设计如下更为简洁的转移策略

$$C_{ij}(k)=\begin{cases}(\tau_{ij}(k)\eta_{ij}(k))^{\gamma}, & 若 j\notin \mathrm{tabu_k}\\ 0, & 其他\end{cases}\tag{3.67}$$

$$s=\max(C_{ij}(k)) \quad 所对应的城市\tag{3.68}$$

式中，γ 是具有倒指数的扰动因子，且 $\gamma>0$。需要指出的是，上面的公式中的 $C_{ij}(k)$ 不再是"状态转移概率"，而是路径(i,j)的"转移系数"。由于蚂蚁总是选择转移系数最大的路径，这个值就具有一定的确定性。经分析可以发现，当取固定值时与基本蚁群算法相同，仍不可避免地出现停滞现象，因此有方案提出采用可变的扰动因子，考虑以下两点。

(1)蚂蚁个体选择转移系数最大的路径，当种群规模较大时，很难在短时间内从大量杂乱无章的路径中找出一条较好的封闭路径。因此在最初的几次迭代中，为加速算法的收敛，该因子应取较大值，才能使得较好路径上的信息量明显高于其他路径上的信息量。

(2)若该因子一直不变，则必将导致某一路径上的信息量远远高于其他路径上的信息量。而此路径并不一定是最优路径，从而导致随后的搜索出现停滞现象。因此，随着迭代次数的增加应适当减小该系数。这一方面可以提高路径选择的多样性(即起到一定的扰动作用)，另一方面又可以使收敛过程趋于平缓。

这里，可以设计倒指数关系曲线来描述扰动因子 γ

$$\gamma=a\times e^{b/k},\quad k=1,2,\cdots N_{\mathrm{cmax}};\quad a>0,b>0\tag{3.69}$$

式中，a,b 表示扰动尺度因子，N_{cmax} 表示最大的迭代次数。特别地，为保证随机性，令$a=a'\cdot\chi$，其中 $a'>0$，χ 是(0,1)内均匀分布的随机数。由上式可知，随着迭代次数的增大，γ 的值最终趋近于常数，而系数 b 的大小决定了曲线趋近于系数 a 的快慢程度。

考虑到基本蚁群算法中易于出现停滞现象，还可以采用随机选择策略，并在进化过程中动态调整随机选择的概率；同时，为了防止最优路径的漏选，对信息量最大的路径可采用公式(3.67)单独计算其概率。这样，就可设计如下的具有随机扰动特性的转移系数

$$C_{ij}(k)=\begin{cases}(\tau_{ij}(k)\eta_{ij}(k))^{\gamma}, & \tau_{ij}(k)=\max(\tau_{is}(k)),s\notin \mathrm{tabu}_k\\ (\tau_{ij}(k))^{\alpha}\eta_{ij}(k), & \tau_{ij}(k)\neq\max(\tau_{is}(k)),且 U\leqslant p_m s\notin \mathrm{tabu}_k\\ (\tau_{ij}(k)\eta_{ij}(k))^{\gamma}, & \tau_{ij}(k)\neq\max(\tau_{is}(k)),且 U>p_m s\notin \mathrm{tabu}_k\\ 0, & 其他\end{cases}\tag{3.70}$$

式中，$\max(\tau_{is}(k))$ 为所有路径中的最大信息素浓度，U 为(0,1)间均匀分布的随机数；$p_m(0,1)$ 称为随机变异率。

该公式表明，某次迭代过程中某只蚂蚁有若干条路径可选，对于信息素浓度最大的那一条路径，可应用转移系数公式；而对于其他的可选路径，则采用随机选择方式。该公式是确定性选择与随机选择相结合的产物。确定性选择导致蚂蚁总是选择转移系数最大的路径，而随机选择导致计算转移系数时具有较强的随机性，正是两者的共同作用才使算法具有更强的全局搜索能力。

3.3.3.3 动态蚁群算法(DACA)

动态蚁群算法(Dynamic Ant Colony Algorithm,DACA)是基于传统蚁群算法和最大最小蚁群算法基础上改进而得的。传统蚁群算法和最大最小蚁群算法是以信息素和启发函数为依据来选择下一目标城市,如何依据这两个因子来选择城市对蚁群算法起着至关重要的作用。动态蚁群算法在选择目标城市的标准时,没有采用一个固定的标准,这样的处理方法是为了减少进化过程中产生停滞现象的可能性。在传统蚁群算法中,对信息素的强度没有限制,因而易于陷入局部最优点;而最大最小蚁群算法对信息素的强度给予了一定的范围限制,从而大大改善了算法的性能;在动态蚁群算法中,挥发因子是动态变化的。信息素浓度越高,则挥发因子越大;信息素浓度越低,则挥发因子越小。这样实际上就对信息素的浓度也进行了限制,使信息素不可能无限增大,也不可能为零。而最大最小蚁群算法,仅在蚂蚁所走的最优路径上进行信息素的全局更新,若对更多路径上的信息素进行更新,则有可能加快演化的速度。

下面将详细介绍动态蚁群算法的相关内容。

1. 权函数

传统蚁群算法和最大最小蚁群算法依据 $p_{ij}=[\tau_{ij}]^{\alpha}\cdot[\eta_{ij}]^{\beta}$ 来选择下一个转移城市。其中,α,β 是常数。在自然界中,生物随着时间的推移对环境适应之后,对环境变化的敏感度降低。基于此原理,可认为蚂蚁随着时间的推移对信息素慢慢变得不敏感。在算法中可体现为 $[\tau_{ij}]^{\alpha}$ 随着时间的进行相对于 $[\eta_{ij}]^{\beta}$ 逐渐减小,这样,信息素的影响减小了,而启发系数的影响则相对增加。这样,α,β 就变成与时间有关的函数。

在 TSP 问题中,$\eta_{ij}=1/d_{ij}$,d_{ij}是城市 i 和 j 之间的距离。为简化计算,可令 $\alpha=1$,而 β 按迭代次数 t 进行如下变化

$$\beta=\begin{cases}5,\text{当 } 1\leqslant t<N_{cmax}/3\\4,\text{当 } N_{cmax}/3\leqslant t<N_{cmax}/2\\3,\text{当 } N_{cmax}/2\leqslant t<2N_{cmax}/3\\2,\text{当 } 2N_{cmax}/3\leqslant t\leqslant N_{cmax}\end{cases}\tag{3.71}$$

式中,N_{cmax}是总的迭代次数。循环次数可以在算法程序中加以确定。

2. 动态挥发因子

在传统蚁群算法中,挥发因子是一个常数。而在真实世界中,信息素浓度越高,会导致挥发越快;信息素浓度越低,则挥发越慢。这样就可以防止信息浓度无限制地增长,或者很快变为零,导致陷入局部最优。在这种变化模式下,挥发因子由常数变成了以 $\tau(i,j)$ 为变量的函数。

这时,局部信息素更新规则变为

$$\tau_{ij}=[1-\rho(\tau_{ij})]\tau_{ij}+\mathrm{coe}[\tau_{ij}]\Delta\tau\tag{3.72}$$

式中,coe 为信息素增量相应的系数。挥发系数对算法的性能有着直接的影响,事实上最大最小蚁群算法可以看作动态蚁群算法的一个特例。

3. 最优、最差路径信息素全局更新

传统蚁群算法和最大最小蚁群算法中，仅对最好路径上的信息素进行全局更新，即仅有一只蚂蚁对全局信息素的更新产生影响。如果有多只蚂蚁对全局信息素的更新产生影响，则可加速演化过程。更新规则可设计为

$$\tau_{ij} = [1-\rho(\tau_{ij})]\tau_{ij} + \mathrm{coe}_{ij}\tau_{ij}\Delta\tau$$

以上规则可以实现对两只蚂蚁所走路上的信息素进行更新，即对最好路径及最差路径上的信息素进行全局更新，参数为

$$\mathrm{coe}_{ij} = \begin{cases} C, & (i,j) \in \text{global best tour} \\ -C, & (i,j) \in \text{global worst tour} \\ 0, & \text{其他} \end{cases} \tag{3.73}$$

则对于最优路径来说，更新公式变为

$$\tau_{ij} = [1-\rho(\tau_{ij})]\tau_{ij} + C[\tau_{ij}]\Delta\tau \tag{3.74}$$

对于最差路径来说，更新公式变为

$$\tau_{ij} = [1-\rho(\tau_{ij})]\tau_{ij} - C[\tau_{ij}]\Delta\tau \tag{3.75}$$

3.3.3.4　具有感觉和知觉特征的蚁群算法（SCA）

科学研究表明，蚂蚁对于外界刺激物有着惊人的感觉和知觉能力。在蚁群中，单只蚂蚁的能力和智力非常有限，但是整个蚁群可以有足够的能力来完成筑巢、觅食、迁徙、清扫巢穴等复杂行为。它们可以在各自的感觉和知觉能力支配下，很好地通过相互协调、分工、合作而完成任务。因此，我们可以在蚁群算法中模拟蚂蚁的这种感知现象，让蚂蚁根据知觉和感觉规律选择路径，以在加快收敛速度的同时保证解的多样性。根据感知规律，可以将蚁群算法中蚂蚁的搜索过程分为以下三个阶段：蚂蚁搜索的初始阶段，蚂蚁搜索的中间阶段，蚂蚁搜索的结束阶段。下面将详细阐述这种具有感觉和知觉特征的蚁群算法（Sensational and Consciousness Algorithm，SCA）。

1. 蚂蚁搜索的初始阶段

心理学研究指出，感觉和知觉是客观事物作用于神经系统，通过引起神经系统的活动而产生的。产生感觉和知觉的神经机构称为分析器，感受性是分析器对相应刺激的感觉能力。感觉是大脑对当前直接作用于感觉器官的客观事物个别属性的反映，而知觉是其整体属性的反映，两者是紧密相关的。但在实际的生物系统中，并不是所有的刺激都能引起人或者动物的感觉，只有达到一定量的刺激才能引起相应的感觉。现实生活中，往往会出现这样的情况：同是一种刺激，这个人感觉到了，另一个人却感觉不到，这就说明了他们的感受性是不同的。感受性是用感觉阈值的大小来度量的，感觉阈值是能引起感觉的、持续了一定时间的刺激量。心理学上把刚刚能引起感觉的最小刺激量，称为绝对感觉阈限（Absolute Sensor Threshold，AST）。

在蚁群搜索过程的初始阶段，有的路径有蚂蚁走过，有的路径还未来得及被涉足。而蚂蚁的路径选择策略是它以较大概率选择具有较大信息量的路径，这就使得蚂蚁从搜索的一开始就以很大的概率集中到几条长度较短的路径上。在仿真实验中可以观察到，蚁群在搜索的初

始阶段所得到的路径整体长度往往都偏大，导致了搜索所得的结果是局部最优而不是全局最优。

为了避免蚁群系统从搜索的一开始就失去解的多样性，受绝对 AST 原理的启发，当路径上信息量未达到蚂蚁的绝对感觉阙值 AST 时，可让蚂蚁忽视该刺激物的存在，也就是让蚂蚁在搜索初始阶段的路径选择不受信息量大小的影响。只有当信息量累积到超过 AST 时，蚂蚁才会在信息量的刺激下趋向于选择信息量较大的路径。通过这样的路径选择策略，就可以让蚂蚁在初始阶段选择较多的不同路径，以获得多样化的解，从而避免蚂蚁陷入局部最优，让蚂蚁尽量少走冤枉路。

2. 蚂蚁搜索的中间阶段

刺激物引起感觉之后，如果刺激量发生了变化（增多或减少），也会引起感觉的变化。但是，并不是刺激的所有变化量都能引起感觉。例如，如果在质量为 1 千克的物体上只增加 1 克的质量，我们感受不到两者的差异。由于经验和潜意识的作用，当刺激条件的改变幅度仅局限于一定的范围内时，包括特定感觉的知觉仍然保持相对不变，这就是知觉的“恒常性”。只有当刺激变化到一定量时，才能使我们感觉到差别。能引起差别感觉的刺激物的最小变化，称为差别感觉阙值（Contrast Sensor Threshold，CST）。

早在 1846 年，德国心理学家韦伯在研究差别感觉阙值时发现，差别感觉阙值是随原来刺激量的变化而变化的，而且表现为一定的规律性。在一定的范围内，差别感觉阙值与原来量的比值是一个常数。如果将它用公式来表示，设 I 表示原来刺激物的强度，ΔI 表示差别感觉阙值，那么在 I 小于某个特定的强度阙值（Intensity Threshold，IT）时，有

$$\frac{\Delta I}{I} = K \tag{3.76}$$

这就是著名的韦伯定律（Weber's law）。此处，K 是一个常数，称为韦伯系数。质量感觉的 K 为 1/30，听觉的 K 为 1/10，视觉的 K 为 1/100。

由于各条路径上的信息量也是在不断变化的，我们可将上述规律应用到蚁群算法的搜索过程中。这里，我们改变传统蚁群算法中信息量一旦变化就直接影响蚁群路径选择的做法，认为蚁群在一定的刺激强度范围内也存在一个 CST。当路径上信息量的增加或减少的量在 CST 之下时，蚂蚁就遵循知觉的恒常性规律，感受不到该路径上信息量的变化，这样，该条路径被选择的概率主要依据于以前迭代中蚂蚁的路径选择经验形成的潜意识作用；反之，蚂蚁就受其显意识控制，按照路径上所有蚂蚁信息量的高低决定路径选择概率的大小。根据韦伯定律，在具体实现此过程时，IT 取

$$\text{CST} = \tau_{ij}(t) \cdot K \tag{3.77}$$

式中，K 为蚂蚁对信息量感觉的韦伯系数。若记

$$\theta_{ij}^{k} = \begin{cases} \dfrac{\alpha_{ij}^{k}}{\beta_{ij}^{k}}, & \text{若 } \Delta\tau_{ij} \leqslant \text{CST} \\ \tau_{ij}(t)\eta_{ij}, & \text{其他} \end{cases} \tag{3.78}$$

$$\alpha_{ij}^{k}=\frac{\tau_{ij}^{k}(t)}{\sum_{h\in \text{allowed}_k}\tau_{ih}^{k}(t)} \tag{3.79}$$

$$\beta_{ij}^{k}=\frac{\tau_{ij}(t)-\tau_{ij}^{k}(t)}{\sum_{h\in \text{allowed}_k}(\tau_{ih}(t)-\tau_{ij}^{k}(t))} \tag{3.80}$$

这里,我们用 α_{ij} 表示在蚂蚁 k 的潜意识作用下路径 (i,j) 对它的吸引程度;β_{ij} 表示该路径对其他蚂蚁的吸引作用。实际上,当蚂蚁 k 按照其潜意识选择路径时,β_{ij} 包含了所有其他蚂蚁所留信息量的作用,会干扰蚂蚁 k 的潜意识,构成潜意识作用下蚂蚁 k 对路径 (i,j) 的排斥作用。这样,蚂蚁 k 选择路径 (i,j) 的概率表示为

$$p_{ij}^{k}=\begin{cases}\dfrac{\theta_{ij}^{k}}{\sum_{h\in \text{allowed}_k}\theta_{ih}^{k}}, & 若\ j\in \text{allowed}_k\\ 0, & 其他\end{cases} \tag{3.81}$$

当路径 (i,j) 上的信息量变化 $\Delta\tau_{ij}$ 小于绝对感觉阙值时,蚂蚁按照自己的潜意识作用选择路径。此时,如果蚂蚁 k 在某一条路径上走过的次数越多,它对这条路径就越熟悉,其潜意识作用下选择该路径的概率就大;反之,当一条路径上其他蚂蚁的信息量越多,则潜意识中蚂蚁对该路径就越排斥,该路径被选择的概率就小。这种机制有效地防止了蚂蚁一味相信他者而造成的盲从现象,大大降低了大量蚂蚁聚集于少数局部较优路径从而造成早熟、停滞现象的可能性。当信息量变化较大时,蚂蚁在显意识作用下受整体信息量的影响而进行路径选择,遵循路径上走过的蚂蚁越多,选择该路径的概率越大的原则,趋向于选择优势较大的路径(这里的优势主要指其信息量较大和长度较短),保证了所选路径的优越性,并且加快了收敛速度。

3. 蚂蚁搜索的结束阶段

由于韦伯定律只能在刺激物的强度 I 小于某个特定的限度 IT 时才能适用,在超过 IT 时并不适用。因此,当路径上信息量达到相当大的程度时,我们应改变蚂蚁的路径选择策略。为了确定 IT 的值,首先应估计各个路径上可能的最大信息量 $\tau_{\max}$。由于一条路径上的最大信息量只能出现在所有蚂蚁的每次迭代都选择该路径的情况下,若预定蚂蚁搜索的最大遍历次数为 $N_{c\max}$,蚁群总数为 m,则此时的最大信息量可以表示为

$$\tau_{\max}=N_{c\max}\cdot m\times 适应度的数量级 \tag{3.82}$$

从绝对感觉阙值的定义可知,此处适应度的数量级应该与 AST 相当,因此可以取

$$\text{IT}=h\cdot\tau_{\max}=h\cdot N_{c\max}\cdot m\cdot \text{AST} \tag{3.83}$$

式中,h 为一常数,可取 1/2,2/3,3/4 等数值。

应该看到,若路径上信息量强度较大,可能是因为进入了局部最优的状态,或者是因为整个蚁群的遍历行为已经接近尾声。仅由于上述搜索中间阶段的选择策略已经有效地避免了停滞现象的产生,所以此时不大可能是因为陷入局部最优,而是因为这些路径占有的绝对优势。

为加快收敛,此时可按照如下选路策略来选择下一城市 j

$$j = \begin{cases} \arg\max[\tau_{ij}(t) \mid j \in \text{allowed}_k], & 若 q \leqslant q_0 \\ 按如下概率选择, & 其他 \end{cases} \tag{3.84}$$

$$p_{ij}^k = \begin{cases} \dfrac{[\tau_{ij}(t)]^\alpha [\eta_{ij}(t)]^\beta}{\sum\limits_{k \notin \text{tabu}_k} [\tau_{ik}(t)]^\alpha [\eta_{ik}(t)]^\beta}, & j \in \text{allowed}_k \\ 0, & 其他 \end{cases} \tag{3.85}$$

式中,q 为产生的随机数,q_0 为一常数,其值在 0.7 左右较为合适。

4. 信息量更的自适应新策略

一些典型的蚁群算法在更新信息量时,要么采取只要蚂蚁经过该条路径就增加其信息量的方法;要么只让最优适应度路径上的信息量得以增加,其余路径上的信息量被削减;要么就是基于等级的算法,对比适应度相对较好的固定若干条路径根据其解的优劣程度决定信息量的增加幅度。这些做法都采用了固定的信息素增减的比例,忽视了解的分布情况。为此,在自适应更新策略中,可根据信息量的分布情况进行信息量的更新,动态地调整各路径上的信息量的分布,使之不至于过分集中或者分散,以在加速收敛的同时避免早熟。

信息素的局部更新可根据如下策略进行。

$$\tau_{ij}(t) = \begin{cases} \tau_{ij}(t) - \dfrac{1}{d_{ij}}, & 若满足如下条件 \Delta \\ \tau_{ij}(t) + \dfrac{1}{d_{ij}}, & 其他 \end{cases} \tag{3.86}$$

条件 Δ:此前已有 $m/2$ 只蚂蚁选择了同一城市 j,或 $m/4$ 只蚂蚁选择该城市后终止本次遍历。

这里,可认为在迭代中,蚂蚁从一个城市选择下一城市的时间间隔内信息量尚未被挥发,所以,局部更新时就不考虑信息素挥发因子。由于蚂蚁常常选择信息量较大的路径,当多只蚂蚁选中同一路径后,信息量增加的幅度太大,就容易使多只蚂蚁集中到该路径,因此取 $1/d_{ij}$ 为增加的信息量;若选择该路径的蚂蚁达到 $m/2$,或有 $m/4$ 的蚂蚁选择该路径后因当前距离超过上一次的最优路径长度而终止遍历,则减少 $1/d_{ij}$ 的信息量,以使其趋于各条路径信息量的平均值,从而使蚂蚁选择其他路径的可能性增加,让搜索得到的解趋于多样化。

上述算法可按照如下两公式进行信息素的整体更新

$$\tau_{ij}^k(t+1) = (1-\rho)\tau_{ij}^k(t) + \lambda_k \cdot \Delta\tau_{ij}^k(t) \tag{3.87}$$

$$\tau_{ij}(t+1) = (1-\rho)\tau_{ij}(t) + \sum_{k=1}^{m} \lambda_k \cdot \Delta\tau_{ij}^k(t) \tag{3.88}$$

式中,$\tau_{ij}^k(t)$ 为蚂蚁在本次循环中在路径上留下的信息量,λ_k 为第 k 只蚂蚁所对应的解对该路径 (i,j) 上信息量更新的影响程度。其计算方法如下:

首先,对经过路径 (i,j) 的总数为 s 的蚂蚁在本次迭代中遍历的路径全长由小到大进行排

序，所得序号存储于数组 rank[ ]中，rank[k]表示第 k 只蚂蚁对应的序号，取

$$\lambda_k = \frac{s}{2} - \text{rank}[k] + 1 \tag{3.89}$$

上式中，rank[k]越大，即长度越长，路径上信息量减小的程度越大，从而使得越差路径上的信息量保留得越少，有利于保持较好路径上信息。若 rank[k]超过了其他一半以上蚂蚁的路径长度，那么 λ_k 就为负值，整体更新时该蚂蚁就减小相应路径上的信息量强度；反之，若 rank[k]值较小，λ_k 就为正值，则蚂蚁在(i,j)上增强信息量，且 rank[k]越小，即路径越短，则 λ_k 越大，信息量增加的强度就越大，这样就有效地强化了短路径上的信息。这种自适应的信息量更新机制可以动态地调整信息量，有效地实现蚂蚁的搜索速度和解的多样性之间的平衡。

5. 具有感知和知觉特征的蚁群算法计算步骤

综上所述，具有感觉和知觉特征的蚁群算法的框架可以描述为如下两点。

(1)初始化过程

随机产生 m 个初始解，计算这 m 个初始解的适应度，即蚂蚁遍历完成的路径目标函数的倒数，记其最大适应度为 $f_{\max}$。取 $AST = C \cdot f_{\max}$，式中 C 为常数，一般取其值为 5。

设经过路径(i,j)的初始解有 s 个，它们的总长度分别为 $L_1, L_2, \cdots, L_s$，则路径(i,j)初始信息量为

$$\tau_{ij}(0) = \sum_{k=1}^{s} \frac{1}{L_k}$$

(2)迭代过程

```
While not 结束条件 do
For j = 1 to n do    !! 对 n 个城市循环
  For k = 1 to m do    !! 对 m 只蚂蚁循环
    If (以城市 i 为起点的各条路径上的平均信息量未达到 AST) then
      蚂蚁在当前城市随机产生下一次将要访问的城市序号，并按公式
      (3.87)更新该路径上的信息量
    else if (以城市 i 为起点的各条路径上的平均信息量小于 IT) then
      潜意识起作用：根据概率公式(3.81)选择下一城市 j
    else then
      显意识起作用：根据概率公式(3.84)，(3.85)选择下一城市 j；根据公式
      (3.86)局部更新(i,j)上的信息素；
    End if
  End for k
  m 只蚂蚁中若有当前遍历的路径超过上一次迭代得到的最优解，则停止该蚂
  蚁对下一城市的遍历；
End for i
按公式(3.88)对所有蚂蚁的路径全局更新其信息素；
End while
```

3.4 粒子群算法

粒子群优化算法(Particle Swarm Optimization,PSO)是一种基于群体智能理论的全局优化算法,通过群体中粒子间的相互合作与竞争产生群体智能指导优化搜索。一些科学家研究了蜂群、鸟群和鱼群各成员的协调运动,通过模拟发现每个个体在运动过程中始终保持与其相邻个体间的一定距离。通常认为群体中的个体之间的信息共享能提供进化的优势,这就是粒子群优化算法发展过程中的核心思想。粒子群优化算法最初是通过模拟鸟群觅食的过程,由美国的 Eberhart 和 Kennedy 于 1995 年最早提出的。

粒子群优化算法的提出是基于简单的社会模型的模拟。自然界中许多生物体具有一定的群体行为,人工生命的主要研究领域之一就是探索自然界生物的群体行为,从而在计算机上构建其群体模型。通常群体行为可以由几条简单的规则进行建模,如鱼群、鸟群等。对鸟群的研究发现,鸟群在觅食时,在它们找到食物源之前的迁徙过程中,既有分散又有聚集的特点。鸟群通过一套自己独有的方式相互传递着信息。这种个体之间的信息交换在群集的生物体中都存在,如蜜蜂、鱼群,甚至包括人类。假设在某个区域里只有一块食物,所有的鸟都不知道食物在哪儿。对于鸟群来说,在它们找到食源之前的从一地到另一地的迁徙过程,总是有那么一只鸟对食物的嗅觉较好,即对食源的大致方向具有较好的洞察力,从而,这只鸟就拥有食源的较好信息。由于在寻找食源的途中,它们之间时刻都在传递着信息,特别是这种较好的信息。所以,在这种"好消息"的指引下,不断搜寻目前离食物最近的鸟的周围区域,最终导致了鸟群"一窝蜂"的奔向食源,达到了在食源的聚集。粒子群算法(PSO)就是从这种模型中得到启示而产生的,后来发现粒子群优化算法是一种很好的优化工具。在优化问题中,解集相当于一个鸟群,它们从一地到另一地的迁徙相当于解集的进化,"好消息"相当于解集每代进化中的最优解,食源相当于全局最优解。

与遗传算法相比较,PSO 算法保留了基于种群功能的全局搜索策略,它所采用的一种速度——位移框架的数学模型,操作简单,从而避免了复杂的遗传操作;它特有的记忆使其可以动态地跟踪当前的搜索情况,时时调整其搜索策略。PSO 算法是一种高效的并行搜索算法,目前已被国际进化计算会议(Conference of Evolutionary Computation,CEC)列为讨论专题之一。

3.4.1 粒子群算法的研究进展

早在 1987 年,动物科学家 Heppner 就曾发表过关于鸟群群体行为的文章。到了 1990 年,Reynolds 也发表了相关论文。他们发现,由数目庞大的个体组成的鸟群在飞行中可以改变方向,散开或者队形的重组等,其中一定存在一种潜在的能力或者规则保证了这些同步的行为。这些科学家都认为上述行为是基于不可预知的鸟类社会行为中的群体动态学。在早期,他们把重点都放在了个体间距的处理上，就是让鸟群中的个体之间保持最优的距离。1995 年，美国的 Kennedy 和 Eberhart 受鸟群觅食行为的启发，对 Heppner 的模仿鸟群的模型进行了修改，提出了粒子群优化算法。两位研究者提出的 PSO 算法基本模型与遗传算法类似，也是一种基于迭代的优化工具。但是在算法实现过程中没有交叉变异等操作，而是以粒子向解空间中最优粒子飞行的方式进行解的搜索过程。

与遗传算法相比，PSO 算法具有算法简单、参数少、易于实现等优点。这使得 PSO 算法在近十年内得到了很大的发展。但由于粒子群优化算法是建立在对社会模型仿真的基础之上，因而在算法提出的初期并没有严格的数学基础，随着 Clerc 和 Van den Bergh 等人对该算法进行研究并取得了一些研究成果，粒子群优化算法的严格数学基础正在逐步建立。

基本粒子群优化算法是函数优化问题的有力工具，其优点是收敛速度快，需要设置的参数较少；缺点是易于陷入局部极值点，搜索精度不高。

为改进这些缺点，当前典型的粒子群改进算法有：自适应粒子群优化算法、混沌粒子群优化算法、简约粒子群优化算法、广义粒子群优化算法等。YuShi Hui 和 Eberhart R 首次提出了惯性权重的概念，并通过研究惯性因子对优化性能的影响，发现较大的值有利于跳出局部极小点，较小的值有利于算法的收敛，故提出了自适应和模糊粒子群优化算法，以获得更好的全局优化效果。自适应粒子群优化算法通过线性的减小值来动态调整参数，而模糊粒子群优化算法则在此基础上利用模糊规则动态调整值以改善粒子群优化算法的性能。为了进一步提高 PSO 算法的基本性能，许多学者还尝试了将 PSO 算法与其他智能优化算法相融合的改进策略，以突破自身局限性。国内也有很多学者进行了算法融合方面的研究，提出了基于模拟退火的 PSO 算法、免疫粒子群算法、基于群体适应度方差自适应变异的 PSO 算法等，这些融合算法均取得了满意的结果，在一定范围内改善了算法的性能。

目前，粒子群算法的研究者主要致力于算法的应用研究，很少人关注算法本身的工作原理，即很少涉及对算法内部机理的研究，如 PSO 算法中位置和速度的设置及参数的设计理论不成熟；对 PSO 算法中的参数分析处在试验分析阶段，没有实质性的认识；PSO 算法的改进算法及其应用也都停留在实验阶段，缺乏理论支持。为此，对于这样一个新兴的且具有很大开发潜力的启发式算法，开展一些对 PSO 算法机理的研究工作具有较大的科学意义，不但可以加深对 PSO 算法机制的认识，而且对于扩展 PSO 算法的应用领域也具有比较深远的意义。

3.4.2 基本粒子群优化算法

在粒子群优化算法中，群体中的每个个体都有一个速度，粒子根据自身速度在搜索空间中运动。而且，每个个体都有一个记忆单元，记下它曾经到达过的最优位置。整个寻优过程就是个体根据自己先前到达过的最优位置和其邻域中其他个体到达过的最优位置来改变自己的位置和速度，从而趋向全局最优值的聚集加速过程。粒子群优化算法中的每个个体称为 Particle，群体称为 Swarm，这种优化算法被称为 Particle Swarm Optimization(PSO)。

PSO 算法解决优化问题的过程中主要涉及两个重要的步骤：问题解的编码和适应度函数。PSO 算法不像遗传算法那样一般采用二进制编码，而是采用实数编码。例如，对于问题 $F(\boldsymbol{X}) = x_1^2 + x_2^2 + x_3^2$ 求解，粒子可以直接编码为 (x_1, x_2, x_3)，适应度函数就是 $F(\boldsymbol{X})$。

3.4.2.1 基本粒子群算法

在 PSO 算法中，每个优化问题的解被看作是搜索空间中的没有体积没有质量的飞行的粒子，所有的粒子都有一个被优化的目标函数决定的适应度值(Fitness Value)，每个粒子还有一个速度决定它们飞行的方向和距离。PSO 算法初始化为一群随机粒子，这些粒子根据对个体和群体的飞行经验的评估和分析来动态调整自己的速度，在解空间中进行搜索，通过迭代找到最优解。在每一次迭代中，粒子通过跟踪两"极值"来更新自己的速度，一个是个体历史最好点(pbest)，即粒子自身目前所找到的最优解；另一个是全局历史最好点(gbest)，即整个种群目前找到的最优解。在此基础上，粒子应用这两个最好点，根据如下公式来更新自己的速度和位置

$$v_{ij}^{k+1} = v_{ij}^{k} + c_1 r_1 (\text{pbest}_{ij}^{k} - x_{ij}^{k}) + c_2 r_2 (\text{gbest}_{j}^{k} - x_{ij}^{k}) \tag{3.90}$$

$$x_{ij}^{k+1} = x_{ij}^{k} + v_{ij}^{k+1} \tag{3.91}$$

式中，下标 i 代表第 i 个粒子，下标 j 代表速度(或位置)的第 j 维，上标 k 代表迭代次数，如 v_{ij}^k 和 x_{ij}^k 分别是第 i 粒子(p_i)在第 k 次迭代中第 j 维的速度和位置，两者均被限制在一定的范围内；c_1 和 c_2 是学习因子(Learning Factor)或加速系数(Acceleration Coefficient)，通常 $c_1, c_2 \in [0,4]$；r_1 和 r_2 是介于 $[0,1]$ 之间的随机数；pbest_{ij}^k 是粒子 p_i 在 j 维的个体极值点；gbest_j^k 是群体在第 j 维的全局极值点。公式(3.90)和(3.91)即组成基本 PSO 算法公式。

3.4.2.2 粒子群算法流程

基本粒子群优化算法的流程如下所示。

(1)初始化过程。对粒子群进行随机初始化，随机产生位置和粒子速度。

(2)计算每个粒子相应的适应值。

(3)对于每个粒子，将其适应度值与自身所经历过的最好位置的适应度值进行比较，若更好，则将其作为粒子个体历史最优值，用当前位置更新个体历史最好位置。

(4)对每个粒子，将其历史最优适应度值与群体内或邻域内所经历的最好位置的适应度值进行比较，若更好，则将其作为当前的全局最好位置。

(5)根据公式(3.90)和(3.91)对粒子的速度和位置进行更新。

(6)判断是否满足算法终止准则，若满足收敛，结束计算，将当前全局最优点作为最优值输出；若未达到收敛条件，则转第(2)步。

一般将算法收敛条件设定为一个足够好的适应度值或达到一个预设的最大迭代数目 T。

3.4.2.3 算法中粒子社会行为分析

从粒子的速度更新方程(3.90)可以看到，基本粒子群优化算法中，粒子速度主要由以下

三部分构成。

(1)前次迭代中粒子自身的速度

式(3.90)右侧第一项,表示了粒子飞行中的惯性作用,是粒子能够进行飞行的基本前提条件。

(2)粒子自我认知的部分

式(3.90)右侧第二项,表示粒子在飞行过程中考虑自身的飞行经验,向着自己曾经找到过的最好点靠近。

(3)粒子社会经验部分

式(3.90)右侧第三项,表示粒子在飞行中考虑到社会经验,借鉴邻域中其他粒子的飞行经验,使粒子在飞行时向邻域内所有粒子曾经找到过的最好点靠近。

Kennedy 通过神经网络训练的试验研究了粒子飞行时的行为,在实验中对于粒子的速度更新公式分别考虑以下几种情况。

(1)完全模型(Full Model):即按照原始公式(3.90)进行速度更新。

(2)只有自我认知(Cognition-only):即速度更新时只考虑上述第一项和第二项。

(3)只有社会经验(Social-only):即速度更新时只考虑第一项和第三项。

(4)无私(Selfness):即速度更新时只考虑上述第一项和第三项,并且粒子的邻域不包括粒子本身。

这里考虑"无私"的情况,是因为在只有社会经验的模型中,如果粒子自身取得的历史最好解就是邻域最好解,那么粒子还是会被自身取得的历史最优解所影响,这容易引起概念及效果上的混淆。因此,这里考虑的"无私"情形必须彻底去掉自身认知的影响。

上述几种情况的试验结果表明:

(1)对于所有情形,最大速度 V_{max} 过小常常导致搜索的失败;而较大的 V_{max} 常使粒子飞过目标区域,这可能使粒子找到更好的区域,即使粒子脱离局优;

(2)上述速度更新模型按照满足收敛要求所需的迭代次数从少到多依次为

$$T(\text{只有社会经验}) < T(\text{无私}) < T(\text{完全模型}) < T(\text{只有自我认知})$$

这说明对于简单的问题,只有社会经验的模型可以最快达到收敛,这是因为粒子间的社会信息的共享导致进化速度加快。而只有自我认知的模型收敛最慢,这是因为不同的粒子间缺乏信息交流,没有社会信息的共享,导致找到最优解的概率变小。

但是需要注意,收敛速度不是优化效果的唯一评价指标。特别是对于复杂问题,只考虑社会经验,将导致粒子群过早收敛,从而陷于局部最优点;只考虑个体自身经验,将使粒子群算法很难收敛,进化速度过慢。综上所述,完全模型是较好的选择。

3.4.2.4　粒子群算法特点

(1)PSO 算法搜索过程是从一组解迭代到另一组解,采用同时处理群体中多个个体的方法,具有本质的并行性。

(2)PSO 算法采用实数进行编码,直接在问题域上进行处理,无需转换,因此算法简单,易于实现。

(3)PSO 算法的各粒子的移动具有随机性,可搜索不确定的复杂区域。

(4)PSO 算法具备有效的全局和局部搜索的平衡能力,避免早熟现象的发生。

(5)PSO 算法在优化过程中,每个粒子通过自身经验与群体经验进行更新,具有很好的学习能力。

(6)PSO 算法解的质量不依赖初始点的选取,这保证其较好的收敛性。

(7)PSO 算法可求解带离散变量的优化问题,但是对离散变量的取值可能会导致大的误差。

3.4.3 标准粒子群算法与算法的构成要素

3.4.3.1 标准粒子群优化算法

为改善算法收敛性能,1998 年 Shi 和 Eberhart 在他们的论文中引入了惯性权重 ω 的概念,将速度更新公式(3.90)修改为

$$v_{ij}^{k+1} = \omega v_{ij}^{k} + c_1 r_1 (\text{pbest}_{ij}^{k} - x_{ij}^{k}) + c_2 r_2 (\text{gbest}_{j}^{k} - x_{ij}^{k}) \tag{3.92}$$

式中,ω 称为惯性权重,其大小决定了粒子新的速度对粒子当前速度继承的多少。合适的惯性权重选择可以使粒子较好地均衡其具有的探索能力(Exploration,即全局搜索能力)和开发能力(Exploitation,即局部搜索能力)。可见,基本粒子群优化算法是惯性权重 $\omega = 1$ 的特殊情况。

实验分析表明,设定最大速度 $V_{\max}$ 的作用可以通过惯性权重的调整来实现。现行的粒子群优化算法基本上使用 $V_{\max}$ 进行初始化,将 $V_{\max}$ 设定为每一维变量的变化范围,而不必进行细致的选择与调节。

目前,对于粒子群优化算法的研究大多都以带有惯性权重的粒子群优化算法为研究对象进行分析、扩展和改进,因此大多数文献中将带有惯性权重的粒子群算法称为粒子群优化算法的标准版本,或者称为标准粒子群优化算法;而将前述粒子群算法称为初始粒子群优化算法/基本粒子群优化算法,或者称为粒子群优化算法的初始版本。

3.4.3.2 算法的构成要素

粒子群算法的构成要素主要包括群体大小、学习因子、最大速度、惯性权重等。算法设计中的相关问题包括邻域拓扑结构、粒子搜索空间的初始化和算法收敛准则。下面将简要说明这些构成要素的设置问题。

1. 群体大小 m

m 代表粒子群算法的种群大小。PSO 算法对种群大小不十分敏感,种群数目下降对算法性能的影响不是很大。一般取 $m = 30 \sim 50$,不过对于多模态函数优化问题,可以取 $m = 100 \sim 300$。

2. 学习因子 c_1 和 c_2

在粒子群算法中，学习因子 c_1,c_2 对于 PSO 算法的收敛性影响不大。学习因子 c_1,c_2 代表粒子的自我总结能力和向群体中优秀个体学习的能力，从而使粒子向群体内或者邻域内最优点靠近。合适的 c_1,c_2 取值可以加快算法的收敛速度，减少算法陷入局部极小值的可能性。一般，$c_1,c_2 \in [0,4]$，通常取 $c_1=c_2=2$。

虽然学习因子一般固定为常数，并且取值为 2。但是也有一些研究者对 c_1,c_2 进行分析，研究了 c_1,c_2 其他的设置方式，以使算法具有更好的优化性能。

(1) c_1 和 c_2 的同步时变

Suganthan 通过实验分析，将学习因子设置如下：设学习因子 c_1 和 c_2 的取值范围为 $[c_{\min}, c_{\max}]$，最大迭代次数为 Iter_max，则第 i 次迭代时学习因子的取值为

$$c_1 = c_2 = c_i = c_{\max} - \frac{c_{\max} - c_{\min}}{\text{Iter\_max}} \times i \tag{3.93}$$

在这种学习因子设置方式中，c_1,c_2 的值同步线性减小，因此称之为同步时变的学习因子。

(2) c_1 和 c_2 的异步时变

Ratnaweera 等提出了另一种学习因子的时变设置方式，使两个学习因子在优化过程中随时间变化而呈现不同的变化，称之为异步时变。这种设置方式的目的是在优化初期阶段加强算法的全局搜索能力，而在搜索后期阶段促使粒子收敛于全局最优解。这种想法可以通过随时间不断减小自我学习因子 c_1 和不断增大社会学习因子 c_2 来实现。

①在优化的初始阶段，粒子具有较大的自我学习能力和较小的社会学习能力，这样粒子可以倾向于在整个搜索空间飞行，而不是很快就飞向群体最优解。

②在优化后期阶段，粒子具有较大的社会学习能力和较小的自我学习能力，使粒子倾向于飞向全局最优解。

具体实现方式为

$$c_1 = (c_{1f} - c_{1i})\frac{\text{iter}}{\text{Iter\_max}} + c_{1i} \tag{3.94}$$

$$c_2 = (c_{2f} - c_{2i})\frac{\text{iter}}{\text{Iter\_max}} + c_{2i} \tag{3.95}$$

式中，$c_{1i},c_{1f},c_{2i},c_{2f}$ 为常数，分别为 c_1 和 c_2 的初始值和最终值；Iter_max 为最大迭代次数；iter 为当前迭代数。Ratnaweera 等在研究中发现，对大多数标准粒子群算法如下设置优化效果较好，即

$$c_{1i}=2.5, c_{1f}=0.5, c_{2i}=0.5, c_{2f}=2.5$$

需要说明的是，异步时变的学习因子应与线性减小的时变权重配合使用，效果更好。

3. 最大速度 $V_{\max}$

最大速度决定粒子在一次迭代中最大飞行距离。若 $V_{\max}$ 较大，则粒子探索能力增强，但是

容易飞过最好解;若 V_{max} 较小则粒子,开发能力增强,但是容易陷入局部最优解。有分析和实验表明,V_{max} 在算法中所起的作用可以通过惯性权重的调整来实现。所以现在的试验基本上使用 V_{max} 进行初始化,将 V_{max} 设定为每一维变量的变化范围,而不必进行细致的选择与调节。

4. 惯性权重

智能优化方法的运行是否成功,粒子的探索能力和开发能力在优化过程中的权衡是非常关键的。对于粒子群优化算法来说,这两种能力的平衡就是靠惯性权重来实现的。较大的惯性权重使粒子在自己原来的方向上具有更大的速度,从而在原方向上飞行更远,具有更好的探索能力;而较小的惯性权重使粒子继承了较少的原方向的速度,从而飞行较近,具有更好的开发能力。通过调节惯性权重能够调节粒子群的搜索能力。具体的惯性权重选取方法主要有固定权重、时变权重等。

(1)固定权重

即赋予惯性权重以一个常数,一般来讲,该值在 0 和 1 之间。

(2)时变权重

对于优化算法来说,总是希望粒子群在飞行初始阶段具有较好的搜索能力,而随着迭代次数的增加,特别是飞行的后期阶段,希望其具有较好的开发能力。这就要求算法能够动态地调节惯性权重,这可以通过时变权重的设置来实现。

设置惯性权重的范围是$[\omega_{min},\omega_{max}]$,最大迭代次数为 Iter_max,则第 i 次迭代时的惯性权重取为

$$\omega_i = \omega_{max} - \frac{\omega_{max} - \omega_{min}}{\text{Iter\_max}} \times i$$

这是一种线性减小的变化方式。除此之外,可以采用非线性减小的方式来设置惯性权重。最大权重 ω_{max} 和最小权重 ω_{min} 需要根据实际的问题进行确定。线性时变权重是实际应用中使用最为广泛的一种方式。

5. 领域拓扑结构

粒子群优化算法从定义粒子邻域的角度进行划分,可分为全局版本的粒子群优化算法和局部版本的粒子群优化算法。全局版本粒子群优化算法将整个群体作为粒子的邻域,其收敛速度快,不过有时会陷入局优;局部版本粒子群优化算法将索引号相近或者位置相近的个体作为粒子的邻域,收敛速度慢一点,不过很难陷入局部最优。显然,全局版本的粒子群优化算法可以看作是局部版本粒子群优化算法的一个特例,即将整个群体都作为邻域。

6. 算法终止准则

一般使用最大迭代次数或者以得到可接受的满意解作为算法终止准则。

7. 粒子群的初始化

较好地选择粒子群的初始化空间将大大缩短算法收敛时间。一般采用随机的方式进行粒子群的初始化操作。

从上面的介绍可以看到，实际上在粒子群优化算法中，需要设置的算法参数并不多。相对来说，学习因子、惯性权重和邻域定义较为重要。

3.4.4　计算举例

下面以一个简单的例子来简要说明粒子群优化算法的工作过程。

求解某一无约束优化问题（Rosenbrock 函数）

$$\min F(\boldsymbol{X}) = \sum_{i=1}^{n-1} [100(\boldsymbol{X}_{i+1} - \boldsymbol{X}_i^2)^2 + (\boldsymbol{X}_i - 1)^2]$$

$$\boldsymbol{X} \in [-30,30]^n$$

式中，问题的维数 $n=5$，$\boldsymbol{X}^* = [1 \quad 1 \quad \cdots \quad 1]^{\mathrm{T}}$，$F(\boldsymbol{X}^*)=0$。

1. 简单分析

Rosenbrock 是著名的测试函数，也叫香蕉函数，其特点是该函数虽然是单峰函数，在$[-100,100]^n$上只有一个全局极小点，但它在全局极小点临近的狭长区域内取值变化极为缓慢，常用于评价算法的全局搜索性能。粒子群优化算法非常适合于求解这类优化问题。这里使用标准粒子群算法对其进行求解，算法的相关参数设置如下所示。

(1)编码：因为问题的维数为5，所以每个粒子为5维的实数向量。

(2)初始化范围：根据问题要求，设定为$[-30,30]$。根据前面的参数讨论，可以将最大速度设定为 $V_{\max}=60$。

(3)种群大小：为了说明方便，采用一个较小的种群规模，$m=5$。

(4)算法终止准则：设定最大迭代次数100次为算法终止准则。

(5)惯性权重：采用固定权重0.5。

(6)邻域拓扑结构：将整个群体作为粒子的邻域。

2. 采用粒子群算法的求解步骤

(1)设置相关参数，在初始化范围内，对粒子群进行随机初始化，包括设置粒子的随机位置和随机速度。

(2)计算每个粒子的适应度值。这里可将函数值作为粒子的适应度值。

(3)更新粒子的个体历史最好解以及整个群体的历史最好解。

(4)根据式(3.92)和式(3.91)对粒子的速度和位置进行更新。

(4)判断是否满足算法终止准则，即迭代次数是否达到100。若迭代次数未达到100，则转第(2)步；否则，算法终止，输出最优解。

3. 粒子群的初始化

各个粒子的初始位置为

$$X_1^0=(-15.061\,812,-23.799\,465,25.508\,911,4.867\,607,-4.611\,503\,6)$$

$$X_2^0=(29.855\,438,-25.405\,956,6.244\,838\,7,10.079\,613,-26.621\,386)$$

$$X_3^0=(23.805\,588,19.578\,82,-8.615\,54,9.441\,231,-29.898\,735)$$

$$X_4^0=(7.180\,465\,7,-13.258\,207,-29.634\,05,-27.048\,172,2.242\,797\,9)$$

$$X_5^0=(-4.738\,590\,2,-17.732\,449,-24.783\,65,-3.809\,282\,3,4.355\,228\,84)$$

各个粒子的初始速度为

$$V_1^0=(-5.227\,392\,7,15.964\,569,-11.821\,243,42.655\,71,-48.362\,18)$$

$$V_2^0=(-0.429\,868\,97,-0.570\,165\,2,-18.416\,643,-51.866\,05,-33.901\,33)$$

$$V_3^0=(13.069\,403,-48.511\,078,28.800\,03,-8.051\,167,-28.049\,505)$$

$$V_4^0=(-8.853\,61,12.998\,845,-13.325\,946,18.722\,532,-26.033\,237)$$

$$V_5^0=(-5.746\,103\,3,-7.451\,118,29.135\,513,-14.144\,024,-41.325\,256)$$

各个粒子的初始适应度值为

$$F_1^0=7.733296E7$$

$$F_2^0=1.26632846E8$$

$$F_3^0=4.7132888E7$$

$$F_4^0=1.39781552E8$$

$$F_5^0=4.98773E7$$

显然,粒子 3 取得了群体中最好的位置和适应值,将其作为群体历史最优解。

4. 进行一次迭代后的结果

经过一次迭代后,粒子的位置变为

$$X_1^1=(2.426\,5985,29.665\,405,18.387\,815,29.660\,393,-39.973\,71)$$

$$X_2^1=(22.567\,45,-3.999\,012,-19.235\,71,-16,373\,426,-45.417\,023)$$

$$X_3^1=(30.340\,29,-4.677\,318\,6,5.784\,475\,3,5.415\,647\,5,-43.923\,49)$$

$$X_4^1=(2.7943\,296,19.942\,759,-24.861\,498,16.060\,974,-57.757\,202)$$

$$X_5^1=(27.509\,708,28.379\,063,13.016\,331,11.539\,068,-53.676\,777)$$

从上面的一次迭代后位置向量可以看到,粒子的某些分量已跑出了初始化范围。需要说明的是,在这种情况下,即使初始化空间是粒子的约束空间,也不强行将粒子重新拉回到初始化空间。因为,即使粒子跑出初始化空间,随着迭代的进行,如果在初始化空间内有更好的解存在,那么粒子也可以自行返回到初始化空间。

第一次迭代后,各个粒子的适应度值变为

$$F_1^1 = 1.68403632E8$$

$$F_2^1 = 5.122986E7$$

$$F_3^1 = 8.6243528E7$$

$$F_4^1 = 6.4084752E7$$

$$F_5^1 = 1.21824928E8$$

此时,取得最好解的是粒子 2。

5. 100 次迭代结果

100 次迭代后,粒子的位置及相应的适应度值为

$$\boldsymbol{X}_1^{100} = (0.8324391, 0.71345127, 0.4540729, 0.19283025, -0.01689619)$$

$$\boldsymbol{X}_2^{100} = (0.7039059, 0.75927746, 0.42355448, 0.20572342, 1.0952349)$$

$$\boldsymbol{X}_3^{100} = (0.8442569, 0.6770473, 0.45867932, 0.19491772, 0.016728058)$$

$$\boldsymbol{X}_4^{100} = (0.8238968, 0.67699957, 0.45485318, 0.1967013, 0.015787406)$$

$$\boldsymbol{X}_5^{100} = (0.8273693, 0.6775995, 0.45461038, 0.19740629, 0.01580313)$$

$$F_1^{100} = 1.7138834$$

$$F_2^{100} = 121.33863$$

$$F_3^{100} = 1.2665054$$

$$F_4^{100} = 1.1421967$$

$$F_5^{100} = 1.1444693$$

从结果可以看到,粒子 2 的适应度值较大,这是因为 100 次迭代后粒子群还没有充分收敛。而这也在一定程度上保持了种群的多样性。

3.4.5 粒子群算法的一些改进技术与方法

3.4.5.1 带有收缩因子的粒子群优化算法

基本粒子群优化算法有两种重要的改进方法,即加入惯性权重和加入收缩因子的改进策略。惯性权重改进策略已成为标准粒子群算法,所以在算法的基本原理中已作详细介绍。这里将详细阐述加入收缩因子的改进方法。

Clerc 在原始粒子群优化算法中引入收缩因子的概念,并指出该因子对于算法的收敛是必要的。在带有收缩因子的粒子群优化算法中,粒子的速度更新方程为

$$v_{ij}^{k+1} = K[v_{ij}^k + c_1 r_1(\text{pbest}_{ij}^k - x_{ij}^k) + c_2 r_2(\text{gbest}_j^k - x_{ij}^k)] \tag{3.96}$$

这里,K 是 c_1 和 c_2 的函数,具体表达式为

$$K = \frac{2}{2 - \varphi - \sqrt{\varphi^2 - 4\varphi}}, \quad \varphi = c_1 + c_2 > 4 \tag{3.97}$$

Clerc 将参数取值为 $c_1 = c_2 = 2.05$， $\varphi = 4.1$。于是可得 $K = 0.729$。

显然，如果将标准粒子群优化算法取如下参数

$$\omega = 0.729$$

$$c_1 = c_2 = 0.729 \times 2.05 = 1.494\,45$$

则基本粒子群优化算法与带有收缩因子的粒子群优化算法等价。即带有收缩因子的粒子群算法可以看作为基本粒子群算法的一个特例。

3.4.5.2 离散粒子群优化算法

由式(3.92)和(3.91)可知，标准粒子群算法速度更新公式和位置更新公式都是连续变化的。在对上述两式进行改进中，秦洪德等[31]提出了一种用于求解离散域组合优化问题的改进粒子群算法——离散粒子群算法。这种粒子群算法与标准粒子群算法相比较，其解的编码采用符号编码形式。在离散域内，同标准粒子群算法相类似，首先初始化为一群随机粒子，然后在每一次迭代中，粒子通过跟踪个体历史最好点(pbest)和全局历史最好点(gbest)来动态调整自己的速度，在离散域内通过迭代找到最优解。下面将具体阐述离散粒子群算法中的具体实现过程。

1. 问题解的编码

在这种离散变量的粒子群优化算法中，每一粒子的位置代表一种组合方案。假设有 D 维设计变量 $\boldsymbol{X} = [x_1, x_2, \cdots, x_D]^{\mathrm{T}}$，且第 j 维设计变量 x_j 共有 N_j 种可能取值。这样，从上述 D 维设计变量中进行选择，如图 3.10 所示，组成解空间内的一个解。由图 3.10 可知，粒子 i 所对应的离散设计变量的组合方案为 $\boldsymbol{X}_i = [x_{1,2}^i, x_{2,3}^i, x_{3,1}^i \cdots, x_{D,3}^i]^{\mathrm{T}}$，其中 $x_{j,k}^i$ 表示粒子 i 位置的第 j 维设计变量中的第 k 个取值。因此，在离散域粒子群算法寻优搜索过程中，粒子不再采用传统的实数编码，而是采用符号编码形式。则上图中的粒子 i 的位置符号编码表示为

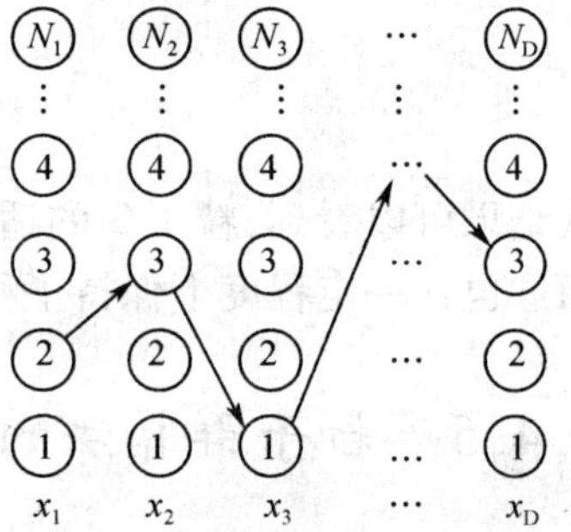

图 3.10 解空间的离散组合方案示例

$$\boldsymbol{X}_i = (2, 3, 1, \cdots, 3)$$

它所对应的实数编码为

$$\boldsymbol{X}_i = [x_{1,2}^i, x_{2,3}^i, x_{3,1}^i \cdots, x_{D,3}^i]$$

粒子 i 的速度符号编码可表示为

$$\boldsymbol{V}_i = (2, 3, 1, \cdots, 3)$$

它所对应的实数编码为

$$V_i = [v^i_{1,2}, v^i_{2,3}, v^i_{3,1}, \cdots, v^i_{D,3}]$$

式中，$v^i_{j,k}$表示粒子 i 速度的第 j 维设计变量中的第 k 个取值。

2. 离散粒子群的初始化

在离散粒子群优化算法中，采用随机的方法产生一组初始粒子。假设粒子群的群体大小为 m，那么在这种离散粒子群优化算法中，对于粒子 i 在第 j 维上的初始位置按如下公式产生

$$x^i_j = \mathrm{INT}[(N_j - 1) \times R_{jx}) + 1]$$

同理，类似上述公式产生粒子 i 在第 j 维上的初始速度

$$v^i_j = \mathrm{INT}[v_{j\max} \times R_{jv}]$$

上述两公式中，INT[ ]表示取整，即对于括号内的实数取小于等于此实数的整数；$v_{j\max}$ 表示第 j 维上速度的最大范围。综上所述，m 个粒子的初始化过程伪代码如图 3.11 所示。

```
DO i = 1, m
    DO j = 1, D
        随机产生一个随机数 R_jx
        x_j^i = INT[(N_j - 1) × R_jx + 1]
        再随机产生一个随机数 R_jv
        v_j^i = INT[v_jmax × R_jv]
    END DO
END DO
```

图 3.11　初始化过程伪代码

利用数字符号对粒子群进行编码，在通过上述初始化过程，便可保证 m 个粒子的初始位置均落在设计变量的离散节点上。而初始速度的取整离散操作过程是为保证位置更新后的粒子位置落在离散节点上作保证。

3. 速度和位置更新过程

在这种改进的离散粒子群算法中，速度更新公式仍然采用公式(3.92)的形式，作如下改进：

令

$$v = \omega(v^i_j)^T + \mathrm{INT}[c_1 r_1(\mathrm{pbest}^i_j - x^i_j) + c_2 r_2(\mathrm{gbest}^i_j - x^i_j)] \tag{3.98}$$

则

$$(v^i_j)^{T+1} = \begin{cases} v, & \mathrm{if}(-v_{l\max} \leqslant v \leqslant v_{j\max}) \\ v_{j\max}, & \mathrm{if}(v \geqslant v_{j\max}) \\ -v_{j\max}, & \mathrm{if}(v \leqslant -v_{j\max}) \end{cases} \tag{3.99}$$

位置更新公式为：

令

$$x = (x^i_j)^T + (v^i_j)^{T+1} \tag{3.100}$$

则

$$(x_j^i)^{T+1} = \begin{cases} x, & \text{if}(1 \leqslant x \leqslant N_j) \\ x_{j,N_j}^i, & \text{if}(x \geqslant N_j) \\ x_{j,1}^i, & \text{if}(x \leqslant 1) \end{cases} \tag{3.101}$$

在这种改进的离散粒子群优化算法中，可以保证粒子在随机搜索过程中，粒子不会逃离粒子的有效离散域。

3.4.5.3 基于遗传策略粒子群优化算法

对于大多数智能优化算法来说，遗传策略的引入是一类重要的改进方式。遗传算法是目前为止应用最为广泛的智能优化算法，其基本的遗传操作，包括选择、交叉和变异等已经深入人心，并且取得了良好的优化成果。因此，对于一种新的算法，研究者首先会想到用遗传策略来进行尝试，试图找到性能有所提高的改进措施。这里介绍几种基于遗传策略的改进粒子群优化算法。

1. 基于选择的粒子群改进算法

标准粒子群优化算法中，粒子的历史最优信息的确定相当于一种隐含的选择机制。这种选择机制可能需要经过较长时间才能发挥作用。而传统进化算法中选择的操作可以将搜索空间定向于较好区域。

Angeline 将自然选择机制与粒子群优化算法相结合，提出了一种混合群体算法（Hybrid Swarm algorithm）。该混合算法是采用了锦标赛选择方法（Tournament Selection Method），即每个粒子将其当前位置上的适应度值与其他 k 个粒子的适应度值相比较，记下最差的一个得分，然后整个粒子群以分值高低排队。在此过程中，不考虑个体的历史最优值。群体排序完成后，用群体中最好的一半的当前位置和速度来替换最差的一半的位置和速度，同时保留原来个体所记忆的历史最优值。这样，每次迭代后，一半粒子将移动到搜索空间中相对较优的位置，这些个体仍保留原来的历史信息，以便下一代的位置更新。

这种选择策略的加入使混合算法具有更强的搜索能力，特别是对当前较好区域的开发能力，使得收敛速度明显提高。但是，这种改进策略也增加了算法陷入局优的可能性。

2. 基于交叉的改进算法

Lϕvbjerg 等人基于进化算法中交叉的思想提出了带有繁殖（Breeding）和子种群（Subpopulation）的混合粒子群优化算法，这里所使用的是繁殖一词，与交叉同义。这种混合算法的结构如图 3.12 所示。

这里，速度计算公式采用的是惯性权重和收缩因子相结合的公式，即

$$v_{ij}^{k+1} = k(\omega v_{ij}^k + c_1 r_1(\text{pbest}_{ij}^k - x_{ij}^k) + c_2 r_2(\text{gbest}_j^k - x_{ij}^k)) \tag{3.102}$$

新位置的更新仍采用式（3.91）。

繁殖（交叉）的方式如下：每次迭代时，依据一定的概率（称为繁殖概率）在粒子群中选取

一定数目的粒子放入一个池中,池中粒子随机两两进行繁殖,产生相应数目的子代粒子,并用子代粒子代替父代粒子,使种群规模保持不变。

```
Begin
  初始化
    While(不满足算法终止条件)do
      Begin
        评估
        计算新的速度
        移动
        繁殖
    End
End
```

图 3.12　基于交叉的混合粒子群算法结构

每一维中子代位置由父代位置进行算术交叉计算得到

$$\text{child}_1(x_i) = p_i \times \text{parent}_1(x_i) + (1.0 - p_i) \times \text{parent}_2(x_i) \tag{3.103}$$

$$\text{child}_2(x_i) = p_i \times \text{parent}_2(x_i) + (1.0 - p_i) \times \text{parent}_1(x_i) \tag{3.104}$$

这里,p_i 是[0,1]之间均匀分布的伪随机数。子代的速度向量由父代速度向量之和归一化后得到

$$\text{child}_1(\boldsymbol{V}) = \frac{\text{parent}_1(\boldsymbol{V}) + \text{parent}_2(\boldsymbol{V})}{|\text{parent}_1(\boldsymbol{V}) + \text{parent}_2(\boldsymbol{V})|} |\text{parent}_1(\boldsymbol{V})| \tag{3.105}$$

$$\text{child}_2(\boldsymbol{V}) = \frac{\text{parent}_1(\boldsymbol{V}) + \text{parent}_2(\boldsymbol{V})}{|\text{parent}_1(\boldsymbol{V}) + \text{parent}_2(\boldsymbol{V})|} |\text{parent}_2(\boldsymbol{V})| \tag{3.106}$$

子种群的思想是将整个粒子群划分为一组子种群,每个子种群有自己的内部历史最优解。上述交叉操作可以在同一子种群内部进行,也可在不同子种群之间进行。交叉操作和子种群操作,可以使粒子受益于父母双方,增强算法搜索能力,易于跳出局部最优解。

3. 基于变异的改进算法

Higashi 和 Iba 将遗传算法中的高斯变异融入粒子群位置和速度的更新公式中,来避免算法陷入局部最优。每个粒子在搜索区域由当前位置移动到另一位置时,不像标准公式那样只依据经验概率来考虑其他粒子的影响,而是通过高斯变异操作加入了一定的不确定性。

上述变异计算公式为

$$\text{mut}(x) = x \times [1 + \text{gaussian}(\sigma)] \tag{3.107}$$

$$\text{gaussian}(\sigma) = \frac{1}{\sqrt{2\pi\sigma}} \exp(-x^2/2\sigma), \quad -\infty < x < \infty \tag{3.108}$$

式中，gaussian(σ)表示高斯分布函数；mut(x)为变异后粒子的位置，取σ为搜索空间中每一维长度的0.1倍，实验表明σ取此值时算法效果最好。算法以预定的概率来选择变异体，并以高斯分布来确定它们的新位置。这样，在算法初期可以进行大范围的搜索，然后在算法的中后期，通过逐渐减小变异概率来改进搜索效率，作者将变异概率设定为从1.0到0.1的线性变化值。

基于高斯变异的混合算法更容易跳出局部最优，因此能够在求解多峰函数时表现出更好的性能。

Stacey等人尝试了使用Cauchy分布来进行变异操作，其概率分布函数为

$$f(x) = \frac{a}{\pi} \cdot \frac{1}{x^2 + a^2} \tag{3.109}$$

式中，$a=0.2$。Cauchy分布与正态分布相似，但是在端部有更大的概率，这样可以增加较大值产生的概率。

在高斯变异中，可将每个分量的变异概率设定为$1/d$(d为向量的维数)。

3.4.5.4 带有梯度加速的粒子群优化算法

和其他进化算法一样，标准粒子群优化算法利用种群来进行随机搜索，没有考虑具体问题的特性，不使用梯度信息。梯度信息是传统优化中所使用的重要信息，或者说，传统优化是基于梯度信息进行搜索的。所以，对于粒子群优化算法来说，针对那些局优梯度信息的函数优化，必然能大大提高搜索效率。

对于函数$F(\boldsymbol{X})$，$\boldsymbol{X}=(x_1,x_2,\cdots,x_n)^{\mathrm{T}}$，其梯度可以表示为

$$\nabla F(\boldsymbol{X}) = \left[\frac{\partial F(\boldsymbol{X})}{\partial x_1}, \frac{\partial F(\boldsymbol{X})}{\partial x_2}, \cdots, \frac{\partial F(\boldsymbol{X})}{\partial x_n}\right]^{\mathrm{T}}$$

负梯度方向是函数值的最速下降方向。

王俊伟[30]等通过引入梯度信息来影响粒子速度的更新，构造了一种带有梯度加速的粒子群优化算法，每次粒子进行速度和位置的更新时，每个粒子以概率p按照式(3.92)和式(3.91)进行更新；以概率$(1-p)$按照梯度信息进行更新，在负梯度方向进行一次线性搜索来确定移动步长。梯度加速的具体流程如图3.13所示。图3.13中的线性搜索操作采用了黄金分割法，这一步骤可以详述如下。

产生一个伪随机数r，若该数大于p，则按照式(3.92)和公式(3.91)进行粒子速度和位置的更新；否则，按如下方法进行粒子速度和位置的更新。

(1)用外推法确定一个单峰搜索区间$[\boldsymbol{a},\boldsymbol{b}]$。

(2)计算$\boldsymbol{X}_2=\boldsymbol{a}+\beta(\boldsymbol{b}-\boldsymbol{a})$，$F_2=F(\boldsymbol{X}_2)$。

(3)计算$\boldsymbol{X}_1=\boldsymbol{a}+\boldsymbol{b}-\boldsymbol{X}_2$，$F_1=F(\boldsymbol{X}_1)$。

(4)若$|\boldsymbol{X}_1-\boldsymbol{X}_2|<\varepsilon$，($\varepsilon$为一正小量)，表示已满足终止判断准则，则$\frac{\boldsymbol{X}_1+\boldsymbol{X}_2}{2}$即为粒子的下

一位置;否则转步骤(5)。

(5)判断 $F_1 \leqslant F_2$ 是否满足。若满足,则置 $\boldsymbol{b}=\boldsymbol{X}_2, \boldsymbol{X}_2=\boldsymbol{X}_1, F_2=F_1$,转向步骤(3);否则,若 $F_1>F_2$,则置 $\boldsymbol{a}=\boldsymbol{X}_1, \boldsymbol{X}_1=\boldsymbol{X}_2, F_1=F_2, \boldsymbol{X}_2=\boldsymbol{a}+\beta(\boldsymbol{b}-\boldsymbol{a}), F_2=F(\boldsymbol{X}_2)$,转向步骤(4)。

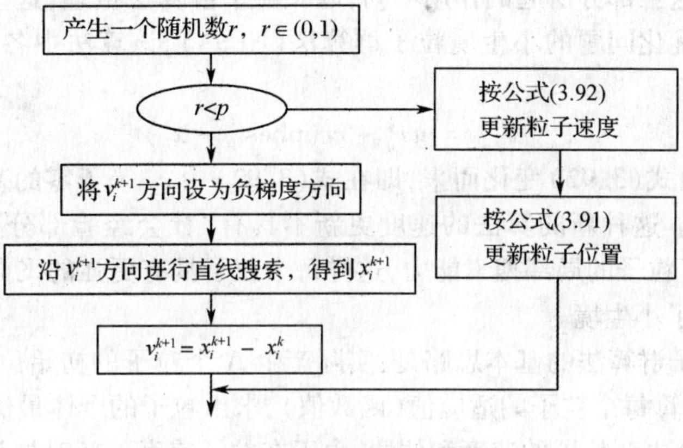

图3.13 梯度加速的流程图

同时为了减小粒子陷入局部最优解的可能性,对群体最优值进行观察。在寻优过程中,当最优信息出现停滞时,对部分粒子进行重新初始化,从而保持群体的活性。

梯度信息的加入使粒子的移动更有针对性,移动更有效率,进一步提高了PSO算法的收敛速度,但是也会增加算法的问题依赖性,特别是有些问题的梯度信息极易将粒子引入局优。所以带有梯度加速的粒子群优化算法需要根据问题的性质来调整梯度信息对于粒子移动的影响程度。

3.4.5.5 实数编码的小生境粒子群算法

对于很多实际问题进行数学建模后,可以将其抽象为一个数值函数的优化问题,而在大量的实际优化问题的求解计算中,不仅要在可行域内寻找全局的最优解,而且往往需要搜索多个全局最优解和有意义的局部最优解,从而为决策者提供多种选择方案或者多方面的信息,这类问题一般称为多模态函数优化问题或者多峰值函数优化问题。而函数的优化问题又可以转化为求极值问题。如何构造一种优化算法,使之能够搜索到全局极值点和尽量多的局部极值点,已成为一个研究的热门问题。

对于函数优化问题,粒子群算法具有比遗传算法(GA)和人工免疫算法(AIA)更加高效的信息共享机制,即粒子群算法的启发性更强。因此,从理论上讲,粒子群算法收敛更快。但是这种机制导致粒子在寻优时过分集中,最后可能使粒子都移向全局最优点,不能用于多模态函数优化。本节所述小生境粒子群算法很好地实现了多模态函数优化,且易于编程实现。

多模态函数优化问题可以模拟这样一个场景:一群鸟在随机搜索食物。在这个区域里有多块食物,并且食物有大小之分。所有的鸟都不知道食物在哪里,但是它们肯定能找到最近食物源所在的位置。那么每个鸟都能快速的找到最近食物的同时又具有飞向最大块食物趋势的最优策略是什么呢？对式(3.90)进行分析，可以看出粒子的速度更新公式由三部分相加组成：第一部分为粒子先前的速度；第二部分为"自我认知部分"；第三部分为"社会经验部分"。根据组成粒子速度这三部分所起的作用不同，以及粒子群算法机理，这里采用实数编码，设计适用于多模态函数优化问题的小生境粒子群算法(NPSA)，该算法中各粒子根据如下公式来更新自己的速度

$$v_{ij}^{k+1} = wv_{ij}^{k} + cr(\text{pbest}_{ij}^{k} - x_{ij}^{k}) \tag{3.110}$$

式(3.110)是由式(3.92)变化而来，即在式(3.92)中 c_2 等于零的基础上，粒子的新位置仍按式(3.91)计算。这种新的算法的速度更新不具有"社会经验部分"，即减弱了粒子间的"信息交流"，增强了粒子的局部搜索能力，这样每个粒子具有更强的飞向离它最近的山峰(极值点)趋势，即形成了小生境。

由于小生境粒子群算法的基本思路是：实际产生 N 个粒子的初始位置和速度组成初始群体，根据目标函数计算每个粒子的适应值(函数值)，求出粒子的个体最优解 pbest，然后根据式式(3.110)和(3.91)更新粒子的速度和位置，由于在粒子速度更新时加强了局部搜索能力，每一个粒子具有飞向离它最近的极值点的趋势，即形成了 N 个生境。

由于小生境粒子群算法在速度更新时没有第三部分的计算，从而使算法计算量大为简化，而且小生境粒子群算法的时间复杂度仅是群体规模的线性函数，所以 NPSA 为了搜索到问题可行域内全部极值点而增加小生境数目(粒子数)，对计算量和计算速度影响不大。

思考题与练习题

3-1 试根据模拟退火算法的计算步骤和计算框图，写出模拟退火算法在计算机上实现的伪程序代码。

3-2 工作指派问题可简述如下：一项工作总共分为 n 个步骤的子工作(这 n 个子环节的工作必须依次来完成，不能同步进行)，要指派给 n 个工人来完成此项工作，每个工人要完成这项工作的一个子环节。已知工人 i 完成子工作 j 的时间为 t_{ij}。那么应如何安排这项工作可使总的工作时间达到最小？试用模拟退火算法设计一个求解该问题的优化算法(包括状态表达，邻域定义，算法步骤等)，并画出模拟退火算法计算机程序的流程图。

3-3 对于编码长度为 7 的 0~1 编码，判断以下编码的合理性。

(1) [1 0 2 0 1 1 0]

(2) [1 0 1 0 1 1]

(3) [0 0 1 0 1 1 0]

(4) [1 0 0 0 0 0 0]

(5) [1 2 3 4 5 6 7]

3-4 对于编码长度为7的实数编码,判断以下编码的合理性。

(1)[12 3.7 2 0.3 4.3 5 3.2]

(2)[100.7 6.9 3.3 2.8 4.0 5.0]

(3)[2 1 5 3 6 7 4]

(4)[0 0 0 0 0 0 0]

(5)[1 2 3 1 5 6 7]

3-5 编码长度为10的双亲染色体分别为

D_1:[1 0 0 1 1 0 1 0 0 1]

D_2:[1 1 0 0 1 1 0 1 1 0]

(1)断点位置为5,在断点后进行染色体的单点交叉操作,写出交叉后的两个子代染色体。

(2)断点位置为3和6,在两断点之间进行多点交叉操作,写出交叉后的两个子代染色体。

3-6 试在计算机上编写遗传算法优化程序,求解无约束目标函数

$$F(\boldsymbol{X}) = 2x_1^2 + x_2^2$$

在$\begin{cases} -2.5 \leqslant x_1 \leqslant 3.5 \\ -1.5 \leqslant x_2 \leqslant 2.7 \end{cases}$区间内的极小值问题。

3-7 比较基本蚁群算法与MMAS,RPAS,DACA,SCA之间的异同,并在计算机上实现以上四种程序。(解决问题3-6)

3-8 任选上述四种蚁群算法中的一种进行分析,讨论信息素τ_{ij}和启发因子η_{ij}对算法性能的影响。

3-9 对于以下无约束优化问题

$$\min F(X) = {x_1}^2 - 10x_1x_2 + {x_2}^2$$

式中,x_1和x_2初值范围为[-10.5,10.5]。

试分别用遗传算法和粒子群优化算法来求解此问题,并画出算法流程图。

3-10 粒子群优化算法和蚁群优化算法是群体智能优化算法的两个代表性算法,试分析这两种优化算法的相同点和不同点。

第4章　型材剖面的优化设计

4.1　引　　言

一般来讲,起到加强作用的船体钢板的骨架结构通常占船体钢料的百分之三十左右。因此,这些骨架结构构件尺寸的合理选择,不仅对保证船体结构强度有意义,而且对节约钢材、提高其建造过程中的经济性能也同样具有重要的意义。实现构件尺寸的合理选择,提高其可靠性和经济性,是对设计工作提出的一个关键性问题,而优化设计又恰恰可以给出该问题的合理解答。

前面已经详细阐述了一些工程上常用的优化问题的求解方法,包括传统结构优化方法和智能优化方法。如何应用这些优化知识来实现实际的工程结构优化设计是接下来要面对的问题。

工程结构优化设计是更高级的工程设计。要实现工程结构的优化设计,首先要懂得工程结构设计中的基础知识。对于船舶结构来说,船体结构的优化设计要以船体结构设计的强度要求和规范要求为前提。而船体结构设计从设计的层次来说,由小到大主要由型材设计、船体主要结构(船底结构、甲板结构、舷侧结构和舱壁结构)设计和船体中剖面设计组成。因此,在第4~6章中,我们将从以上三个方面的优化设计入手,着重说明船体结构设计中所涉及到的强度要求、尺寸要求、腐蚀要求和建造要求等,这样有利于建立正确、合理的船体结构优化设计的数学模型。

本书第4~6章中,主要参考了文献[10]中的一些相关知识,重点讲述如何将优化算法应用到船体结构优化设计中去。对于所引用优化方法的优化结果,这里将不作详细的讨论。

4.1.1　船体结构中的型材构件

船体结构中的骨架结构,一般仅承受拉伸或压缩荷重的作用,如支柱、桁架斜杆等,这类构件剖面的设计比较简单,并且已经在材料力学课程中充分讨论过;另一些结构构件(船体结构中绝大多数的构件)主要承受弯曲作用,即作为“梁”来使用。因此,这里我们将介绍承受弯曲的梁材剖面设计问题。

船体结构中的骨架梁大多由轧制型钢(图4.1)、T型材或折边钢板等制成,并与焊接的船体钢板形成组合梁,共同抵抗弯曲。轧制型钢,如扁钢、角钢、球扁钢、T型钢、槽型钢等国家已批量生产,设计时只需按要求选择型钢型号即可。T型材最合理地使用材料并得到最高的强度,且能使结构具有良好的对称性。因此,在船体结构中的使用范围已愈来愈广泛。随着冶炼技术的发展,供船舶使用的轧制T型钢将大量生产。但是,目前大量使用的T型材均由船厂拼装焊接而成,因此其剖面最佳尺寸的确定便是本章的主要任务。

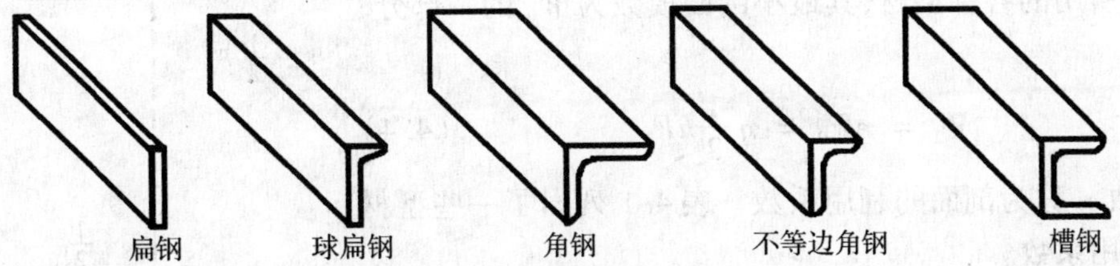

图 4.1　船体结构中的型材

4.1.2　衡量型材剖面材料利用的指标

船体结构中的大量骨架结构均是由型材所组成,它们起到了保证船体强度的作用。对于型材剖面的设计,应符合下列要求。

(1)具有足够的强度、刚度和稳定性。

(2)应尽可能符合生产与施工工艺方面的要求,如制造简单、安装方便和施工质量高等要求。

(3)满足特殊结构与营运使用的要求,如为保证货舱容积而对型材腹板高度的限制、因腐蚀磨损而对最小板厚的要求等。

(4)剖面内材料分布合理,能够使所得结构质量最轻,这是船体结构工程师的重要目标之一。

衡量型材剖面内材料分布合理性的指标有剖面利用系数和比面积。

梁材在受到横向荷重作用的情况下,其抵抗弯矩的能力由剖面的最小剖面模数保证。梁材剖面的最小剖面模数 W_1 为

$$W_1 = \frac{I}{|Z|_{\max}} = \frac{\int Z^2 \mathrm{d}F}{|Z|_{\max}} = |Z|_{\max}\int_r \left(\frac{Z}{|Z|_{\max}}\right)^2 \mathrm{d}F \tag{4.1}$$

式中,$I = \int_r Z^2 \mathrm{d}F$ 为型材剖面积对其中和轴的惯性矩;Z 为面积 $\mathrm{d}F$ 至中和轴的距离;$|Z|_{\max}$ 为剖面上最远纤维至中和轴的距离。

因而,在给定剖面积 F 时,若 $Z = |Z|_{\max}$,上式具有最大值,即

$$W = |Z|_{\max} \cdot F \tag{4.2}$$

这就相当于由两个离中和轴的距离和面积各为 $|Z|_{\max}$,$0.5F$ 的翼板组成的剖面(图 4.2)。可是,这种型材实际上是无法制造的,因为它没有连接两翼板的腹板,所以称为“理想”剖。记“理想”剖面的剖面模数为 W_0,则

$$W_0 = \frac{1}{2}hF \tag{4.3}$$

式中,h 为剖面的高度。

实际所用的各种型材,其最小剖面模数为 W_0 的一部分,即

$$W_1 = \eta W_0 = \eta \frac{1}{2} hF \tag{4.4}$$

式中,系数 η 称为剖面的利用系数。表4.1列出了一些型材剖面的利用系数。

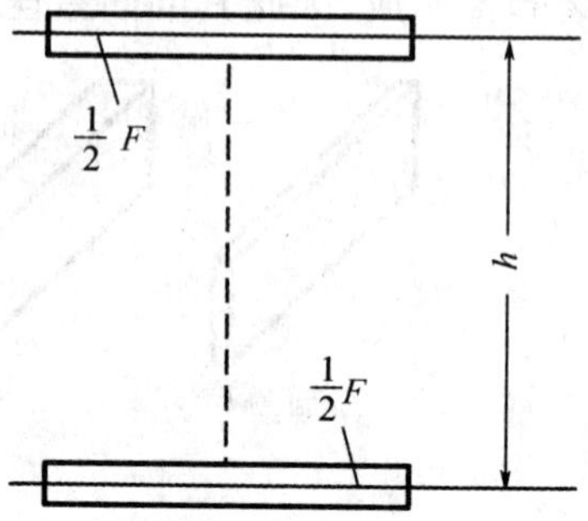

图4.2　理想剖面

在剖面积 F 和高度 h 相同的情况下 η 系数能表明材料在剖面中分布的合理程度,即 η 值越大,所设计的型材剖面越接近于"理想"剖面,剖面材料的利用率就越高;η 值越小,所设计的型材剖面的利用率就越低。由于剖面高度对剖面模数有很大影响,当剖面高 h 不同时,η 值的大小就不能反映材料在剖面中的利用率了。

表4.1

编号	型材剖面	η	编号	型材剖面	η
1	实心圆剖面	0.25	5	轧制槽钢和I型钢	0.6
2	实心矩形剖面	0.33	6	轧制球尾角钢或球尾T型材	0.40～0.45
3	小厚度空心圆管	0.5	7	组合工字钢	0.70～0.75
4	等厚度薄壁空心方盒	0.67			

为了衡量剖面材料的利用率,引入剖面模数比面积

$$C_w = \frac{F}{W^{2/3}} \tag{4.5}$$

及剖面惯性矩比面积

$$C_i = \frac{F}{I^{1/2}} \tag{4.6}$$

式中,F 为型材剖面积;W 为型材最小剖面模数;I 为型材剖面惯性矩。

对焊接在钢板上的船体骨架梁,在上述比面积公式中,F 为不包括带板的型材剖面积,W 和 I 则分别为包括带板的型材剖面模数和惯性矩。

C_w 的意义就是产生单位剖面模数($W^{2/3}$)所需的剖面积。显然 C_w 愈小,剖面材料的利用率就愈高,剖面设计得就愈好。

对于几何相似的型材剖面,因所有尺寸相差 n 倍,便有下述关系

$$F_2 = n^2 F_1,\quad I_2 = n^4 I_1,\quad W_2 = n^3 W_1$$

$$C_w = \frac{F_1}{W_1^{\ 2/3}} = \frac{F_2}{W_2^{\ 2/3}} = 常数$$

$$C_i = \frac{F_1}{I_1^{2/3}} = \frac{F_2}{I_2^{2/3}} = \text{常数}$$

即两个几何相似的型材剖面其比面积是相同的。

在同品种型材中,比面积的变化范围也不大。例如,船用球扁钢的 C_w 约在 0.64 ~ 0.68 之间,C_i 约在 0.40 ~ 0.45 之间,在设计计算中可近似地取 $F = 0.65W^{2/3}$ 和 $F = I^{1/2}$。

4.2 型材的强度要求及剖面要素计算

为了保证型材有足够的强度,必须使翼板的最大正应力和腹板上的最大剪应力小于许用应力,即

$$\frac{M}{W_1} \leqslant [\sigma] \tag{4.7a}$$

$$\frac{NS}{It} \leqslant [\tau] \tag{4.7b}$$

式中,M 为作用于剖面的弯矩;N 为作用于剖面的剪力;W_1 为最小剖面模数;I 为型材剖面对中和轴的惯性矩;S 为剖面中和轴以上或以下的剖面积对中和轴的静矩;t 为型材腹板的厚度。

因此,首先要建立型材剖面要素与剖面几何尺寸之间的关系式。

4.2.1 型材剖面模数与惯性矩的计算

焊接于船体钢板上的 T 型材,研究其强度、稳定性时,本书采用图 4.3 所示的标记。

其中,f_1, t_1, b_1 为小翼板(亦称自由翼板、面板)剖面积、厚度及宽度;f_2, t_2, b_2 为大翼板(即型材带板)剖面积、厚度及宽度;f, t, h 为腹板的剖面积、厚度及高度(两翼板重心间距离);h_1, h_2 为翼板中心到剖面中和轴的距离。

并且假定两翼板的厚度远小于剖面高度(一般情况下,厚度不超过高度的 1/8 即可)。

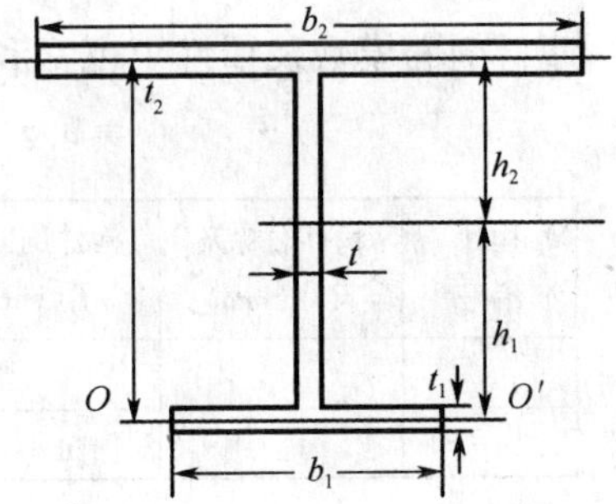

图 4.3　T 型尺寸标记

设参考轴 $O-O'$ 取在小翼板厚度中点的轴线上。利用剖面特性计算的移轴定律,剖面中和轴至参考轴的距离为

$$h_1 = \frac{f_2 h + f\dfrac{h}{2}}{f_1 + f_2 + f} \tag{4.8}$$

剖面对中和轴的惯性矩为

$$I = f_2h^2 + f(\frac{h}{2})^2 + \frac{fh^2}{12} - (f_1 + f_2 + f)h_1^{\ 2}$$

将式(4.8)代入上式得

$$I = h^2\frac{f_1f_2 + \frac{f}{3}(f_1 + f_2) + \frac{f^2}{12}}{f_1 + f_2 + f} \tag{4.9}$$

由此,小翼板的剖面模数为

$$W_1 = \frac{I}{h_1} = h\frac{f_1f_2 + f_1\frac{f}{3} + f_2\frac{f}{3} + \frac{f^2}{12}}{f_2 + \frac{1}{2}f}$$

以$(\frac{f_1f_2}{2} - \frac{f_1f_2}{6})$代替$\frac{f_1f_2}{3}$,便可得

$$W_1 = h(f_1 + \frac{f}{6}\frac{4f_2 - 2f_1 + f}{2f_2 + f}) \tag{4.10}$$

同理,大翼板的剖面模数为

$$W_2 = \frac{I}{h_2} = h(f_2 + \frac{f}{6}\frac{4f_1 - 2f_2 + f}{2f_2 + f}) \tag{4.11}$$

式中,h_2 为大翼板重心到中和轴的距离,即

$$h_2 = h - h_1 = h\frac{f_1 + \frac{1}{2}f}{f_1 + f_2 + f} \leqslant 0.5h \tag{4.12}$$

型材剖面模数及惯性矩也常利用表 4.2 及下述公式计算:

表 4.2 型材剖面模数及惯性矩的计算图表

构件编号	构件名称及尺寸(mm)	构件剖面积 f_i(cm)	至参考轴距离 Z_i(cm)	静矩 f_iZ_i(cm^3)	$f_iZ_i^{\ 2}$(cm^4)	自身惯性 I_0(cm^4)
—	$\sum$	A		B	C	

剖面中和轴至参考轴的距离

$$e = \frac{B}{A}$$

对中和轴的惯性矩

$$I = C - Ae^2 = C - eB$$

剖面模数

$$W_1 = \frac{I}{e_1}, W_2 = \frac{I}{(h - e_1)}$$

小翼板的剖面模数为型材剖面的最小剖面模数。为以下介绍方便起见，将式(4.10)，改写为

$$W_1 = h\left(f_1 + \frac{f}{K}\right) \tag{4.13}$$

式中

$$K = 6 \times \frac{2f_2 + f}{4f_2 - 2f_1 + f} \tag{4.14}$$

令中和轴到大、小翼板距离的比值为 β，即

$$\beta = \frac{h_2}{h_1} = \frac{2f_1 + f}{2f_2 + f} < 1 \tag{4.15}$$

则可得

$$K = \frac{6}{2 - \beta} \tag{4.16}$$

利用式(4.10)或公式(4.13)可解决在型材剖面中材料合理分布的问题。

(1) K 值的变化范围不大，在 3 与 6 之间。图 4.4 表明系数 K 等于最小值及最大值时，剖面中材料分布的情况。若剖面是对称的，则 $f_1 = f_2, \beta = 1, K = 6$；若将大翼板增至无穷大，则 $\beta = 0, K = 3$。

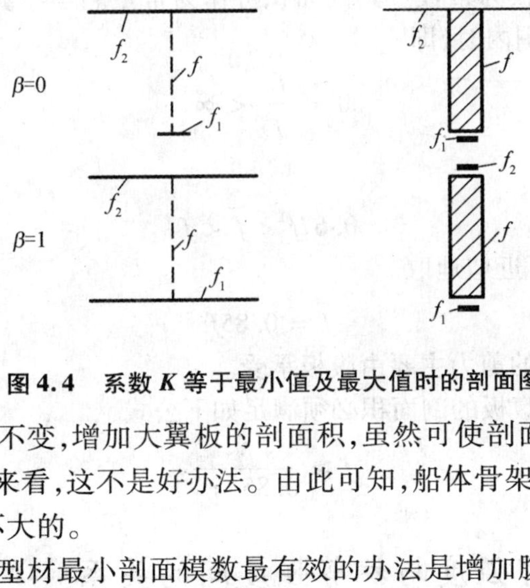

图 4.4　系数 K 等于最小值及最大值时的剖面图

(2) 只要剖面高度 h 不变，增加大翼板的剖面积，虽然可使剖面模数增加，但增加得极为缓慢，从节约材料的观点来看，这不是好办法。由此可知，船体骨架梁带板宽度的变化对梁材最小剖面模数的影响是不大的。

(3) 增加不对称剖面型材最小剖面模数最有效的办法是增加腹板的高度；或者腹板高度不变时，增加小翼板的剖面积。

为了尽可能减小结构质量。在必须减小不对称剖面型材最小剖面模数时，减少大翼板剖

面积将比减少小翼板剖面积更有利。但是,在船体结构中,大翼板为带板,其厚度是由其他条件决定的,因此一般固定不变。

4.2.2 腹板的相当面积

式(4.7)中腹板上的最大剪应力公式可写成

$$\tau = \frac{N}{\bar{f}} \tag{4.17}$$

式中

$$\bar{f} = \frac{It}{S} \tag{4.18}$$

称为型材腹板的相当面积,它相当于使最大剪应力沿腹板高度均匀分布的剖面积。

利用 $I = W_1 h_1$, $S = f_1 h_1 + \frac{1}{2} h_1^2 t$ 和腹板面积 $f = ht$ 可得到腹板的相当面积与腹板面积的关系式为

$$\bar{f} = f \cdot \frac{f_1 + \frac{f}{6} \cdot \frac{4f_2 - 2f_1 + f}{2f_2 + f}}{f_1 + \frac{f}{4} \cdot \frac{2f_2 + f}{f_1 + f_2 + f}} \tag{4.19}$$

一般船用型材的大翼板为带板。其剖面积可作为常量。当小翼板剖面积 f_1 与腹板剖面积 f 之比值在下述变化范围内时,即

$$0 < \frac{f_1}{f} < \infty$$

$\bar{f}$的变化范围为

$$0.67f < \bar{f} < f$$

因此,在强度计算中可近似地取

$$\bar{f} = 0.85f \tag{4.20}$$

这表明薄壁 T 型材剖面上的剪力主要由腹板承受。

于是,为抵抗剪切力,腹板的剖面积必须满足如下公式

$$f \geqslant \frac{N}{0.85[\tau]} \tag{4.21}$$

4.2.3 梁材抗弯强度与抗剪强度间的关系

由结构力学的知识可知,承受横向载荷的梁所受到的弯矩随梁的跨度 l 的增长而增大,而

梁剖面抵抗弯矩的能力随剖面高度 h 的增高而增大。因此,剖面上的弯曲正应力的大小不仅与剖面材料的分布有关,也随 l 与 h 之比值($\frac{l}{h}$)的增加而增加。然而,由式(4.17)及式(4.19)可知,承受一定载荷的梁的最大剪应力仅与剖面上的材料分布有关。由此可知,假定梁剖面中的最大剪应力与最大正应力同时达到各自许用应力,此时梁剖面所对应的比值$\frac{l}{h}$值为剖面的最小值$(\frac{l}{h})_{\min}$。若$\frac{l}{h}$大于此数值,则表示剖面已满足了梁的抗弯强度条件,则梁的抗剪强度必然是有保证的;反之,若$\frac{l}{h}$小于此数值,因为梁的抗剪切要求是强度的主要要求,即假设这时梁的抗剪强度条件得到了满足,那么梁的抗弯强度要求也就自动得到保证。

按第四强度理论来校核一般弯曲的强度时,梁的剪切许用应力为

$$[\tau] = \frac{[\sigma]}{\sqrt{3}}$$

因而有

$$\frac{\tau_{\max}}{\sigma_{\max}} = \frac{[\tau]}{[\sigma]} = 0.57$$

表 4.3 列出了一些梁在不同载荷和端点固定边界条件的情况时所对应的$(\frac{l}{h})_{\min}$值。

表 4.3 梁在不同载荷和不同固端情况下所对应的$(\frac{l}{h})_{\min}$值

编号	载荷种类和端点固定情况	f_1/f				
		0.4	0.6	0.8	1.0	1.2
1	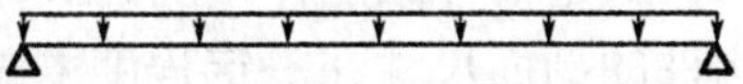	5.3	6.7	8.1	9.4	10.8
2	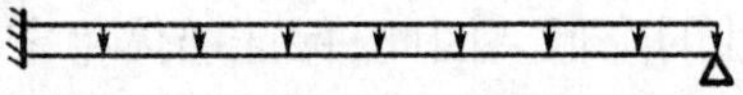	6.7	8.4	10.1	11.7	13.4
3	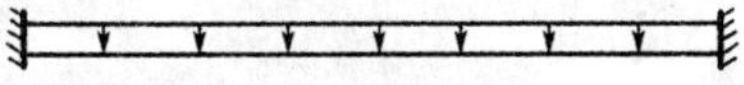	8.0	10.1	12.1	14.2	16.1
4		8.0	10.1	12.1	14.2	16.1
5	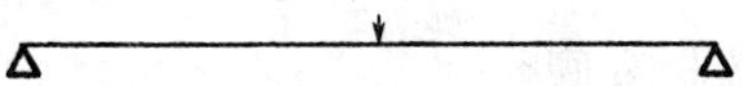	2.7	3.4	4.1	4.7	5.4
6	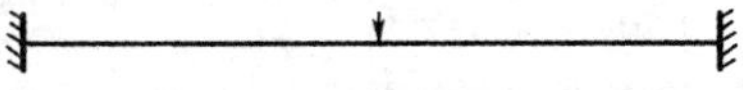	5.3	6.7	8.1	9.4	10.8

注:①f_1/f 为型材自由翼板面积与腹板面积之比;

②在计算$(\frac{l}{h})_{\min}$时,假定带板面积大于型材面积;

③标号 1,…,6 对应图 4.5 中 1,…,6。

对于支持在弹性基础上的梁,剪力对强度的影响大大地增加了。在这种情况下,表 4.3 所列出的$(\frac{l}{h})_{\min}$值要再乘以一修正系数 K_u。修正系数 K_u 按参数 u 进行确定,可从图 4.5 中查得。参数 u 按下式进行计算,即

$$u = \frac{l}{2}\sqrt[4]{\frac{K}{4EI}} \tag{4.22}$$

式中,K 为梁弹性基础的刚性系数;EI 为梁的弯曲刚度。

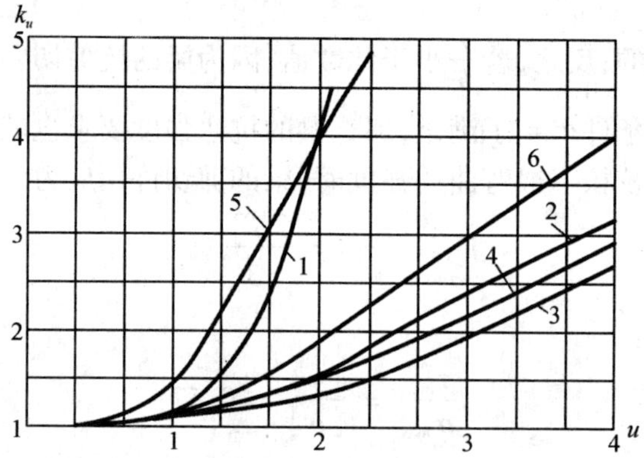

图 4.5 $k_u - u$ 曲线

4.3 型材的稳定性要求

型材结构在受到横向压力作用时可能会发生失稳,进而导致船体结构的破坏。近年来,由于高强度钢的在造船领域的广泛应用,使得型材构件的剖面尺寸在一定程度上减小,这样将增加船体构件失稳的可能性,也就导致了船体可靠性的降低。因此,保证船体稳定性具有十分重要的意义。

4.3.1 型材的局部稳定性

保证型材的局部稳定性,也就是指保证型材翼板和腹板的稳定性。

1. 翼板的稳定性

将型材自由翼板的一半视为三边自由支持在刚性支座上,另一边完全自由的单向受压的矩形板(如图 4.6 所示),则其临界应力为

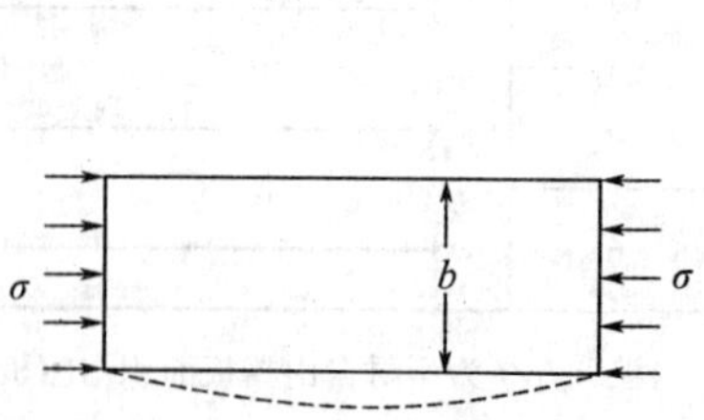

图 4.6 自由翼板稳定性计算图形

$$\sigma_{cr} = 8.2\left(\frac{100t_1}{b}\right)^2 \tag{4.23}$$

式中，b 为由腹板至自由边的翼板宽度；t_1 为翼板厚度。

一般要求当压缩应力达到材料屈服极限 σ_Y 时，型材翼板仍然能够保持其稳定性。且忽略腹板的厚度，可得

$$n_0 = \frac{b}{t_1} = 10\sqrt{\frac{820}{\sigma_Y}} \tag{4.24}$$

上式仅适用于弹性范围内的计算，当压应力超过弹性范围时应作修正。此外，考虑到在实际船体结构中，自由翼板具有初挠度，以及使用上的要求（翼板宽度太大，就难以在梁材之间进行检查及油漆等工作），将这些因素加以考虑，通常应使 n_0 值不超过 7.5～10。根据参考文献[12]，也可以按下式决定的 n_0 值，即

$$n_0 = \frac{b}{t_1} = 10\sqrt{\frac{184}{\sigma_Y}} \tag{4.25}$$

2. 腹板的稳定性

研究腹板稳定性时，可将腹板视为四周自由支持在刚性支座上的矩形板，并且沿四周作用着定值剪应力，同时沿腹板高度作用着线性分布的弯曲正应力（如图 4.7 所示）。

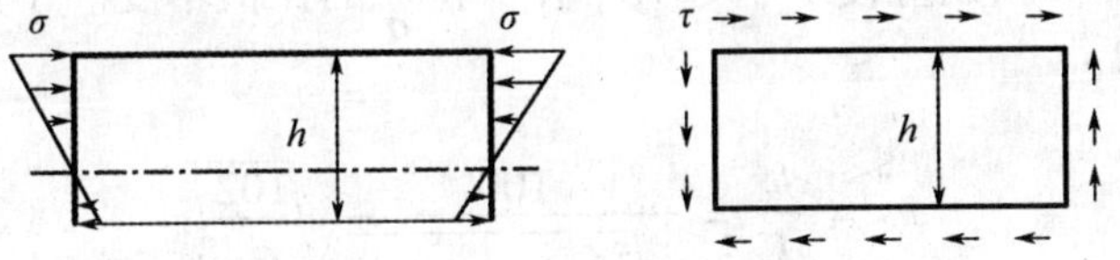

图 4.7　腹板稳定性计算图形

当腹板受到非均匀线性分布的弯曲正应力作用时，腹板的临界应力可按照如下公式进行计算，即

$$\sigma_{cr} = 76\left(\frac{100t}{h}\right)^2\left[1 + 0.95(1+\beta)^{2.33}\right] \tag{4.26}$$

式中，β 为一个翼板内的拉应力与另一个翼板内的压应力之比的绝对值。

当板只受到定值剪应力作用时，板的临界应力为

$$\tau_{cr} = 102\left(\frac{100t}{h}\right)^2 \tag{4.27}$$

当板同时受定值剪应力和弯曲正应力作用时，若 σ 和 τ 满足下述相关方程时，便可视作发生失稳，即

$$\frac{\sigma}{\sigma_{cr}} + \frac{\tau}{\tau_{cr}} = 1$$

或

$$\frac{\sigma}{A} + \frac{\tau}{102} = \left(\frac{100t}{h}\right)^2 \tag{4.28}$$

式中，$A = 76[1 + 0.95(1 + \beta)^{2.83}]$。

由此得到

$$m = \frac{h}{t} = \frac{100}{\sqrt{\frac{\sigma}{A} + \frac{\tau}{102}}} \tag{4.29}$$

在利用式(4.29)确定 m 时，应注意以下几点。

(1)临界压应力 σ 和临界剪应力 τ 的极限值分别是 σ_Y 和 $0.57\sigma_Y$。为保证腹板具有足够的稳定性，在设计时一般要求 σ 和 τ 尽可能地接近于其极限值。

因此，若实际的$\frac{\tau}{\sigma} \leqslant 0.57$，则应使弯曲压应力等于屈服极限值，即 $\sigma = \sigma_Y$ 而 τ 为相应于该正应力时剖面中和轴处的剪应力。这样，根据式(4.29)，应按下式确定 m，即

$$m = \frac{h}{t} = \frac{100}{\sqrt{\frac{100}{A} + \frac{\tau}{\sigma}}}\sqrt{\frac{102}{\sigma_Y}} \tag{4.30}$$

若实际的$\frac{\tau}{\sigma} > 0.57$ 时，则应使 $\tau = 0.57\sigma_Y$ 并保持$\frac{\tau}{\sigma}$的比值不变。于是，根据式(4.29)，应按下式确定 m，即

$$m = \frac{h}{t} = \frac{100}{\sqrt{\frac{58}{A}\frac{\tau}{\sigma} + 0.57}}\sqrt{\frac{102}{\sigma_Y}} \tag{4.31}$$

式中，σ_Y 为材料的屈服极限。

(2)若型材自由翼板总是受拉应力作用，则 $\beta \geqslant 1$。此时，大翼板内可能达到的临界压应力为 σ_Y/β，τ 为相应于自由翼板内产生拉应力为 σ_Y 时的载荷作用下在剖面中和轴处的剪应力，即计算时仍保持实际的$\frac{\tau}{\sigma}$比值不变。

(3)考虑到在实际船体结构中梁材腹板初挠度的影响，以及电焊过程中所发生的偏斜现象，在内河船舶设计中一般 $m \leqslant 75$，在海船设计中通常 $m < (70 \sim 100)$。

4.3.2 型材的总稳定性

由结构力学知识可知，当作用于型材剖面最大刚性平面内的横向荷重比较小时，梁材将仅在其最大刚性平面内发生弯曲。但是，当横向荷重超过某一限定值时，梁材将会离开它自己的弯曲平面，并在其最小刚性平面内发生弯曲，同时还将伴有扭转变形(如图 4.8 所示)，即丧失

了弯曲平面形状的稳定性，常称为型材侧向失稳。这种失稳状态是整体性的失稳，它将导致构件整个结构的破坏，故也常称为型材总稳性。在船体结构中，几乎所有的梁材都是焊接在船体钢板上的，而且钢板平面内的刚性要比梁材的弯曲刚性和扭转刚性大得多，以致可以将梁材视为沿梁材与钢板的连接线不发生任何侧向位移。因此，型材的侧向失稳可视为扭转轴线固定了的开口薄壁杆件的侧向失稳问题。

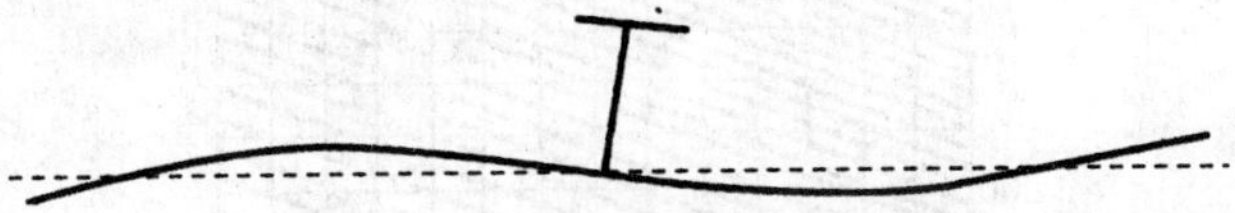

图 4.8　型材侧向失稳

舱壁扶强材的侧向失稳就是型材总稳定性丧失的典型例子。根据参考文献[9]，对两端为自由支持的 T 型材（如图 4.9 所示），为了不发生侧向失稳，其跨度中点的横荷重不得大于按下式求得的临界载荷：

$$q_{0,cr} = \frac{EI_\omega^*}{|\beta_1^*|\, l^4}\Phi(\alpha_1, \alpha_2) \tag{4.32}$$

式中，E 为材料弹性模量；$I_\omega^* = \frac{1}{12}t_1 h^2 b^3$ 为扶强材剖面扇形惯性矩；$\beta_1^* = \frac{1}{I_x}\left[\int_F y^3 \mathrm{d}F + \int_F x^2 y \mathrm{d}F\right] - 2b_y$，其中，$I_x$ 为剖面对 x 轴的惯性矩；$\Phi(\alpha_1, \alpha_2)$ 为按 α_1 及 α_2 由图 4.10 查得的函数值，其中，$\alpha_1 = \frac{I_\alpha l^2}{I_\omega^*}$，$\alpha_2 = \frac{k_\theta l^4}{EI_\omega^*}$，$I_\alpha = \frac{1}{3}bt_1^3 + \frac{1}{3}ht^3$ 为扶强材扭转惯性矩，$k_\theta = \frac{Et_2^3}{3c(1-\mu^2)}$ 为扶强材单位宽度带板抗扭刚性系数；t 为扶强材带板厚度；c 为扶强材间距。

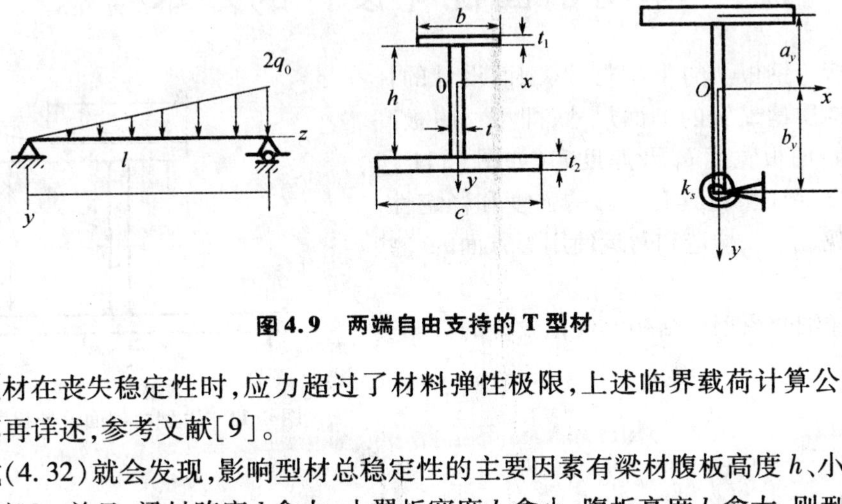

图 4.9　两端自由支持的 T 型材

若扶强材在丧失稳定性时，应力超过了材料弹性极限，上述临界载荷计算公式应予以修正。这里不再详述，参考文献[9]。

研究式(4.32)就会发现，影响型材总稳定性的主要因素有梁材腹板高度 h、小翼板的宽度 b 及梁材跨度 l。并且，梁材跨度 l 愈大，小翼板宽度 b 愈小，腹板高度 h 愈大，则型材愈容易丧失总稳定性,反之,型材稳定性就越好。

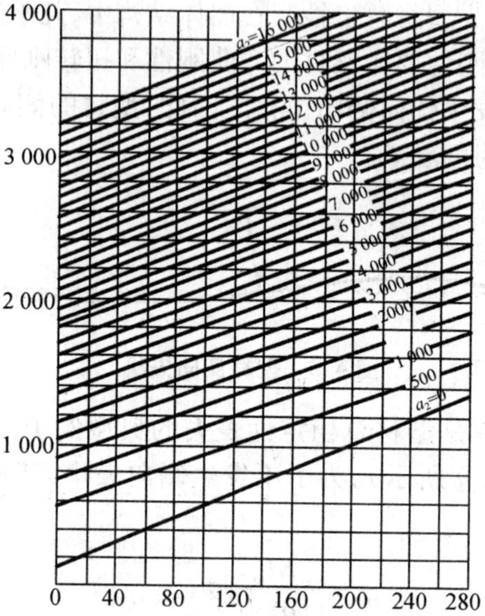

图 4-10 $\Phi-\alpha_1,\alpha_2$ 曲线

初次近似计算时,可按下式校核型材的总稳定性

$$\frac{t}{b_1} < 100\sqrt{\frac{100}{\sigma_Y}} \tag{4.33}$$

式中,σ_Y 为材料屈服极限。

4.4 型材剖面优化设计的基本概念

对于焊接于钢板上的 T 型材,其剖面设计的任务是确定结构质量最轻的剖面尺寸,即型材腹板高度 h 及厚度 t、面板宽度 b_1 及厚度 t_1(如图 4.11 所示),同时还要保证型材具有足够的强度和稳定性,以及满足美观、工艺、构造和营运使用等方面的一些具体要求。

这里将详细介绍型材结构的优化设计的具体实现过程。

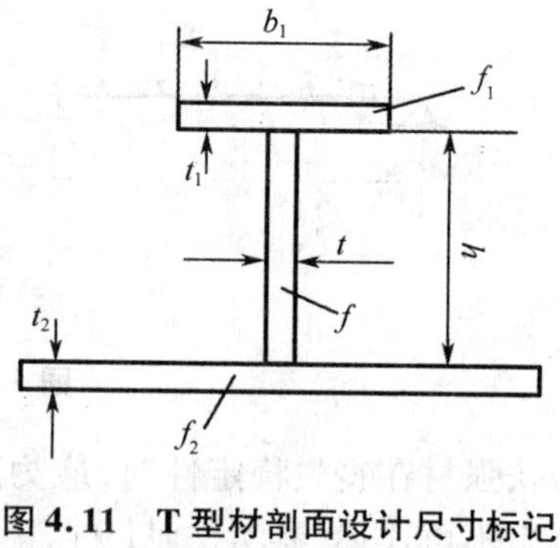

图 4.11 T 型材剖面设计尺寸标记

4.4.1　型材剖面设计问题的一般提法

利用前两节的知识，上述设计任务如果用数学语言来描述，则可以表达为求最优的 h，t，b_1，t_1，使不包括带板剖面积 f_2 的型材剖面积最小，即

$$F = ht + b_1 t_1 \rightarrow \min f_2 \tag{4.34}$$

并满足下列要求：

(1) 翼板最大弯曲正应力 σ 不超过许用应[σ]，即

$$\sigma = \frac{M}{W_1} \leqslant [\sigma] \tag{4.35a}$$

或剖面模数

$$W \geqslant \frac{M}{[\sigma]} \tag{4.35b}$$

(2) 根据腹板剪切应力要求，确定腹板剪切约束条件

$$\tau = \frac{NS}{It} \leqslant [\tau] \tag{4.36}$$

或

$$\frac{N}{0.85[\tau]} \leqslant ht \tag{4.37}$$

式中，S 为剖面中和轴以上或以下的剖面积对中和轴的静矩；I 为板架结构中的型材剖面对中和轴的惯性矩；h 和 t 分别为型材腹板的高度和厚度。

(3) 腹板稳定性要求

保证腹板不丧失稳定性，即

$$\frac{h}{t} \leqslant m \tag{4.38}$$

式中，t 为主要支撑构件的腹板厚度；h 为主要支撑构件的腹板高度；m 为相应的腹板丧失稳性时 h/t 的临界值，可按下式进行计算

$$m = \frac{h}{t} = \frac{100}{\sqrt{\frac{\sigma}{A} + \frac{\tau}{102}}}$$

(4) 面板稳定性要求

保证腹板不丧失稳定性，即

$$\frac{b_1}{t_1} = n_0 \tag{4.39}$$

式中，t_1 为主要支撑构件的面板厚度；b_1 为主要支撑构件的面板宽度；n_0 为相应的腹板丧失稳

性时 b_1/t_1 的临界值,一般由下式进行计算

$$n_0 = 10\sqrt{\frac{184}{\sigma_Y}}$$

(5)最小板厚要求

考虑腐蚀,主要支撑构件的腹板和面板的净厚度还应满足最小厚度要求,即

$$t \geqslant t_{\min} \tag{4.40}$$

式中,t 为主要支撑构件的腹板、面板的厚度;$t_{\min}$为按规范规定计算的主要支撑构件腹板、面板的最小板厚。

(6)工艺要求

考虑焊接工艺性要求,内底板、船体纵桁和肋板的腹板与外底板板厚之间有如下约束关系

$$\begin{gathered} t_{f1} \leqslant t_{w1} + 4 \\ 1.4t_{w1} \leqslant t_{f1} \leqslant 2t_{w1} \\ t - 4 \leqslant t_{w1} \leqslant t + 4 \\ 1.4\ t_{w2} \leqslant t_{f2} \leqslant 2t_{w2} \\ t_{f2} \leqslant t_{w2} + 4 \end{gathered} \tag{4.41}$$

此外,尚应保证型材的总稳定性。为简化讨论,将这一要求作为最后的补充校核之用。

数学上,上述提法便是有约束的数学规划问题。这样,一个型材剖面的设计问题就被公式化,并被转化为一个数学规划问题,从而可应用数学规划方法进行型材剖面设计。应用数学规划方法解决结构设计问题,是结构设计方法的重大发展。它不仅使结构设计的自动化成为可能,同时还在更广泛意义上使结构系统优化设计能得以实现。目前,结构优化设计已发展成为一门专门学科。本书的内容里,虽不可能涉及所有数学优化的理论知识和结构优化的整个内容,但是对一个设计者来说,了解数学优化的概貌和基本特点仍是十分必要的。

4.4.2 型材结构优化设计的基本概念

应用数学规划方法解决型材剖面优化设计问题将引入如下术语。

1. 设计变量

任何一个结构设计方案,总可以用有限的一组用于说明结构材料、布置和尺寸的量来描述。其中,一些参数量是设计之初便已给定的,它们不随设计过程而改变,通常称为预定参数,例如,在所讨论的型材剖面设计问题中,梁的跨度、载荷、材料及带板尺寸等。另一些则是在设计过程中可以自由调整、变化的参数,称为设计变量,例如,型材剖面优化设计问题中的 h,t,b_1,t_1 等。

一个设计问题若有 n 个设计变量$(x_1,x_2,\cdots,x_n)^{\mathrm{T}}$,则一般用它们的集合所组成的列阵表示,即记为

$$X = (x_1, x_2, \cdots, x_n)^{\mathrm{T}} \tag{4.42}$$

式中，上角标 T 表明转置。

在以设计变量 $x_1, x_2, \cdots, x_n$ 为坐标轴组成的 n 维空间上，每一个点（称为设计点）代表一个可能（不一定满足设计要求）的设计方案。这个空间，称为设计空间。

2. 约束条件

在设计过程中，设计变量虽然可以被修改和调整，但是它要受到许多限制。也就是说，并不是所有的设计方案都是可以被应用的。一个可以被应用的设计方案，必须要满足一系列对设计提出的要求，这些要求便构成了对设计的限制条件，称为约束条件。它们可以是在每一种载荷作用下不发生各形式的破坏（称为性态约束），也可以是因制造、使用等直接对设计变量的取值范围的限制（称为限界约束），并且一般可表示为关于设计变量 $\boldsymbol{X}$ 的等式或不等式的方程式，即

$$\left.\begin{aligned} h_j(\boldsymbol{X}) &\leqslant 0 \quad (j = 1,2,\cdots,J) \\ g_k(\boldsymbol{X}) &= 0 \quad (k = 1,2,\cdots,K) \end{aligned}\right\} \tag{4.43}$$

在设计空间中，满足 $g_k(\boldsymbol{X}) = 0$ 和 $h_j(\boldsymbol{X}) = 0$ 的点集合称为约束曲面。任何约束曲面都将设计空间分为满足约束条件与不满足约束条件的两部分。对等式约束，只有约束曲面上的设计点才满足约束条件，约束曲面外的任何设计点都不满足约束条件。对不等式约束，约束曲面及其一侧的所有设计点都满足约束条件，而约束曲面的另一侧则不满足约束条件。

对于上述对型材剖面优化设计中，列出了六个约束条件。这些约束条件都可以化成式(4.43)形式的不等式或等式方程。

3. 目标函数

结构优化设计的任务是，在所有可行的设计方案中寻找出最优方案。为此，就必须要有一个评价设计方案“优”或“劣”的指标。这个指标可以是结构质量，也可以是获利能力，或是初始成本，或是承载能力，或是自振频率，甚至是这些指标的某种适当的组合，但它们都是设计变量的函数，因而称为目标函数或评价函数，一般记为 $F(\boldsymbol{X})$。

在设计空间中，目标函数值相等的各点所构成的曲面称为目标函数等值面。在设计空间寻找最优设计方案（即最优点 $\boldsymbol{X}^*$），就是寻找目标函数等值面与可行域临界约束曲面的切点（如图 4.12(a)所示）或触点（如图 4.12(b)所示）。

引入上述术语后，一般的结构设计问题便可用如下简明地表达为数学规划问题的一个命题。

求设计变量 $\boldsymbol{X}$

$$\boldsymbol{X} = (x_1, x_2, \cdots, x_n)^{\mathrm{T}}$$

目标函数

$$f(\boldsymbol{X}) \rightarrow \min(\text{或 } \max)$$

约束

$$h_j(\boldsymbol{X}) \leqslant 0 \quad (j = 1,2,\cdots,J)$$
$$g_k(\boldsymbol{X}) = 0 \quad (k = 1,2,\cdots,K)$$

或简记为

求设计变量 $\boldsymbol{X} = (x_1, x_2, \cdots, x_n)^{\mathrm{T}}$，使

$$\left.\begin{aligned} & f(\boldsymbol{X}) \to \min(\text{或} \max) \\ & h_j(\boldsymbol{X}) \leqslant 0 \quad (j = 1,2,\cdots,J) \\ & g_k(\boldsymbol{X}) = 0 \quad (k = 1,2,\cdots,K) \end{aligned}\right\} \tag{4.44}$$

式(4.44)称为结构优化设计问题的数学表达式，它是结构优化设计关键性的一项工作，它的建立集中体现了设计人员运用智慧和经验来分析问题、综合问题和解决问题的能力。一旦设计问题的数学表达式建立起来，剩下的工作就是选择合适的优化方法对问题进行求解。

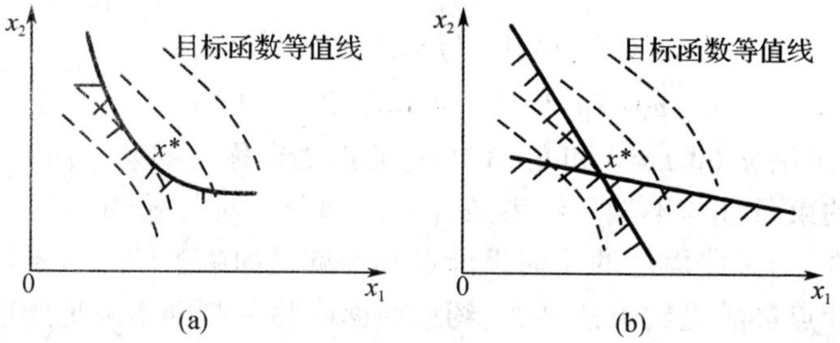

图 4.12　最优解

思考题与练习题

4－1　设计一个计算机程序流程，用来解决某一船舶实肋板尺寸优化问题。设该实肋板所受的弯矩 $M = 765.4\ \mathrm{kN \cdot m}$，剪力为 $N = 71.5\ \mathrm{kN}$，$\sigma_Y = 235\ \mathrm{N/mm^2}$，假设该实肋板不受其他外力，试查阅相关规范和公约，完成以下几个问题。

(1)写出该结构优化设计的数学模型，包括目标函数、设计变量和约束条件。

(2)选用一种优化方法，写出优化该结构的计算流程，并画出流程图。

(3)试上机运行该程序。

第5章　船体主要结构的优化设计

在非线性优化问题中,计算量随着优化问题中设计变量数目的增加而呈指数规律增加。因此,直接求解一个典型的船舶结构优化设计问题需要花费过高的计算费用。如果能够把整个结构优化问题分成若干个子问题来解决,计算量就会显著地减少。事实上,如果每个结构构件都可以分开进行优化,总的计算量便可相对减小,但在像船舶这样的大型结构中,要同时优化所有构件,是很难实现的。

在船舶这样的大型复杂结构中,一般都有100~200个设计变量。这样一个结构本应该作为一个整体进行设计,即理性设计的所有步骤都应该是对整个结构进行,以保证考虑到所有的结构之间的相互作用以及其他方面的特性。如果要得到真正的最优设计,这是必要的。然而,今天的计算工具还不适于完成可用于像船这样大而复杂结构的完整计算程序。因此,必须把总体结构分开,以便协调一系列局部子结构的理性设计来实现总体设计。如果既要把这些大而复杂的结构分开来设计,又要产生真正意义上的总体最优设计,必须继续考虑所有的结构间的相互作用以及其他特性。因此子结构必须满足以下两个主要条件。

(1)它必须是充分小的、相对独立的和规则的,以便使结构的理性设计既是可行的又是实用的。

(2)同时,它又必须是充分地大,并且能充分地反映出它的响应、极限状态以及它对总体性能的影响。这样才不能漏掉总体结构的重要特征,而且只有这样才能完全考虑到存在的所有重要的相互作用。

对于一个船舶结构来说,只有使每一个子结构成为船体梁的一个完整分段,第二个条件才能满足。在本书中,这样的子结构称为船体主要结构。更小的子结构既不能充分地表达总体结构的所有特性,也不能充分地反映出船体结构的三个必要方面:船体响应、极限状态和优化权衡。

基于以上论述,船舶总体结构优化一般是通过对船体主要结构的优化设计来实现,即通过对船体板架结构(船底、甲板、舷侧及舱壁结构等)的优化设计来完成实现船体的总体结构优化的过程。因此,在优化设计时,我们也把复杂的船体结构,根据其所在部位和受力特点,分为船底板架结构、甲板板架结构、舷侧板架结构及舱壁板架结构等一系列子结构来研究。船体板架结构优化问题,即是在已知板架的几何模型(板架的外形尺寸、两向梁的数目及支撑情况)、所受的载荷情况以及所选用的材料性能等条件下,合理设计板架结构,即在满足其设计要求的前提下,使其质量达到最轻或实现造价最低的目的。这就是板架结构的尺寸优化问题。当然,完善的板架优化设计还应进一步考虑几何布局、构件几何形状和材料选择等方面的优化问题,这里将不作进一步的探讨。

在设计过程中，首先要根据船舶结构受力变形的特点把复杂的实际船体结构简化为可用力学方法进行计算的简化的力学模型，然后通过对这个力学模型的应力分析和强度校核，将一些尺寸要求和强度要求处理成为结构优化目标函数的约束条件，对于主要结构的优化设计来说，如纵骨架式的船底结构，可将其纵向构件的总剖面面积作为目标函数，再利用适当的优化算法对结构构件的尺寸（即优化模型中的设计变量）进行寻优搜索，找到一组既能够满足船体结构的强度要求和使用要求，又能够使得结构质量（或经济性能）达到最优。这一过程即是船体结构的优化设计过程。

在上述的结构优化设计中，不论是船体主要结构的优化设计，还是船体中剖面优化设计，首先要保证能够满足船体总强度要求，即如式(5.1)～(5.5)所示。

(1)强力甲板的总纵弯曲应力 $\sigma_{1,d}$，不允许超过其许用应力 $[\sigma_1]$，即

$$\sigma_{1,d} < [\sigma_1]$$

或强力甲板的船体剖面模数 W_d 不小于其最小要求值 $W_{d,\min}$，即

$$W_d > W_{d,\min} \tag{5.1}$$

(2)船底的合成应力，即船底的总纵弯曲应力 $\sigma_{1,b}$ 与板架弯曲应力 $\sigma_{2,b}$ 之和，不应超过其许用应力 $[\sigma_{1,b}+\sigma_{2,b}]$，即

$$\sigma_{1,b} + \sigma_{2,b} < [\sigma_{1,b} + \sigma_{2,b}]$$

或平板龙骨处的船体剖面模数 W_b 不小于其相关规定的最小要求剖面模数值 $W_{b,\min}$，即

$$W_b > W_{b,\min} \tag{5.2}$$

(3)船体剖面极限弯矩 M_j 与最大合成计算弯矩 $M_{\max}$ 之比应不小于相关规定值 n，即

$$\frac{M_j}{M_{\max}} \geqslant n \tag{5.3}$$

式中，n 为强度储备系数。

(4)舷侧板的剪切应力 τ 不允许超过其许用值 $[\tau]$，即

$$\tau \leqslant [\tau] \tag{5.4}$$

(5)船体梁刚度（船体剖面惯性矩 I）不小于其最小要求值 $I_{\min}$ 即

$$I \geqslant I_{\min} \tag{5.5}$$

在船体结构的设计中，满足上述总纵强度要求的同时，还要满足船体结构的局部强度要求和稳定性要求。

这一章将详细介绍船体主要结构的优化设计，包括设计变量的选取、目标函数的建立、所要考虑的约束条件的建立、优化方法的选取以及优化过程中所要注意的一些问题等。这对于学习优化设计的初学者来讲是十分有必要的。

5.1 建立局部强度计算模型

船体结构在外力作用下除了会发生总纵弯曲变形外，各局部结构如船底、甲板、船侧和舱

壁板架以及横向肋骨框架等结构也会因局部载荷作用而发生变形、失稳或破坏。研究这些结构的强度问题称为局部强度。局部强度所研究内容很多,除了板架结构和框架结构外,各种骨材以及壳板的强度计算也是局部强度所讨论的对象。由于有限元法的发展和计算机的广泛应用,使得可以把传统的局部强度计算方法(即将船体结构划分为各种板架、刚架、连续梁和板壳等进行计算),扩展为各种结构的整体进行计算,如立体舱段计算等。这样的扩展,使得结构模型更加接近于船体的实际情况。

由于计算机优化的过程都是反复迭代的过程,若采用有限元等分析工具来作为优化程序中的响应分析工具,虽然计算出的结构应力和弯矩等响应更加接近于真实情况,但计算机时间花费将会相当大的。因此,结构优化中的分析过程,也就是局部强度计算过程,需要首先根据结构受力与变形的特点,把实际复杂的船体结构抽象为可以用力学方法计算的简化模型(称为力学模型或计算模型);然后对这个力学模型进行应力响应分析并进行强度校核。力学模型的建立是与计算方法相联系的。用传统的船舶结构力学方法(解析法、力法、位移法或能量法等)进行局部强度计算时,只能将船体各部分结构简化为板架、刚架、连续梁和板壳等结构进行计算,而且载荷也只能取比较简单情况。下面将介绍将船体结构模型简化为用于结构响应分析模型的一些细节。

5.1.1　建立计算模型的原则

在进行结构模型简化时,计算模型仅具有实际结构的一些主要力学特征,并不是把实际结构的各种特征全部都反映出。并且,计算模型的选取也与计算载荷和许用应力的选择有关。内力计算的精度应与外载荷的精度相匹配,如果外力有很大的近似性,就没有必要过分追求内力计算的精确性。

船舶局部强度与总强度一样,也是一种相对强度(比较强度)。外力、内力和许用应力的一致性是比较强度的基本出发点。

结构模型化是计算的前提和结构分析成败的关键因素,它更富于工程判断。从强度校核观点,“偏于安全”的简化是允许的,但偏于安全的简化模型往往会使结构材料增加,并不是合理的符合结构设计要求的计算模型。我们追求的是力学上能够反映实际结构变形特征,计算上又不过于复杂的模型。

影响计算模型的主要因素有以下几点。

(1)结构的重要性:对重要结构应采用比较精确的计算模型。

(2)设计阶段:在初步设计阶段可用比较粗糙的模型,在详细设计阶段则需要较精确的计算模型。

(3)计算问题的性质:对于结构静力分析,一般可用较复杂的计算模型,对于结构动力和稳定性分析,由于问题比较复杂,可用较简单的计算模型。

5.1.2 构件几何尺寸的简化

在进行局部结构计算时,不可能也没有必要对实际结构的各种因素加以考虑,在确定其几何要素(如跨距、宽度、带板尺寸和剖面模数等)时,有必要将实际结构作一些“理想化”的简化结构来进行处理。

在板架结构计算时,其长度和宽度应取相应的支撑构件间的距离,例如,船底板架和甲板板架的长度取横舱壁之间的距离,其宽度取组成肋骨框架的梁中和轴的跨距,或简单地取为船宽。

肋骨刚架计算时,其长度和宽度取组成肋骨框架梁的中和轴线交点间距离,用中和轴线代替实际构件。不计梁拱及舭部的弯曲,由于肘板和开孔(人孔、减轻孔等)的存在而引起的构件剖面变化也不予考虑,即在内力(弯矩、应力)计算时把每一构件作为等直梁进行处理,如图 5.1 所示。但是,在确定骨架剖面的应力时,需考虑肘板的影响,即在计算梁的剖面模数时计入肘板。例如,图 5.1 所示的肋骨刚架底部弯矩值最大,若计算应力时不考虑舭肘板,则最大应力甚至会超过许用应力,如果计入舭肘板,则其应力很小,实际上最大应力出现在肋骨跨距中部。

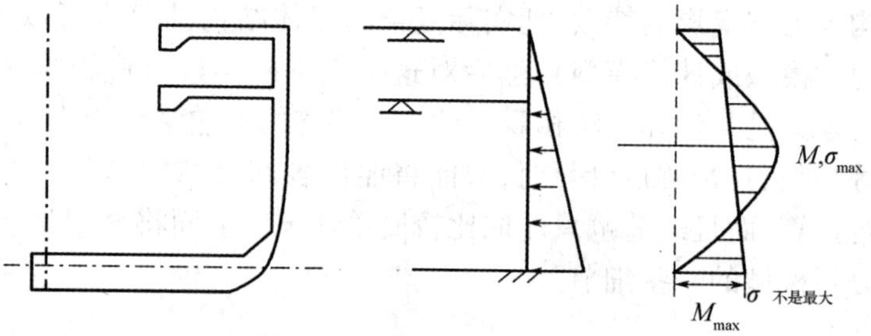

图 5.1 肋骨刚性弯矩图

应当指出,对于具有大肘板的船舶结构(如油船、矿砂船等),在计算内力时也应考虑肘板影响,否则在某些载荷下所得结果可能偏于危险。

构件剖面要素计算时应计及带板(附连翼板)的影响,关于带板的一些详细问题,可见参考文献[10]。

5.1.3 骨架支承条件的简化

把局部结构或主要结构从整体结构中分离出来进行局部强度计算时,需考虑相邻构件对计算结构模型的影响,如支承条件或支座等。在船体结构强度计算中,通常考虑以下三种支座情况。

(1)自由支持在刚性支座上。

(2)刚性固定。

(3)弹性支座和弹性固定。

结构端部简化成何种支座,要视相邻构件与计算构件间的相对刚度及受力后的变形特点而定。图 5.2 所示的船体纵骨结构,在船底均布水压作用下产生弯曲变形,由于实肋板刚性远大于纵骨的刚性,则可将其视为纵骨的刚性支座。又因为纵骨变形以肋板为支点左右对称,因此计算船底纵骨强度时可按两端刚性固定的单跨梁来处理。图 5.3 所示的甲板纵骨,船舶中垂弯曲时受轴向压力作用下,在计算纵骨稳定性时,根据其变形特点可将其作为两端自由支持的单跨梁来计算。

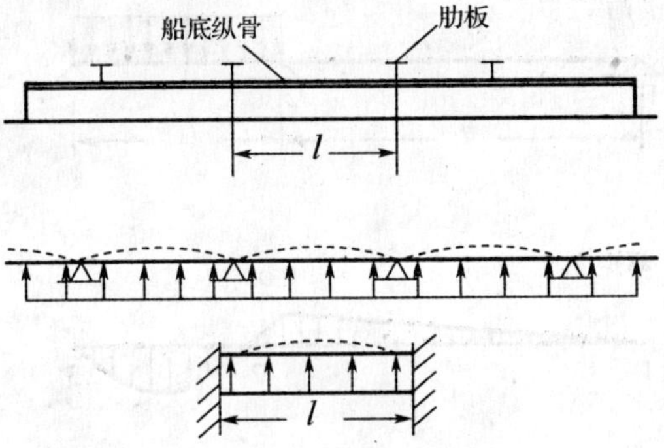

图 5.2　船底纵骨变形

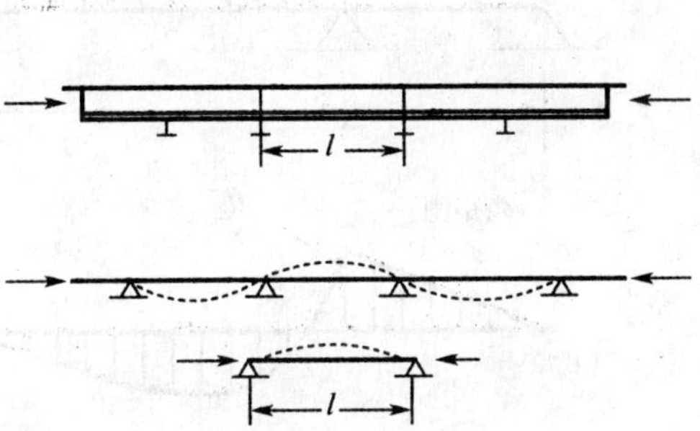

图 5.3　甲板纵骨稳定性计算

由此可见,正确分析结构变形特点才能做到力学上的等价处理,这是模型化的关键。

在计算图 5.4(a)所示的肋骨框架时,由于肋板的刚度远大于肋骨刚度,故肋骨与肋板相连接的下端可作为刚性固定端来处理(见图 5.4(b));因甲板上无载荷,故又可进一步简化为弹性固定的单跨梁(见图 5.4(c))来处理。按船舶结构力学方法,可算出其弹性固定端的转角和柔性系数分别为

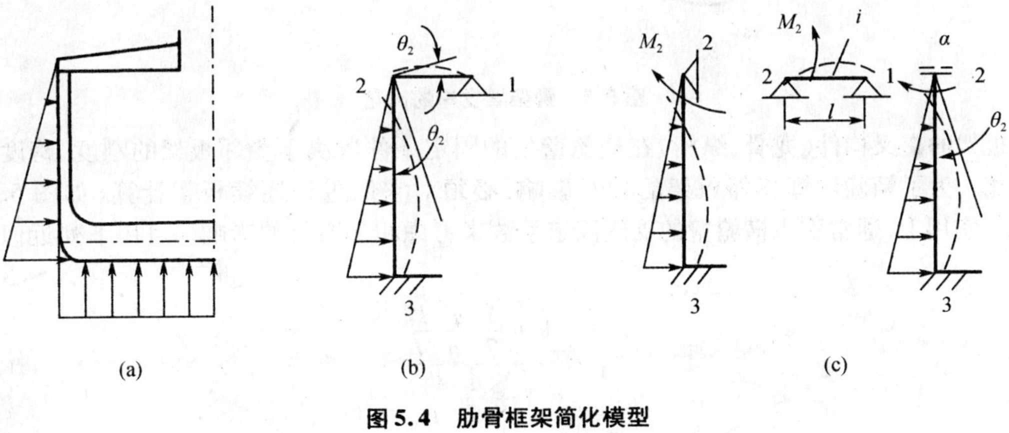

图 5.4　肋骨框架简化模型

$$\theta_2 = \frac{l}{3Ei}M_2$$

$$\alpha = \frac{l}{3Ei} \tag{5.6}$$

式中，i 和 l 分别为横梁的剖面惯性矩和跨度。

一般情况下，当相邻梁的刚度相差在20倍以上时，其计算图形可按极限情况进行简化处理，误差一般在5%以内，如图5.5(a)和5.5(b)所示。

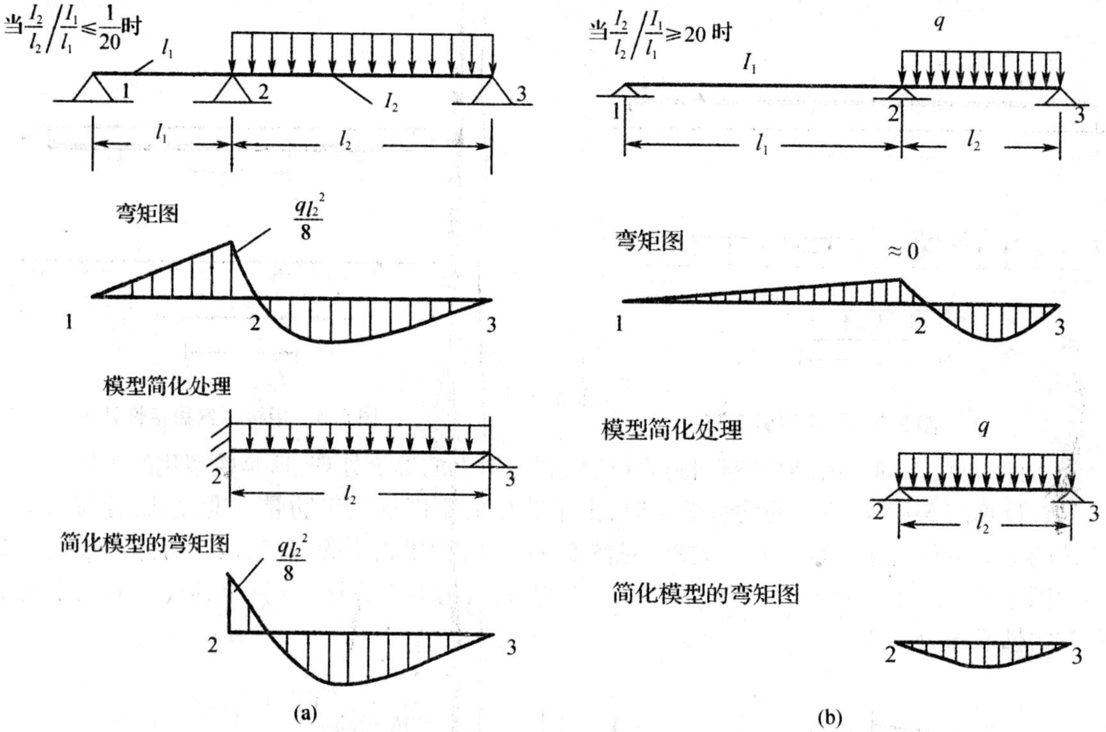

图5.5 骨架梁支座的简化

板架的交叉构件（龙骨、纵桁）在横舱壁处的固定条件取决于相邻板架的刚度、跨度和载荷之比。为了精确计算相邻板架的相互影响，必须对它们进行连续板架计算（如图5.6所示）；但实用上，通常引入横舱壁的支座固定系数来考虑相邻板架的影响。可用下列近似公式确定

$$\chi = \frac{1 + \frac{1}{2}\frac{q'}{q}\frac{l'}{l}}{1 + \frac{1}{2}\frac{l'}{l}} \tag{5.7}$$

式中，q 为在板架计算跨距上载荷强度；q'为相邻两个舱板架上的平均载荷强度；l 为计算板架的跨距；l'为相邻两个舱板架的平均跨距。

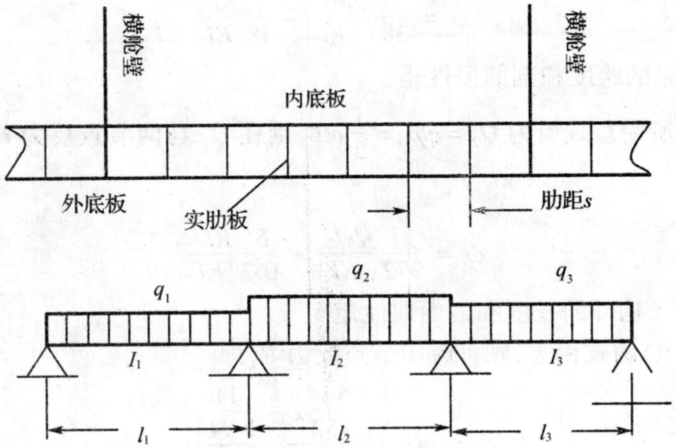

图 5.6　板架固定系数计算

在多数情况下，交叉构件在横舱壁处可以认为是刚性固定的。船底板架在舷侧处的固定情况可通过肋骨刚架计算来确定，但在通常计算中可近似认为自由支持在舷侧，因为肋骨的刚度比肋板小得多。

在确定板架两向梁支持关系时，应以他们的相对刚度来判断。如图 5.7 所示交叉梁系，现在求出支反力 R。

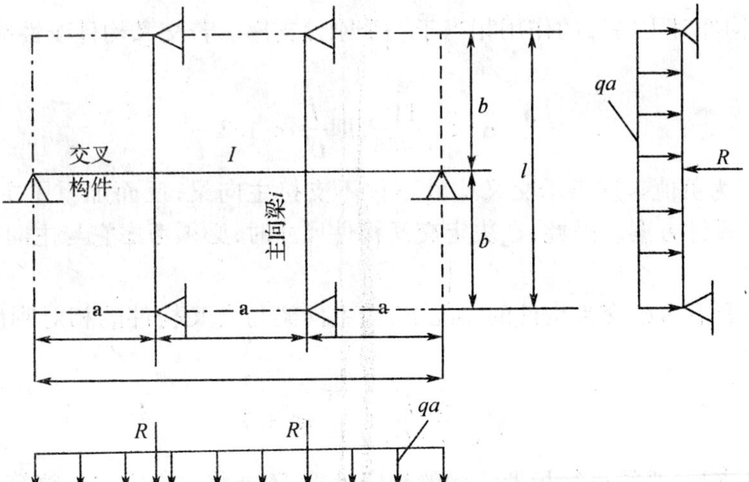

图 5.7　交叉梁系模型

设主向梁上所受总载荷为 $Q_1 = qal = \frac{1}{3}qlL$，节点反力为 R，则主向梁在节点处的挠度为

$$\omega = \frac{5}{384}\frac{Q_1 l^3}{Ei} - \frac{1}{48}\frac{Rl^3}{Ei} \tag{5.8}$$

式中，l 和 i 为主向梁的跨度和剖面惯性矩。

又设交叉构件所受总载荷为 $Q_2 = qbL = \frac{1}{2}qlL$，则在 Q_2 与两节点反力 R 同时作用下，节点挠度为

$$\omega = \frac{11}{972}\frac{Q_2 L^3}{EI} + \frac{5}{162}\frac{RL^3}{EI} \tag{5.9}$$

式中，L，I 分别为交叉构件的长度和剖面惯性矩。

使(5.8)和(5.9)两式相等，则可解出节点反力 R，即

$$R = qlL\frac{\left(\frac{5}{1\ 152}\alpha - \frac{11}{1\ 944}\right)}{\left(\frac{a}{48} + \frac{5}{162}\right)} \tag{5.10}$$

式中，$\alpha = \frac{l^3 I}{L^3 i}$为交叉构件与主向梁的相对刚度。

由公式(5.10)可以看出，节点反力随 α 的增加而增大，即随交叉构件刚性增加而增大。当时，节点反力达到最大值，即

$$R_{\max} = \frac{5}{1\ 152}\times 48qlL = \frac{5}{24}qlL$$

这时，交叉构件对主向梁的作用相当于一个刚性支座。若交叉构件刚性减少，则反力也减小，并且当

$$\frac{5}{1\ 152}\alpha < \frac{11}{1\ 944}，即\frac{I}{L^3} < 1.3\ \frac{i}{l^3}$$

节点反力 R 将变为负值。这表示交叉构件不仅不支持主向梁，反而加重了主向梁的负担，这是一种不合理的设计方案。因此，在决定交叉构件尺寸时，必须考虑它与主向梁间的相对刚度问题。

板架结构在具有多根交叉构件的情况下，当主向梁与交叉构件的相对刚度满足下列条件时，即

$$k\sqrt[4]{\frac{L}{a}\frac{i}{I}\left(\frac{L}{l}\right)^3} \leqslant 3.7 \tag{5.11}$$

说明两向梁相互支持，必须进行板架结构的相应计算，不能将一个方向的梁简化为另一个方向上梁的刚性支座。

在式(5.11)中，a 为主向梁之间的平均距离；L，I 分别为交叉构件的长度与剖面惯性矩；l，

i 分别为主向梁的长度与剖面惯性矩；k 为系数，与交叉构件数目 m 和主向梁的支座固定系数有关，k 值见表 5.1。

表 5.1 系数 k 的取值表

χ \ m	0	0.1	0.2	0.3	0.4	0.5	0.6	0.7	0.8	0.9	1.0
1	0.931	0.945	0.967	0.988	1.015	1.048	1.088	1.130	1.182	1.245	1.320
2	0.849	0.865	0.886	0.905	0.933	0.965	1.000	1.046	1.098	1.160	1.282
3	0.785	0.800	0.820	0.836	0.863	0.892	0.927	0.967	1.015	1.072	1.185
4	0.740	0.754	0.773	0.789	0.813	0.841	0.874	0.912	0.957	1.011	1.115
5	0.709	0.723	0.755	0.756	0.779	0.806	0.837	0.874	0.918	0.968	1.068

例如，在计算设置船侧纵桁与强肋骨的船侧板架时，若

$$k\sqrt[4]{\frac{L}{a}\frac{i}{I}\left(\frac{L}{l}\right)^3} > 3.7$$

则不需要进行板架计算，此时船侧纵桁可视为支持在刚性支座（强肋骨）上的连续梁。

5.1.4 船体结构模型化

船体结构模型化的主要任务是尽可能应用简化的模型来计算实际结构，以减少结构响应分析的工作量。船体结构模型化过程可尽量应用以下几方面的知识，有助于正确合理地进行船体结构的简化处理。

(1) 结构对称性的利用

船体结构一般都是左右对称的，充分利用这个特点可大大减少未知量的数目。如果结构与载荷都是对称的，可取一半结构进行计算，并在对称面的各节点加上适当的约束条件，如图 5.8(a) 所示。

如果结构具有纵、横双重对称性，载荷也是对称的，则可取 1/4 结构进行响应计算。例如，受均布水压力作用的双层底板架结构（图 5.8(b)），取 1/4 板架并在纵向与横向对称面加上相应约束条件。在用有限元法计算时，取这样的计算模型的计算工作量仅是原计算工作量的 1/16，且只需要 1/4 的存储量。

当结构具有对称性，但载荷不是对称的，这时可将载荷分解为对称与反对称两种情况计算，然后再进行迭加运算。如图 5.9(a) 所示，表示了肋骨刚架的弯矩，可用图 5.9(b) 和 (c) 两刚架计算结果合成得到。

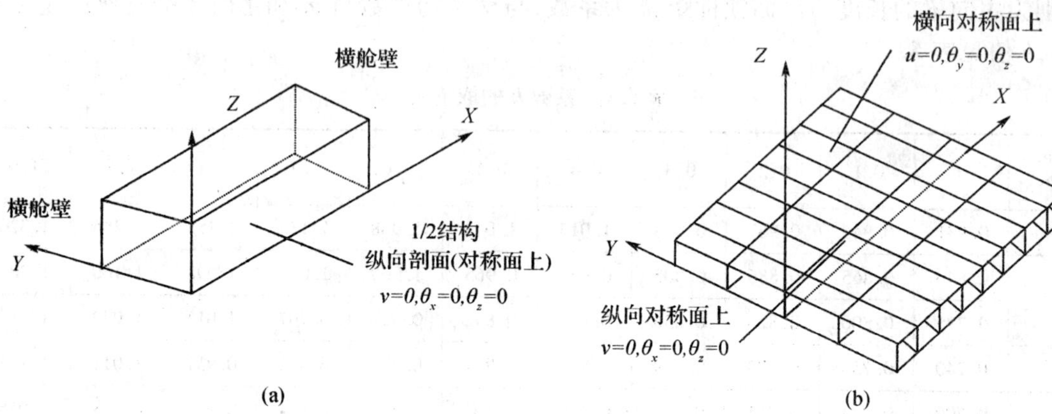

图 5.8

(a)立体舱段对称条件的利用;(b)双层底板架的对称性条件利用

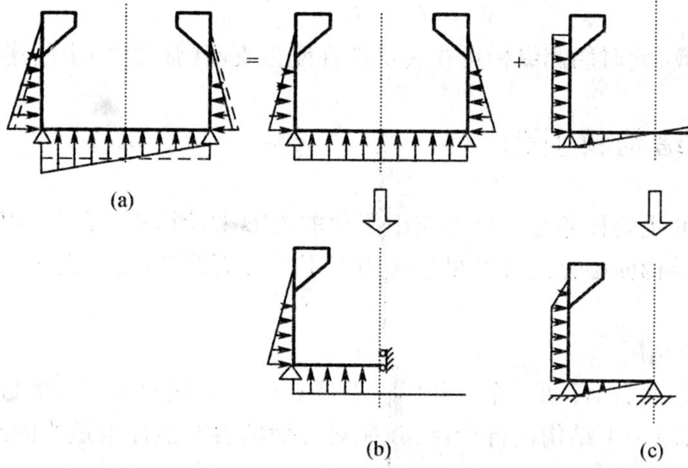

图 5.9　载荷分解为对称和反对称情况

(2)等效刚度模型的利用

等效模型在船体局部强度计算中的应用是很普遍的,它可使自由度大为减少。例如,将空间结构用平面结构模型来简化,甚至可用一维模型来进行计算;用弹性支座或弹性固定端代替相邻结构对当前构件的影响等。如图 5.10 所示的大舱口货船的悬臂梁结构,就可采用一维梁模型,来代替空间刚架计算。

将悬臂梁简化为支持甲板纵桁的弹性支座(图 5.10(b)),其刚度 K_j 可由图 5.10(c)所示肋骨刚架在单位力作用下的挠度求得,即

$$\nu_j = A_j R = A_j \times 1, K_j = \frac{1}{A_j}$$

舱口围板处的弹性支座刚度由图 5.10(d)所示刚架计算得到。

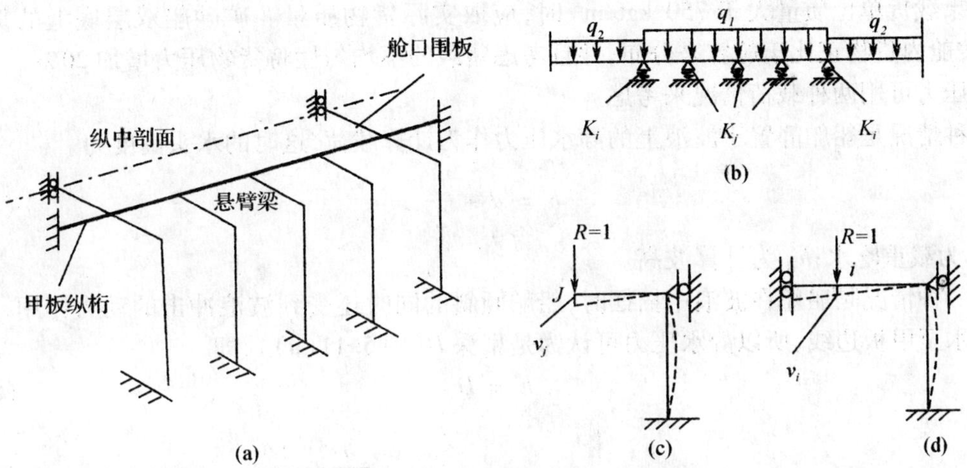

图 5.10　大舱口货船悬臂梁结构设计图形

5.1.5　载荷模型化

载荷对结构计算起决定性作用。由于船舶实际受载的复杂性和可变性,因此载荷的估算有一定近似性。载荷模型化的目的是,选择船舶在营运中可能遇到的较危险的和经常性的载荷情况,并且能用有限参数来描述实际载荷。

在载荷模型化时应考虑以下问题。

(1)确定作用于结构上的载荷工况。

(2)确定计算载荷的性质(不变载荷、静变载荷、动变载荷和冲击载荷)与载荷类型(经常性载荷、偶然性载荷)。

(3)确定载荷大小,并确定施加在哪些构件上。

(4)确定载荷的组合与搭配方式。

由于我们是在线弹性范围内进行强度校核,因此在复杂载荷作用时可以应用迭加原理,即将载荷分解为简单情况分别计算,然后将应力进行迭加。

局部强度计算载荷主要有货物质量和水压力,一般不计结构自重影响,因为后者与前者相比可忽略不计。

货物质量通常用水头高度来表达,即

$$h = \frac{H_i}{1.35} \tag{5.12}$$

式中，h 为水头高，H_i 为货舱载货高度。

如果载货单位质量大于 750 kgf/m^3 时，应取实际货物质量。矿砂船双层底上的货物压力，应按舱内货物正比于舱容来分布，并且考虑装载的不均匀性将货物压力增加 20%。

水压力可用两种载荷情况来考虑：

一种情况是船舶静置于波浪上的静水压力作为计算载荷，这时的水头高度为

$$h = d + \frac{h_B}{2} \tag{5.13}$$

式中，d 为载重吃水；h_B 为计算波高。

另一种情况是船舶在波浪中摇摆时，船舶倾斜的同时还受到波浪冲击的动力作用，这时，舷侧浸水至甲板边线，所以静水压力可认为是型深 D(图 5.11(a))，即

$$h = D \tag{5.14}$$

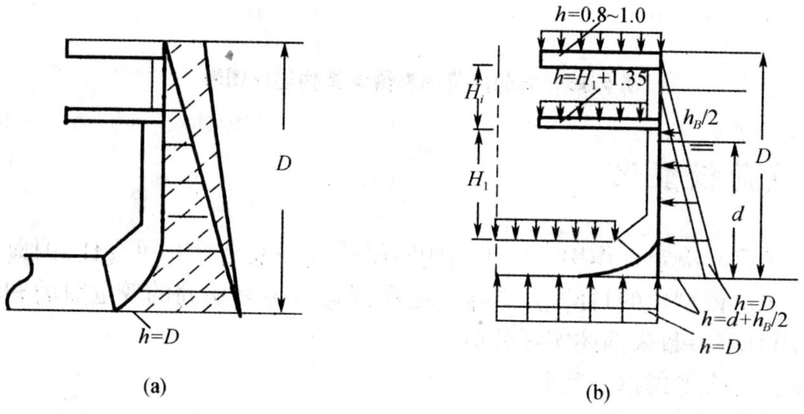

图 5.11 计算载荷

关于波浪冲击问题，有人提出按梯形规律变化的载荷情况来处理，如图 5.11(a)中斜线部分。也有人认为波浪冲击影响不在载荷内考虑，而用适当降低许用应力的办法来解决。这时，计算载荷仍取 $h = D$，按三角形分布，计算简便一些。

将水头高度乘以水的密度便得到单位面积上的水压力

$$q = \rho g h \tag{5.15}$$

作用在船底板架上的计算载荷由货物质量与水压力之差来确定。危险载荷并非发生在满载吃水工况，需找出各种装载情况下的压力差的最大值。

图 5.11(b)表示计算载荷情况。不载货的露天甲板载荷取甲板上浪或载客的相应水头高度，可按船舶建造规范规定选取。一般为 $h = 0.8 \sim 1.8$。

5.2　船底结构的优化设计

船底结构相当于船体梁的下翼板，除了受到很大的总纵弯曲应力外，还承受机器质量、货物质量、压载水及舷外水压力等横向载荷作用。对于在波浪中高速航行的船舶底部，特别是艏部附近的船底还受到很大的冲击力。因此，在船底结构优化设计时，要同时考虑其总体强度要求和局部强度要求。

5.2.1　船底结构模型化和强度计算

在总纵强度校核时，船底纵桁应力要与总纵弯曲应力合成参见文献[10]，此时船底板架的计算载荷应取相应的总纵弯曲计算时的载荷状态和波浪位置的水头高度。在局部强度计算时，船底板架计算水头为舷外水压与货物反压力之差值。

1. 船底外板的强度计算

受均布水压力作用的船底板结构，一般可作为四周刚性固定的刚性板来计算。

对于横骨架式板格结构（如图 5.12(a)所示），若 $a/s>2$，则长边中点（2 点）的最大应力（沿船长方向）可按下式计算

$$\sigma_x = 0.5q\left(\frac{s}{t}\right)^2 \tag{5.16}$$

纵骨架式板格（如图 5.12(b)所示），若 $s/b>1.5\sim2.0$ 时，可按下式计算：

短边中点沿船长方向的应力为

$$\sigma_x = 0.343q\left(\frac{b}{t}\right)^2 \tag{5.17}$$

板中点沿船长方向的应力为

$$\sigma_x = 0.075q\left(\frac{b}{t}\right)^2 \tag{5.18}$$

长边中点沿船宽方向的应力为

$$\sigma_x = 0.5q\left(\frac{b}{t}\right)^2 \tag{5.19}$$

式中，b 为船底纵骨间距。

船底板的许用应力，在板中点处可取$[\sigma]=0.8\sigma_Y$，在骨架处$[\sigma]\leqslant0.9\sigma_Y$（$\sigma_Y$ 为材料屈服极限）。

2. 船底纵骨弯曲应力计算

船底纵骨由肋板支持(如图5.12(b)所示),由于纵骨在结构上以及所承受的载荷对称于肋板,可以把纵骨当作两端固定在肋板上的单跨梁来计算,其支座剖面和跨中的弯矩按下式计算:

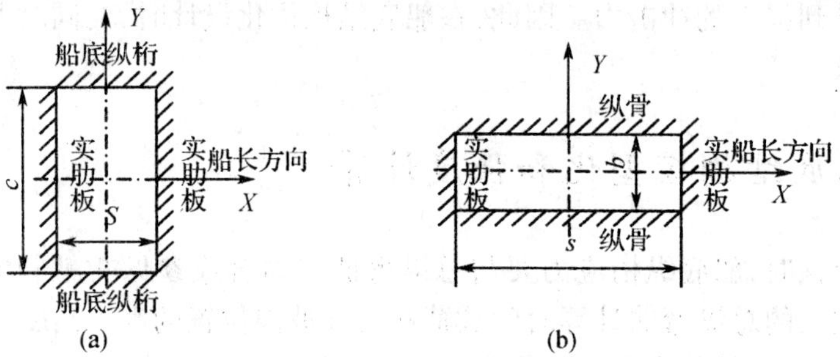

图5.12　船底外板板格

(a)横骨架式板格;(b)纵骨架式板格

支座弯矩

$$M_0 = \frac{qba^2}{12} \tag{5.20}$$

跨中弯矩

$$M_0 = \frac{qba^2}{24} \tag{5.21}$$

式中,a 为纵骨跨距;b 为纵骨间距;q 为载荷强度,分别取中拱和中垂时的水压力。

纵骨弯曲应力为

$$\sigma_3 = \frac{M}{W} \tag{5.22}$$

式中,W 为纵骨自由翼板或带板的剖面模数。

3. 船底板架计算

船底一般都是由多根交叉构件和很多主向梁组成的板架。对于横骨架式板架,主向梁(实肋板)承受肋板间距范围内的载荷,交叉构件只承受节点反力;对于纵骨架式板架,载荷通过纵骨传给实肋板,交叉构件也只承受节点反力,如图5.13所示。

多根交叉构件板架的计算可采用船舶结构力学中介绍的近似方法——主向梁节点挠度选择法。若构件不等间距、不等截面或某些构件加强,手算就比较困难,往往作些近似简化处理。

船底板架由于其结构强大,又比强力甲板靠近船体剖面中和轴线。因此在船体中拱变形时船底板架不易失稳，其主要矛盾是强度问题。

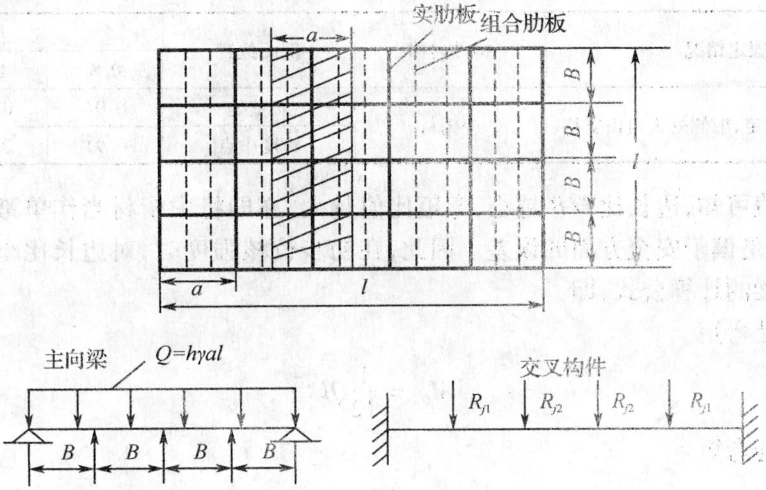

(a)

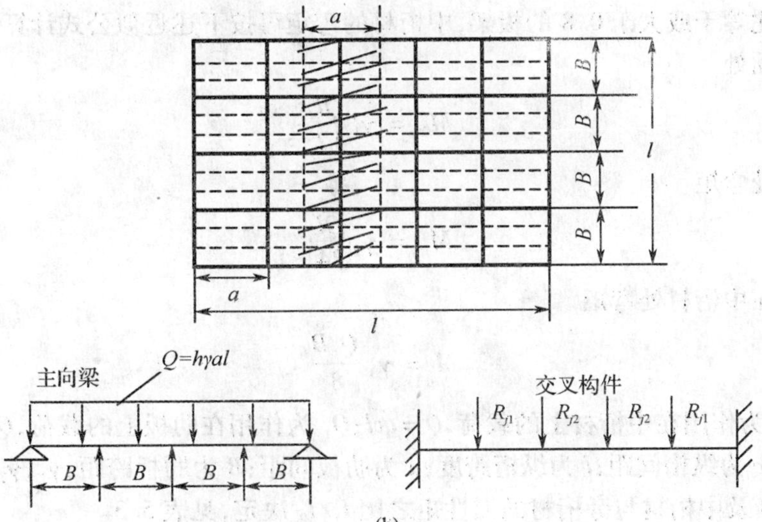

(b)

图 5.13

(a)横骨架式船底板架；(b)纵骨架式船底板架

对于舱长很短的船底板架(例如，舱长 l 与板架计算宽度 B 之比小于 0.8 时)，为确定这种板架中桁材的弯曲应力，可将中桁材当作单跨梁处理。现分析如下：如果把船底板架当作组合板，且认为是各向同性组合板，则板架中桁材与平板的中央板条梁相当。在表 5.2 中列出了不同边长比值时各向同性板的弯矩与板条梁弯矩的比值。

表 5.2

边界固定情况	构件名称	剖面位置	l/B		
			0.8	1.0	1.2
在舱壁处为刚性固定，舷侧处为自由支持	中桁材	舱壁处	0.94	0.84	0.72
		跨度中点	0.91	0.80	0.67

从表列数值可知，边长比 l/B 越小，弯矩比值越大，亦即将中桁材当作单跨梁处理引起的误差越小，而且是偏于安全方面的误差。因此，在初步校核强度时，对边长比小于 0.8 的板架可以采用单跨梁的计算公式，即

支座剖面处弯矩

$$M_0 = \frac{1}{12}Ql \tag{5.23}$$

跨长中点处弯矩

$$M_1 = \frac{1}{24}Ql \tag{5.24}$$

对于边长比等于或大于 0.8 的板架，中桁材的弯矩可按下述近似公式计算：

在支座剖面处

$$M_0 = \gamma_1 \frac{Ql}{12} \tag{5.25}$$

跨长中点处弯矩

$$M_1 = \gamma_2 \frac{Ql}{24} \tag{5.26}$$

中央肋板在中桁材处弯矩

$$M = \gamma_3 \frac{Q_1 B}{8} \tag{5.27}$$

上述公式中，Q 为作用在中桁材上的载荷，$Q = qcl$；Q_1 为作用在肋板上的载荷，$Q_1 = qaB$；q 为板架的载荷强度；c 为纵桁间距；l 为纵桁跨度；a 为肋板间距；B 为肋板跨距；$\gamma_1, \gamma_2, \gamma_3$ 为系数，由板架长宽比 l/B 及中桁材与旁桁材的惯性矩之比 I_1/I_2 决定，见表 5.3。

表 5.3

构件名称	剖面位置	l/B	0.8		1.0		1.2		1.4	
		I_1/I_2	1.0	1.2	1.0	1.2	1.0	1.2	1.0	1.2
中桁材	在舱壁处	γ_1	0.84	0.92	0.73	0.83	0.60	0.69	0.51	0.58
	在跨度中	γ_2	0.81	0.91	0.68	0.80	0.55	0.63	0.47	0.55
肋板	在中桁材处	γ_3	0.16	0.08	0.27	0.17	0.40	0.31	0.49	0.42

5.2.2　船底结构优化数学模型的建立

在板架结构的优化设计中，其目标函数和设计变量的选取要根据具体的结构优化问题而定。下面针对一般的板架结构来阐述板架结构优化问题中所包含的内容。

1. 设计变量

一般来讲，船体主要结构的外形尺寸通常是由总体布置确定的。因此，一般将其形状尺寸以及布置形式作为已知量，而将主向梁和交叉构件的剖面尺寸作为设计变量。桁材一般取 T 型材或者球扁钢等型材。为此，可用船底结构来说，取主要支撑构件如纵桁和肋板的剖面要素（如腹板的厚度 $t_{w,b}$、高度 $h_{w,b}$ 和翼板的厚度 $t_{f,b}$、宽度 $b_{f,b}$ 等）、板架中的纵向骨材的剖面积 f_s 以及间距 b 和船体外板作为设计变量。有时，对于板架中纵向骨材尺寸，可由板格及单跨梁分别计算得到，或根据总强度要求予以确定。因此纵向骨材尺寸也可作为常量来处理。

确定设计变量之后，可将这 n 维设计变量用它们的集合所组成的列阵表示，即记为

$$X = (x_1, x_2, \cdots, x_n)^{\mathrm{T}} \tag{5.28}$$

式中，上角标 T 表明转置。

在实际的板架结构设计中，这些设计变量一般都是离散的，在以设计变量 $x_1, x_2, \cdots, x_n$ 为坐标轴组成的 n 维空间上，每一个点（称为设计点）代表一个可能（不一定满足设计要求）的设计方案。

2. 目标函数

结构优化设计的任务是，在所有可行的设计方案中寻找出最优方案。在船底结构优化设计中，将船底板架结构中各构件的总质量作为目标函数，即

$$F = \rho\left(\sum_{i=1}^{I} A_i L + \sum_{j=1}^{J} C_j B + \sum_{k=1}^{K} f_k L + L \times B \times t\right) \tag{5.29}$$

式中，ρ 为密度；A_i 为第 i 跟交叉构件剖面积；I 为交叉构件的数目；C_j 为第 j 根主向梁的剖面积；J 为主向梁的数目；f_k 为纵骨的剖面积；L 为板架长度；B 为板架宽度。在优化问题中，要根据具体问题来建立目标函数。

3. 约束条件

约束条件的一般有两种表达形式，即不等式约束条件和等式约束条件，即

$$\left.\begin{aligned} h_j(X) &\leqslant 0 \quad (j = 1,2,\cdots,J) \\ g_k(X) &= 0 \quad (k = 1,2,\cdots,K) \end{aligned}\right\} \tag{5.30}$$

对于板架结构来说,一般由以下几个性态约束和限界约束。

(1)船底的合成应力,即船底的总纵弯曲应力 $\sigma_{1,b}$ 与板架弯曲应力 $\sigma_{2,b}$ 之和,不应超过其许用应力 $[\sigma_{1,b}+\sigma_{2,b}]$,即

$$\sigma_{1,b}+\sigma_{2,b}<[\sigma_{1,b}+\sigma_{2,b}] \tag{5.31a}$$

或平板龙骨处的船体剖面模数 W_b 不小于其相关规定的最小要求剖面模数值 $W_{b,\min}$,即

$$W_b>W_{b,\min} \tag{5.31b}$$

(2)板架结构中最大弯曲正应力 σ 不超过其许用应力,即

$$\sigma=\frac{M}{W}\leqslant[\sigma] \tag{5.32}$$

式中,σ 为构件通过计算所得的最大屈曲应力;$[\sigma]$ 为许用屈服应力。

(3)设计的构件剖面的惯性矩应满足最小惯性矩要求,以保证最小刚度要求,即

$$I\geqslant I_{\min} \tag{5.33}$$

(4)板架结构中型材腹板的剪切应力 τ 不应该超过剪切应力 $[\tau]$,即

$$\tau=\frac{NS}{It}\leqslant[\tau] \tag{5.34a}$$

或

$$\frac{N}{0.85[\tau]}\leqslant ht \tag{5.34b}$$

式中,S 为中和轴以上或以下的剖面积对中和轴的静矩;I 为板架结构中的型材剖面积对中和轴的惯性矩;h 和 t 分别为型材腹板的高度和厚度。

(5)腹板稳定性要求

保证腹板不丧失稳定性,即

$$\frac{h_w}{t_w}\leqslant m \tag{5.35}$$

式中,t 为主要支撑构件的腹板厚度;h 为主要支撑构件的腹板高度;m 为相应的腹板丧失稳定性时 h_w/t_w 的临界值,可按下式进行计算,即

$$m=\frac{100}{\sqrt{\dfrac{\sigma}{A}+\dfrac{\tau}{102}}}$$

(6)面板稳定性要求

保证腹板不丧失稳定性,即

$$\frac{b_f}{t_f}=n_0 \tag{5.36}$$

式中,t_f 为主要支撑构件的面板厚度;b_f 为主要支撑构件的面板宽度;n_0 为相应的腹板丧失稳定性时 b_f/t_f 的临界值,一般由下式进行计算

$$n_0 = 10\sqrt{\frac{184}{\sigma_Y}}$$

且 n_0 不超过 7.5 ~10。

(7)型材的总稳定性

型材的侧向失稳将导致总体稳定性的丧失,它将导致整个结构的破坏。参考文献[8]可知,在近似计算时,其稳定性要求满足下式

$$\frac{t}{b_1} < 100\sqrt{\frac{100}{\sigma_Y}} \tag{5.37}$$

式中,σ_Y 为材料屈服极限。

(8)最小板厚要求

考虑腐蚀,主要支持构件的腹板和面板的净厚度还应满足最小厚度要求

$$t \geqslant t_{\min} \tag{5.38}$$

式中,t 为主要支撑构件的腹板、面板的厚度;$t_{\min}$ 为按规范规定计算的主要支撑构件腹板、面板的最小板厚。

(9)考虑焊接工艺性要求,内底板、船体纵桁和肋板的腹板与外底板板厚之间有如下约束关系

$$\begin{aligned}
t_{f1} &\leqslant t_{w1} + 4 \\
1.4t_{w1} \leqslant\ & t_{f1} \leqslant 2t_{w1} \\
t - 4 \leqslant\ & t_{w1} \leqslant t + 4 \\
t_{f2} &\leqslant t_{w2} + 4 \\
1.4t_{w2} \leqslant\ & t_{f2} \leqslant 2t_{w2} \\
t - 4 \leqslant\ & t_{w2} \leqslant t + 4
\end{aligned} \tag{5.39}$$

式中,t_{f1} 和 t_{w1} 分别为纵桁的翼板厚度和腹板厚度;t_{f2} 和 t_{w2} 分别为肋板的翼板厚度和腹板厚度;t 为外板厚度。

除此之外,可能还会有一些别的约束条件,如构件应具有一定的刚度,使其挠度不超过容许值等,在这里不作详述。

5.3　甲板结构的优化设计

最上层连续甲板是船体梁的上翼板,它对保证船体总纵强度起到重要作用,所以又称强力甲板。作为参与总纵强度的主要结构,同船底结构一样,要承受到很大的总纵弯曲应力。除此之外,甲板结构还将承受来自上层建筑的压力及船艏处甲板上浪的水压力,某些船型的甲板还将承受货物的重力等。因此,在甲板结构优化设计时,也要同时考虑其总体强度要求和局部强度要求。

5.3.1　甲板结构模型化和强度计算

下甲板主要承受货物质量，因此首先应保证其局部强度。

无论是哪一层甲板都应承受均布载荷。上层露天甲板，如不载货则认为承受甲板上浪的水压力，其水头高度可按规范规定进行计算。《海船规范》规定，露天强力甲板计算水头高度在 1.20 ~ 1.50 之间，并且不小于按下式计算值，即

$$h_0 = 1.2 + \frac{2}{1\,000}\left(\frac{100 + 3L}{D - d} - 150\right) \tag{5.40}$$

式中，L 为船长；D 为型深；d 为吃水。

对于军用舰艇，上甲板和艏艉楼甲板露天部分，由飞溅水作用的计算载荷按下式确定

$$\Delta = K\frac{L}{\sqrt{H}} \tag{5.41}$$

式中，$K = 0.01\left[1 + 2\left(\frac{x}{L}\right) + 8\left(\frac{x}{L}\right)^2\right]$。其中，$x$ 为计算剖面距船中的距离（向艏为正，向艉为负）；L 为正常排水量的水线长度；H 为计算剖面的干舷高度，并需计及艏楼和艉楼高度的影响。对于军船要求，Δ 不小于 4.91 kN/mm^2。

1. 甲板纵骨的强度计算

作用于甲板纵骨上的力，除横载荷外，还有总纵弯曲产生的轴向力，它对甲板纵骨的弯曲产生一定影响。因此，必须把甲板纵骨作为复杂弯曲梁来计算。考虑到载荷、结构的对称性等，甲板纵骨被视为两端刚性固定在强横梁上承受均布载荷 q 及轴向力 T 作用的单跨梁，如图 5.14 所示。

由船舶结构力学中梁的复杂弯曲计算可知，轴向拉力 T 对纵骨弯曲产生有利影响，横向压力 q 对纵骨弯曲产生不利影响。当轴向力 T 为压力时，可求得甲板纵骨的最大弯曲应力发生在支座剖面处，其应力为

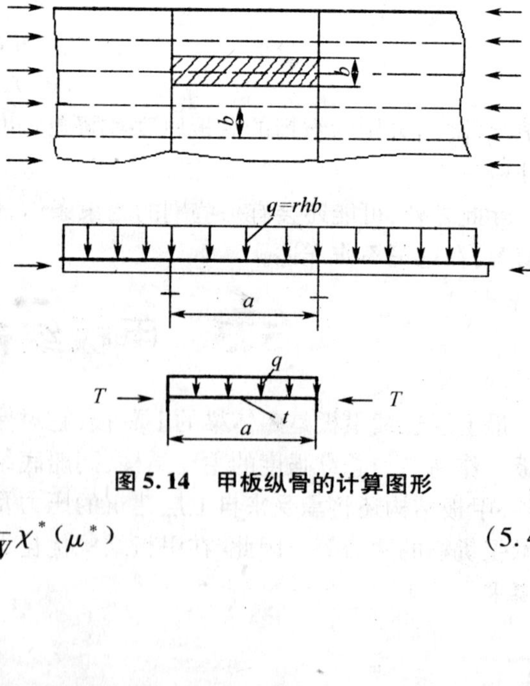

图 5.14　甲板纵骨的计算图形

$$\sigma = \frac{ql^2}{12W}\chi^*(\mu^*) \tag{5.42}$$

式中，W 为甲板纵骨（包括带板）的剖面模数；$\mu^* = \frac{1}{2}\sqrt{\frac{T}{EI}}$（$I$ 为甲板纵骨（包括带板）的剖面惯性矩）；$\chi^*(\mu^*)$ 为梁的复杂弯曲辅助函数，可由《船舶结构力学》书中附录查得。

考虑到甲板纵骨同时受到总纵弯曲应力作用，它的局部强度的许用应力一般较小，约在 50 N/mm^2 左右。

2. 甲板板架的强度计算

图 5.15 为一典型的纵骨架式甲板板架结构，该结构一般为半纵舱壁，或在舱口端梁的中点设置支柱。甲板纵桁和舱口端梁的计算可化为图 5.15(b)和(c)所示计算模型。其中载荷可化为

$$\begin{aligned} q_0 &= \frac{1}{2}(B_1 + b_1)h \\ q_1 &= \frac{1}{2}\left(B_1 + \frac{b_1}{2}\right)h\text{（当中纵剖面有半舱壁时）} \end{aligned} \tag{5.43}$$

式中，h 为计算水头高度。

甲板纵桁归结为刚性或弹性固定在横舱壁上，并且有中间弹性支座（舱口端梁）的阶梯形变断面梁的计算。开口区域以外的横梁和开口区域内的半梁对它的支持作用实际上可不予考虑，它们的主要作用是将甲板载荷传递给甲板纵桁。舱口端梁自由支持在舷侧，且由于载荷对称而刚性固定在纵中剖面处。令 $R=1$，可由图 5.15(c)的计算模型求得舱口端梁对甲板纵桁的弹性支座的柔性系数 $A=\frac{\nu}{R}$。

甲板纵桁的计算可采用五弯矩法。取舱壁处和舱口端梁处剖面弯矩为未知数 M_1 和 M_2。求得 M_1 和 M_2 后可按下式计算甲板纵桁跨度中点处的弯矩，即

$$M_1 = \frac{q_0 {l_0}^2}{8} - M_2 \tag{5.44}$$

甲板纵桁在跨度中点处的最大挠度为

$$v_{\max} = v + \frac{5}{384}\frac{q_0 l_0^4}{EI_0} - \frac{m_2 l_0^2}{8EI_0} \tag{5.45}$$

$$\nu = A\left(\frac{q_1 l_1 + q_0 l_0}{2} + \frac{M_2 - M_1}{l_1}\right) \tag{5.46}$$

式中，ν 为甲板纵桁与舱口端梁交点处的挠度。

舱口端梁的强度应按承受甲板纵桁传来的反力 R 进行计算。反力 R 由下式进行确定

$$R = \frac{q_1 l_1 + q_0 l_0}{2} + \frac{M_2 - M_1}{l_1} \tag{5.47}$$

舱口区强横梁的强度可按图 5.16 所示图形进行计算。通常情况下认为强横梁自由支持

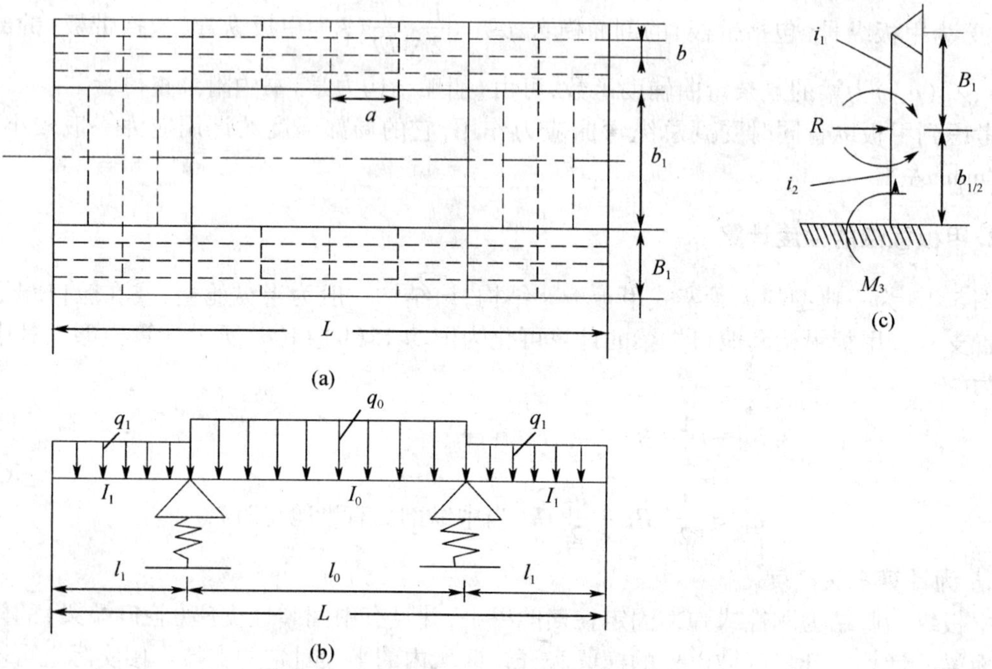

图 5.15　纵骨架式甲板板架简图

在甲板纵桁上并且在一般情况下弹性固定在舷侧上。强横梁在舷侧的弹性固定柔性系数，可按下式进行确定

$$\alpha = \frac{l_{肋}}{3EI_{肋}} \tag{5.48}$$

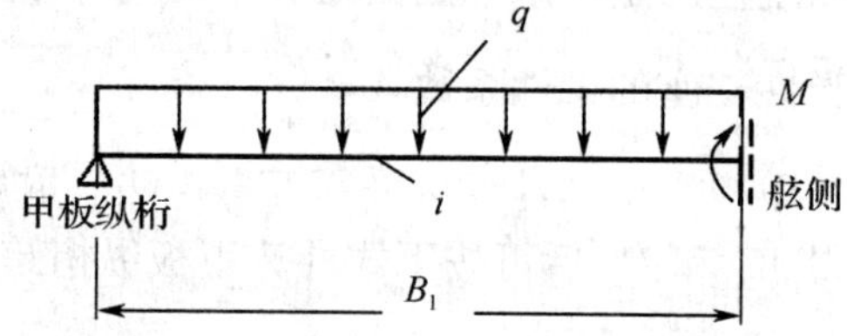

图 5.16　舱口强横梁的计算图形

式中，$l_{肋}$ 为与强横梁相连的肋骨的跨度；$I_{肋}$ 为肋骨的剖面惯性矩。

强横梁在弹性固定端的弯矩为

$$M = \frac{qB_1^2}{8} \cdot \frac{1}{1 + 3\alpha Ei/B_1} \tag{5.49}$$

对于没有半纵舱壁或舱口端梁中点处无支柱的甲板板架需要计算由甲板纵桁和舱口端梁组成的井字形交叉梁系，如图 5.17 所示。

5.3.2　甲板结构优化的数学模型

1. 设计变量

与船底结构类似，在船体甲板结构的优化设计中，可取甲板横梁、甲板纵桁的剖面要素（如腹板的厚度、高度和翼板的厚度、宽度等）、甲板板上的纵向骨材的尺寸及间距和船体外板等作为设计变量。

确定设计变量之后，可将这 n 维设计变量用它们的集合所组成的列阵表示，即记为

$$\boldsymbol{X} = (x_1, x_2, \cdots, x_n)^{\mathrm{T}}$$

式中，上角标 T 表明转置。

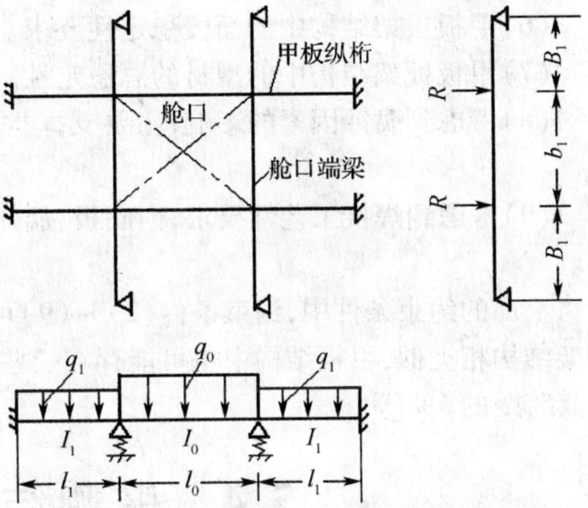

图 5.17　无半纵舱壁的甲板板架计算图形

2. 目标函数

在甲板结构优化设计中，与船底板架结构优化设计变量相似，将甲板板架结构中各构件的总质量作为目标函数，即

$$F = \rho\left(\sum_{i=1}^{I} A_i L + \sum_{j=1}^{J} A_j B + \sum_{k=1}^{K} f_k L + LBt\right)$$

式中，ρ 为密度；A_i 为第 i 根交叉构件剖面积；I 为交叉构件的数目；A_j 为第 j 根主向梁的剖面积；J 为主向梁的数目；f_k 为纵骨剖面积；L 为板架长度；B 为板架宽度；$L \times B \times t$ 表示甲板板架的体积。在优化问题中，要根据具体问题来建立目标函数，如建立质量轻或经济性最好或可靠性最强的结构优化目标函数。

3. 约束条件

对于甲板板架结构来说，一般由以下几个性态约束条件和限界约束条件。

（1）强力甲板的总纵弯曲应力 $\sigma_{1,d}$，不允许超过其许用应力$[\sigma_1]$，即

$$\sigma_{1,d} = \frac{M}{W} \leqslant [\sigma_1] \tag{5.50a}$$

或强力甲板的船体剖面模数 W_d 不小于其最小要求值 $W_{d,\min}$，即

$$W_d \geqslant W_{d,\min} \tag{5.50b}$$

式中，$\sigma_{1,d}$为构件通过计算所得的最大屈曲应力；$[\sigma_1]$为许用屈服应力。

（2）设计的构件剖面的惯性矩应满足最小惯性矩要求，以保证最小刚度要求。

(3)甲板板架结构中最大弯曲正应力 σ 不超过许用应力[σ]。

(4)甲板板架结构中型材腹板的剪切应力 τ 不应该超过剪切应力[τ]。

(5)甲板板架结构中的腹板稳定性要求。

(6)甲板板架结构中的面板稳定性要求。

(7)甲板板架结构中的型材的总稳定性。

(8)考虑到腐蚀因素的影响,主要支撑构件的腹板和面板的净厚度还应满足最小厚度要求。

(9)考虑到焊接工艺性要求,内底板、船体纵桁和肋板的腹板与外底板板厚之间的约束关系。

上面的约束条件中,约束条件(2)~(9)可参见公式(5.32)~(5.39)。除此之外,与船底板架结构相类似,甲板结构中也可能存在一些其他约束条件,如甲板纵桁,还要求其高度不超过其跨距的6%等。

5.4 舷侧结构的优化设计

舷侧结构是船体梁的腹板,在总纵弯曲时,除承受拉、压的法向应力外,还承受较大的剪切应力。由船舶相关知识可知,船体最大剪力发生在距首、尾约1/4船长处。船侧板架还受到舷外水压力作用,包括波浪冲击载荷及其他动载荷。航行于冰区的船舶还应考虑冰压作用。这一节我们重点讲述简化舷侧结构模型及其强度计算问题。

5.4.1 舷侧结构模型化和强度计算

1. 舷侧外板的强度计算

作用在舷侧外板上的静水压力呈三角形或梯形分布,在舭列板上缘处最大。由于水线附近的外板承受较大的波浪冲击力且腐蚀比较严重,加之易遭受碰撞等意外载荷,故在计算舷侧外板局部强度时应把载荷取为均布的(如图5.18所示),并以舭列板上缘的水压力作为计算载荷。

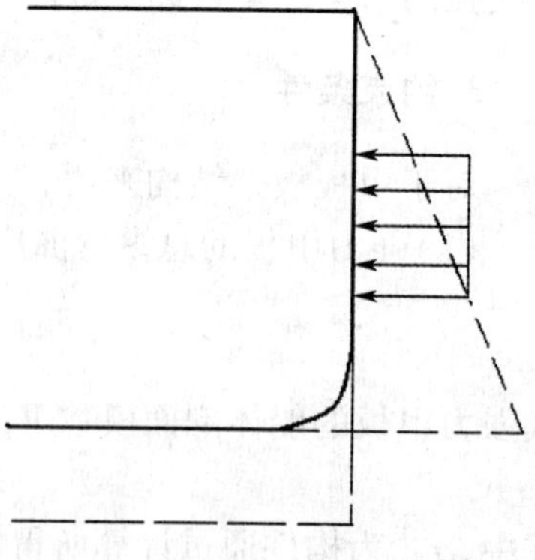

图5.18 舷侧外板载荷

由于结构对称性和载荷对称性可知,计算时把舷侧外板简化为刚性固定在支持周界上,因此可利用公式(5.51)~(5.55)计算。

为了提高舷顶列板的工作能力,应保证它在船体总纵弯曲正应力和剪应力联合作用下不发生破坏,同时按相当应力

进行校核，其值不应超过材料的屈服极限 σ_Y，即

$$\sigma^* = \sqrt{\sigma^2 + 3\tau^2} \leqslant \sigma_Y \tag{5.51}$$

2. 舷侧板架计算

舷侧板架从它的功能和受力特点来看，一般采用横骨架式较为适宜。因为横骨架式舷侧板架对建造工艺、扩大舱容、防碰撞及传递垂向作用力等都十分有利。一般货船多采用在舱壁之间设置数根强肋骨和一根舷侧纵桁的交替肋骨制的横骨架式舷侧板架。图 5.19 就是具有三根强肋骨和一根舷侧纵桁的板架计算图形，其舷侧纵桁可归结为弹性基础梁，承受载荷 $q = \dfrac{\beta}{\gamma}\dfrac{Q}{s}$ 及三个集中力 P_1, P_2, P_3。其中 β 与 γ 为肋骨的影响系数，若肋骨两端为刚性固定，则

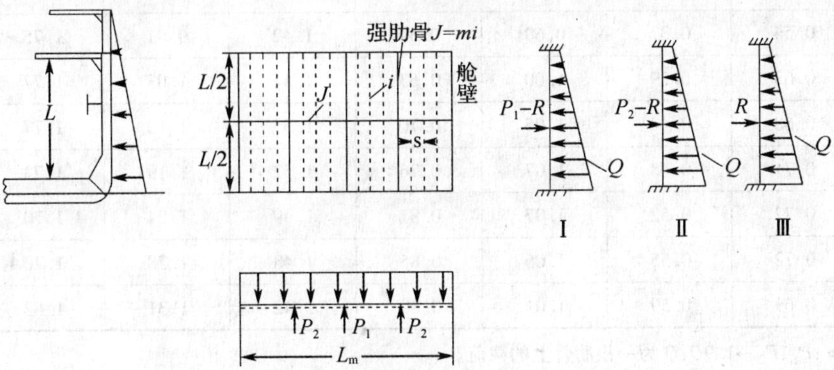

图 5.19　舷侧板架计算图形

$$\gamma = \frac{1}{192}$$

$$\beta = \frac{1}{384}$$

力 P_1 和 P_2 的数值由下式确定

$$\left.\begin{aligned} P_1 &= k_1 Q \\ P_2 &= k_2 Q \end{aligned}\right\} \tag{5.52}$$

式中，k_1 和 k_2 为系数，具有三根强肋骨和一根舷侧纵桁的船侧板架系数（$L_m = 16s, x_1 = x_2 = 1$），由表 5.4 查得，具体内容参考文献[11]，其中 u 为弹性基础梁的系数，其值为

$$u = \sqrt[4]{\frac{i}{64\gamma}\frac{L_m}{s}\left(\frac{L_m}{l}\right)^3\frac{j}{J}} \tag{5.53}$$

肋骨也是保证船体横向强度的主要构件。在横向强度校核时，通常取货舱中间开口区的

肋骨框架孤立地进行刚架计算。由于在强度校核中没有考虑纵向构件的影响，计算结果会过于保守。对于有强大纵向构件的油船的横向强度或有长方形大货舱开口的船舶的横向强度，宜进行立体舱段的强度校核计算。

表 5.4

u	$m=3$		$m=5$		$m=11$		$m=21$	
	$k_1=\frac{P_1}{Q}$	$k_2=\frac{P_2}{Q}$	k_1	k_2	k_1	k_2	k_1	k_2
1.00	0.14	0.06	0.26	0.15	0.57	0.32	0.94	0.53
1.25	0.27	0.16	0.50	0.28	0.96	0.55	1.38	0.82
1.50	0.42	0.24	0.74	0.42	1.26	0.75	1.67	1.02
1.75	0.54	0.32	0.69	0.54	1.42	0.91	1.75	1.20
2.00	0.63	0.39	1.00	0.63	1.51	1.03	1.77	1.33
2.25	0.68	0.44	1.05	0.70	1.53	1.10	1.77	1.39
2.50	0.71	0.48	1.07	0.76	1.52	1.19	1.73	1.49
2.75	0.72	0.52	1.07	0.81	1.49	1.24	1.70	1.52
3.00	0.72	0.55	1.06	0.85	1.48	1.28	1.70	1.55
3.50	0.69	0.59	1.01	0.89	1.42	1.31	1.62	1.54

注：当 $m\to\infty$；P_1，$P_2\to1.9Q$；Q 为一根肋骨上的载荷。

5.4.2 舷侧结构优化的数学模型

1. 设计变量

与船底、甲板结构类似，船体舷侧结构的优化设计中，可取舷侧横梁、舷侧纵桁的剖面要素（如腹板的厚度、高度和翼板的厚度、宽度等）、舷侧板上的纵向骨材的尺寸以及间距和船体外板作为设计变量。

确定设计变量之后，可将这 n 维设计变量用它们的集合所组成的列阵表示，即记为

$$\boldsymbol{X}=(x_1,x_2,\cdots,x_n)^{\mathrm{T}} \tag{5.54}$$

式中，上角标 T 表明转置。

2. 目标函数

在舷侧结构优化设计中，与船底板架结构优化设计变量相似，将舷侧板架结构中各构件的

总质量作为目标函数：

$$F = \rho\left(\sum_{i=1}^{I} A_i L + \sum_{j=1}^{J} A_j B + \sum_{k=1}^{K} f_k L + LBt\right) \tag{5.55}$$

式中，ρ 为密度；A_i 为第 i 根交叉构件剖面积；I 为交叉构件的数目；A_j 为第 j 根主向梁的剖面积；J 为主向梁的数目；f_k 为纵骨的剖面积；L 为板架长度；B 为板架宽度；LBt 表示舷侧板的体积。

3. 约束条件

(1) 舷侧板的剪切应力 τ 不超过其许用值 $[\tau]$，即 $\tau \leqslant [\tau]$。

(2) 设计的构件剖面的惯性矩应满足最小惯性矩要求，以保证最小刚度要求。

(3) 舷侧板架结构中最大弯曲正应力 σ 不超过许用应力 $[\sigma]$。

(4) 舷侧板架结构中型材腹板的剪切应力 τ 不应该超过剪切应力 $[\tau]$。

(5) 舷侧板架结构中腹板稳定性要求。

(6) 舷侧板架结构中面板稳定性要求。

(7) 舷侧板架结构中型材的总稳定性。

(8) 考虑到腐蚀因素的影响，主要支撑构件的腹板和面板的净厚度还应满足最小厚度要求。

(9) 考虑焊接工艺性要求，内底板、船体纵桁和肋板的腹板与外底板板厚之间有约束关系。

上面的约束条件中，约束条件(2) ~ (9)可参见公式(5.32) ~ (5.39)，除此之外，与船底板架和甲板结构相类似，舷侧结构也有可能存在一些其他的约束条件。

5.5　舱壁结构的优化设计

5.5.1　舱壁结构模型化和强度计算

舱壁按其布置方向可分为横舱壁和纵舱壁；按其结构型式可分为平面舱壁（由舱壁板和扶强材、桁材等组成）和皱折舱壁（由钢板压成某种截面形状的波形板以代替板和扶强材的作用）。

作用在舱壁上的载荷，有垂直于板面的横向载荷和作用在舱壁平面内的力。对于民用船舶，保证破舱后船舶不沉性的主舱壁，其载荷是量至舱壁甲板的水头高度。对于舰艇，根据有关规则规定，按图 5.20 所示的舰艇破损压头线确定作用在主舱壁上的水头高度。图中 H 为干舷高度；L 为水线长度。

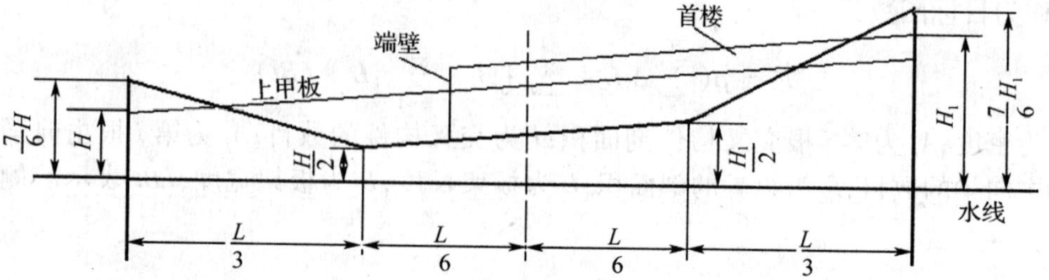

图 5.20 舰艇破损压头线

首端防撞舱壁及紧靠它的一道水密舱壁的计算载荷除图 5.20 所示计算载荷外，还应加上破舱后舰艇仍能以 10 kn 航速向前航行时所产生的相当于 1.35 m 水头高度的水动压力。

对于液舱舱壁，若无空气管和注入管时，则按相邻舱为空舱，取该舱所装液货产生的静水压力作为舱壁的计算载荷；若设有空气管和注入管，且空气管和注入管的高度高于它们所在液舱的破损高度时，则应按与上述管子的高度相应的水柱压力作为舱壁的计算载荷。

作用在舱壁平面内的力，如在坞内或下水时由船底板架传来的坞墩反力或下水架反力，应根据船舶进坞或下水计算资料进行确定。

1. 平面舱壁板的强度计算

由扶强材支撑的舱壁板，由于结构和载荷的对称性变形呈筒形变形，故舱壁板可按两端固定的板条梁进行计算（如图 5.21 所示）。

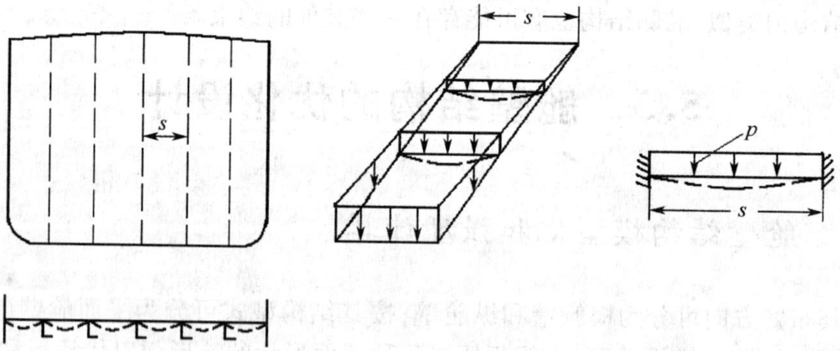

图 5.21 平面舱壁板计算图形

两端刚性固定的板条梁的最大应力 σ 与水头高度 h 的关系如图 5.22 所示。若板的跨度与厚度之比 $\mu = s/t < 70 \sim 80$，则板的挠度较小，因而中面应力对板的弯曲影响可忽略不计，应力与载荷成正比关系（图中直线）；若 $\mu > 70 \sim 80$，应计及中面应力对板的弯曲影响，与刚性板相比将使挠度与应力减小。

$\mu<70\sim80$ 的舱壁板，作为刚性板来计算，则板条梁跨度中点的弯曲应力为

$$\sigma=\frac{1}{4}p\left(\frac{s}{t}\right)^2 \text{ 或 } \sigma\approx25h\left(\frac{s}{100t}\right)^2 \tag{5.56}$$

式中，h 为板条梁上的水头高度。

$\mu>70\sim80$ 的舱壁应作为柔性板来计算，即要考虑板自身弯曲而产生的中面力的影响。可以根据参考文献[11]中有关公式和表格进行计算，板条梁的周界支撑系数取为 $K=0.5$。当板条梁端部的应力超过屈服极限时，板跨度中点的应力应取板条梁端部分为简支（$K=0$）和刚性固定（$K=1$）时跨度中点应力的平均值。舱壁板在跨度中点的许用应力可取为 $0.8\sigma_Y$。

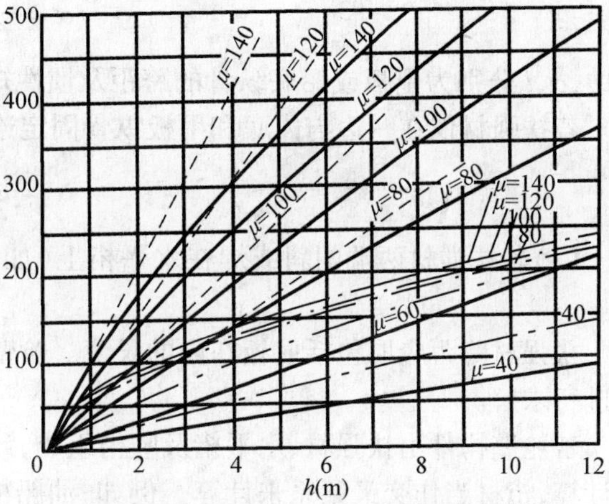

图 5.22　板条梁 σ 与 h 的关系图

2. 平面舱壁构件的强度计算

舱壁扶强材应视为两端有一定固定程度并承受三角形或梯形分布载荷的梁来计算。多甲板船的舱壁扶强材，若它们在甲板间和舱内布置在同一平面上且相互连接，如图 5.23 所示。

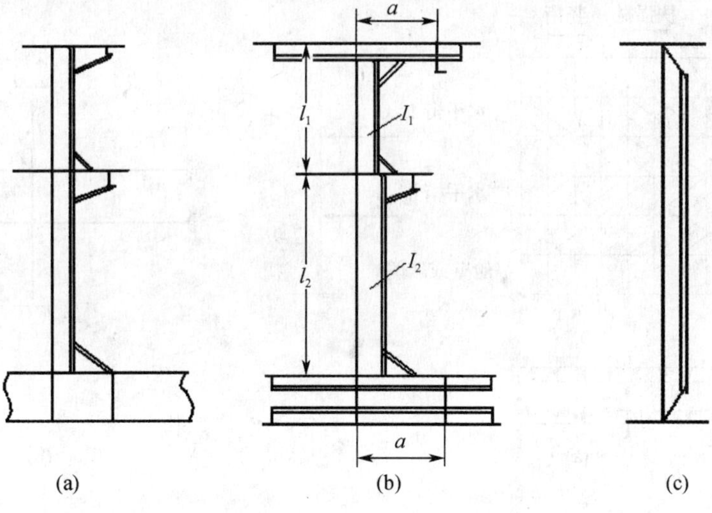

图 5.23　舱壁扶强材端部的连接情况

此时，应将其视为连续梁来计算。其端部固定情况可遇到以下几种。

(1) 当底部和甲板均为横骨架式时，扶强材两端用肘板连接到横梁和肋板上（如图

5.23(a)所示),此时扶强材下端可视为刚性固定($\alpha=1.0$),上端可视为弹性固定($\alpha=0.5$)。

(2)当底部和甲板为纵骨架式时,舱壁扶强材与内底和甲板纵骨相连并固定其上(如图5.23(b)所示)。此时,认为扶强材两端弹性固定,弹性固定端的柔性系数可近似取为

$$\alpha = \frac{a}{6Ei} \tag{5.57}$$

式中,α,i 分别为甲板或船底纵骨的跨距及惯性矩。

若扶强材仅在一边与内底和甲板纵骨固定连接时,则

$$\alpha = \frac{a}{3Ei} \tag{5.58}$$

(3)若扶强材两端削斜或焊在水平桁上(如图5.23(c)所示),则认为扶强材两端自由支持。

扶强材跨距应取包括肘板在内的长度。舱壁扶强材作为连续梁计算时,可采用三弯矩方程进行求解。

若舱壁构件由扶强材、水平桁及竖桁组成,计算应分为二类进行,即普通扶强材当作连续梁计算,桁材当作交叉梁系来计算。例如,油船横舱壁(如图5.24所示),可作为节点数目很少的交叉梁系来计算。此时,作用在舱壁上的横向载荷通过扶强材传递给水平桁;竖桁只承受水平桁传来的反力(如图5.24(a)所示)。然后,按图5.24(b)所示交叉梁系进行计算。交叉梁系在端部的固定系数通常取 $\alpha=1$。

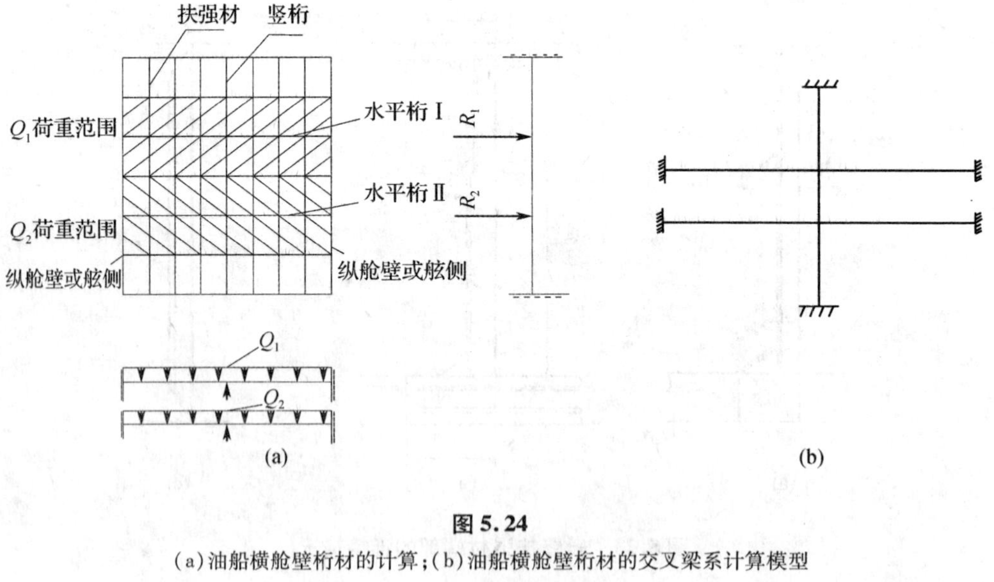

图5.24

(a)油船横舱壁桁材的计算;(b)油船横舱壁桁材的交叉梁系计算模型

3. 皱折舱壁的强度计算

皱折舱壁的断面形状成槽型或波形。由于这种舱壁的工艺简单、质量轻，近年来在一些大型散装货船和液货船上应用广泛。船舶上层建筑轻型围壁板比较薄，板与骨架若采用焊接或铆接，则工艺和质量上都会成为难题。因此，采用波浪形围壁不但结构轻、工艺好，而且刚性也大。

皱折舱壁的几何要素如下。

如图 5.25(a)，(b)所示的槽形和波形舱壁的一个单元，称为波条。

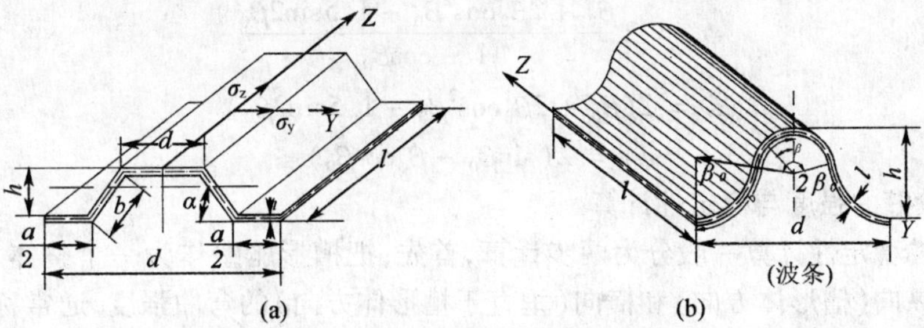

图 5.25　皱折舱壁单元——波条

(1)舱壁波条的剖面要素

①槽形舱壁波条的剖面要素如下：

剖面积

$$F = 2t(a + b) \tag{5.59}$$

剖面惯性矩

$$I = 2at\left(\frac{h}{2}\right)^2 + 2 \times \frac{t}{12\sin\alpha}h^3 \tag{5.60a}$$

因为 $h = b\sin\alpha$，带入上式得

$$I = \frac{1}{6}(3a + b)th^2 \tag{5.60b}$$

剖面模数

$$W = \frac{I}{(h/2)} = \left(a + \frac{b}{3}\right)th \tag{5.60c}$$

剖面中和轴以上面积对中和轴的静矩为

$$S = \frac{th}{4}(2a + b) \tag{5.60d}$$

②波形舱壁波条的剖面要素如下：

剖面积

$$F = 4\beta_0 Rt \tag{5.61a}$$

剖面模数

$$W = \psi_1 R^2 t \tag{5.61b}$$

剖面惯性矩

$$I = \psi_2 R^3 t \tag{5.61c}$$

剖面中和轴以上面积对中和轴的静矩为

$$S = \psi_3 R^2 t \tag{5.61d}$$

式中，a,b,h,α,R,t,β_0 含义如图 5.25 所示；ψ_1,ψ_2,ψ_3 为

$$\psi_1 = 2\frac{\beta_0 + 2\beta_0\cos^2\beta_0 - 1.5\sin2\beta_0}{1 - \cos\beta_0}$$

$$\psi_2 = 2(\beta_0 + 2\beta_0\cos^2\beta_0 - 1.5\sin2\beta_0)$$

$$\psi_3 = 2(\sin\beta_0 - \beta_0\cos\beta_0)$$

(2)槽形舱壁的强度与稳定性计算

槽形舱壁的稳定性计算一般分为两步计算，首先，把槽形舱壁作为一个整体，计算其在横载荷作用下沿纵向(槽形体方向)和横向(垂直于槽形体方向)的弯曲强度，通常称为槽形舱壁的总强度；其次，计算槽形体的折曲钢板在横载荷作用下的横向局部弯曲强度，称为局部强度。

①槽形舱壁总强度计算

实践证明，槽型舱壁在横载荷作用下沿横向的弯曲变形是极微的，可忽略不计。此外，各槽形体对纵向弯曲的相互影响也可忽略不计。因此，槽形舱壁的总强度归结为其单个槽形体的弯曲强度。

槽形舱壁的单个槽形体与平面舱壁的扶强材相当。因此，槽形体的弯曲计算与平面舱壁扶强材一样，作为弹性固定的单跨梁或连续梁来计算。在求解超静定性后，作弯矩图及剪力图，求出整个槽形体跨度内的 M_{max} 和 N_{max}，则在槽形体的水平翼板及倾斜板面内相应的最大应力为

$$\sigma_{max} = \frac{M_{max}}{W} \tag{5.62a}$$

$$\tau_{max} = \frac{N_{max}S}{2It} \tag{5.62b}$$

若最大弯矩产生在跨中，为确定槽形体横剖面内的最大纵向应力值，除上述由槽形体总弯曲所引起的应力外，还应计及后述由折曲板局部弯曲所引起的应力，即在校核槽形舱壁总强度时，跨中的总计算应力应按下述公式确定

$$\sigma_{x0} = \sigma_{xmax} + \mu\sigma_{ymax} \tag{5.63}$$

式中，σ_{xmax} 和 σ_{ymax} 按式(5.62)及式(5.63)确定；μ 为泊松系数。

对于货船一般可取许用应力 $[\sigma] = 0.8\sigma_Y$，$[\tau] = 0.57[\sigma] = 0.45\sigma_Y$。

具有加强桁材时，一般将桁材视为波条的刚性支座，波条作为连续梁计算，桁材只承受反力。

②槽形舱壁局部强度——舱壁板的强度计算

槽形体的折曲钢板间具有相互支持作用，而且槽形体的长宽比(l/a)一般大于 2.5，因此折曲钢板槽形舱壁在横载荷作用下的局部弯曲可作为筒形面弯曲的连续板条梁来考虑(如图 5.26 所示)。

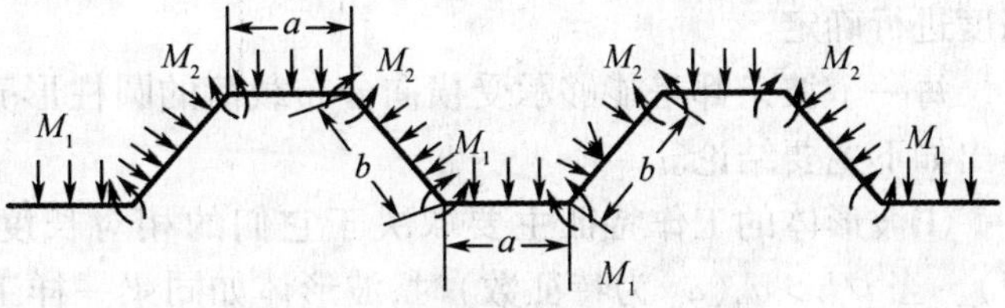

图 5.26　槽型舱壁的横向弯曲

当 $a/t<70\sim80$ 时，可认为折曲板是刚性板，折曲板的相互支持作用为刚性支座。因此，可列出连续板条梁的三弯矩方程式

$$\left.\begin{aligned}\frac{M_2a}{3EI}+\frac{M_2a}{6EI}-\frac{pa^3}{24EI}&=-\frac{M_2b}{3EI}-\frac{M_1b}{6EI}+\frac{pb^3}{24EI}\\\frac{M_1b}{3EI}+\frac{M_2b}{6EI}-\frac{pb^3}{24EI}&=-\frac{M_1a}{3EI}-\frac{M_1a}{6EI}+\frac{pa^3}{24EI}\end{aligned}\right\}$$

由此可求得槽形体棱边处单位宽度的弯矩

$$M_1=M_2=C\frac{pb^2}{12}\tag{5.64}$$

式中，$C=\left[1-\frac{a}{b}+(\frac{a}{b})^2\right]$；$p$ 为载荷强度。

若 $a/t>70\sim80$ 时，折曲板应视为柔性板，折曲板的相互支持作用为弹性支座。此时，槽形体棱边处的弯矩为

$$M_1=\chi C\frac{pb^2}{12}\tag{5.65}$$

式中，χ 为考虑板自身弯曲而产生的中面力及槽形体棱边处的弹性位移的影响系数，一般可取 1.3。

因此，最大弯曲应力可按下式进行确定

$$\sigma_{Y\max}=6M_1/t\tag{5.66}$$

③槽形舱壁的稳定性计算

槽形体翼板因槽形本身的弯曲而受到压缩应力作用，因而翼板可能失稳。虽然受压的翼板失稳并不标志槽形体不具有承载能力，但对油船来说这种情况是不允许的。

槽形体翼板的局部稳定性可按矩形板公式计算，即

$$\sigma_{cr}\approx n_1 80\left(\frac{100t}{a}\right)^2\tag{5.67}$$

式中，n_1 为修正系数。当 $b/a=0.4\sim1.4$ 时，$n_1=1.37\sim1.24$，计算时可近似取 $n_1=1.25$。

(3)波形舱壁的总强度与稳定性计算

波形舱壁的总强度与稳定性可归结为单个波条的计算。因为与支持周界相连的边缘的波

条内,由总弯曲引起的应力不会大于中部波条内的应力,因此波形舱壁的总强度由中部波条的强度进行确定。

每一个波条都是能够承受横向分布载荷的圆柱形壳体,应用壳体理论研究波条的工作可得出如下主要结论。

①波形体的工作特征主要取决于它们的相对长度 l/h(其中,l 为波条长度;h 为波条高度)。当 $l/h > a_0$(a_0 为特征数)时,波形体如同梁一样工作;当 $l/h < a_0$ 时,波形体的计算不能用梁的弯曲公式,应该当作壳体来计算。

a_0 的数值取决于波条两端固定情况:

当两端为自由支持时

$$a_0 = \sqrt{\frac{R}{t}}$$

当两端刚性固定时

$$a_0 = 1.5\sqrt{\frac{R}{t}}$$

两端弹性固定时

$$a_0 = (1 + 0.5\chi)\sqrt{\frac{R}{t}}$$

式中,R 为波条圆弧半径;t 为波条厚度;χ 为支座固定系数。

波形舱壁的许用应力与槽形舱壁相同。

②波形舱壁的局部稳定性由波条的临界应力确定,其值为

$$\sigma_{cr} = 0.29\eta_1 \cdot \eta_2 \frac{E}{R/t} \tag{5.68}$$

式中,η_1 为考虑到波形非圆时对筒形的修正系数,建议取 $\eta_1 = 0.75$;η_2 为由 σ'_{cr}/σ_Y 决定的非弹性修正系数,由图 5.27 的曲线查得,其中 σ_Y 为材料的屈服极限,而 σ'_{cr}由下式确定

$$\sigma'_{cr} = 0.29\eta_1 \frac{E}{R/t}$$

式中,E 为材料弹性模量。

在设计中,希望临界应力 σ_{cr}达到材料的屈服极限 σ_Y,但在任何情况下 σ_{cr}都不得小于$0.8\sigma_Y$。

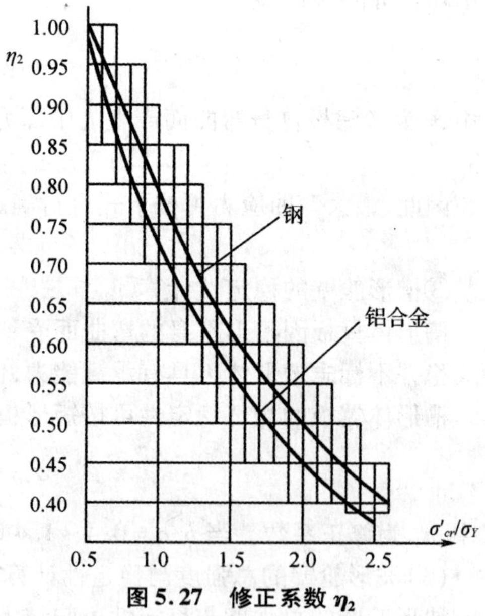

图 5.27 修正系数 η_2

5.5.2　舱壁结构优化的数学模型

1. 设计变量

与其他主要结构相类似，在船体舱壁结构的优化设计中，可取舱壁横梁、舱壁上的骨材剖面要素（如腹板的厚度、高度和翼板的厚度、宽度等）和骨材及间距和舱壁板厚作为设计变量。

确定设计变量之后，可将这 n 维设计变量用它们的集合所组成的列阵来表示，即记为

$$\boldsymbol{X} = (x_1, x_2, \cdots, x_n)^{\mathrm{T}}$$

式中，上角标 T 表明转置。

2. 目标函数

在舱壁结构优化设计中，与其他主要结构优化设计变量相似，将舱壁板架结构中各构件的总质量作为目标函数

$$F = \rho\left(\sum_{i=1}^{I} A_i L + \sum_{j=1}^{J} A_j B + \sum_{k=1}^{K} f_k L + LBt\right)$$

式中，ρ 为密度；A_i 为第 i 根交叉构件剖面积；I 为交叉构件的数目；A_j 为第 j 根主向梁的剖面积；J 为主向梁的数目；f_k 为纵骨的剖面积；L 为板架长度；B 为板架宽度；LBt 表示船底外板的体积。在优化问题中，要根据具体问题来建立目标函数。

3. 约束条件

对于舱壁板架结构来说，一般由以下几个性态约束和限界约束。

(1) 舱壁板的剪切应力 τ 不超过其许用值 $[\tau]$，即 $\tau \leqslant [\tau]$。

(2) 设计的构件剖面惯性矩应满足最小惯性矩要求，以保证最小刚度要求。

(3) 舱壁板架结构中最大弯曲正应力 σ 不超过许用应力 $[\sigma]$。

(4) 舱壁板架结构中型材腹板的剪切应力 τ 不应该超过剪切应力 $[\tau]$。

(5) 舱壁板架结构中的腹板稳定性要求。

(6) 舱壁板架结构中的面板稳定性要求。

(7) 舱壁板架结构中的型材的总稳定性。

(8) 考虑到腐蚀因素的影响，主要支持构件的腹板和面板的净厚度还应满足最小厚度要求的最小板厚要求。

(9) 考虑焊接工艺性要求，内底板、船体纵桁和肋板的腹板与外底板板厚之间有约束关系等。

上面的约束条件中，约束条件(2) ~ (9)可参见公式(5.32) ~ (5.39)进行确定。

5.6 设计算例

5.6.1 主要结构中板架结构的优化设计

现以某30万吨大型油船双层底结构纵桁和肋板结构尺寸优化为例,来阐述船体主要结构优化设计的一般实现形式。在主要结构优化设计中,采用蚁群算法对其进行优化。在该模型应力计算中,交叉构件中纵向桁材在横舱壁处取刚性支座,而横向肋板在舷侧处认为是自由支持。已知:

舱长 $l_1 = 50.4$ m,肋板长度 $l_2 = 44.2$ m,纵向桁材数目为 $n_1 = 5$,两横舱壁间肋板数目为 $n_2 = 10$,双层底高度 $h = 2.7$ m。在这一结构中,外板和主要支撑构件材料为高强度钢材,屈服应力 $\sigma_Y = 235$ N/mm,许用弯曲应力 $[\sigma] = 190$ N/mm^2,许用剪切应力 $[\tau] = 100$ N/mm^2,弹性模量 $E = 206\ 000$ N/mm^2,剪切模量 $G = E/2(1+\mu)$,泊松比 $\mu = 0.3$,在这一计算模型中,内外底板被处理相应交叉构件的有效翼板。船体总纵弯曲时静水弯矩 $M_S = 7\ 553\ 700$ KN·m,波浪弯矩 $M_W = 9\ 724\ 543$ KN·m,船体剖面模数 $W = 97.331\ 3$ m^3,船体底部加筋板结构受到的局部均布载荷 $q = 0.192\ 864$ KN/m^2。

1. 船底板架结构分析模型

一般认为,船底板架的主要支撑构件是船底纵桁和横向肋骨框架。船底纵桁和横向肋板受到横向载荷会产生复杂的结构变形,每一构件的具体变形形式只能通过数值方法,如有限元分析方法进行描述。横舱壁间的船底结构可被建立成平面内具有三自由度(一个垂向变形和两个转角)的梁元模型,即交叉梁系结构。对于船舶结构优化问题来说,结构分析过程必须是足够合理的,以满足合其精度要求;同时结构应力分析过程也要足够地简单,以提高计算机的计算效率。为满足这些要求,本书采用了一种简单的分析模型,来分析船体底部的交叉梁系结构。在这种结构模型中,船体纵桁在横舱壁处被认为刚性固定的,而横向肋板则自由支持在舷侧。由于大部分主要构件都是T型材和L型材,对比这两种剖面构件的抗弯刚度,它们的扭转刚度通常忽略不计,故假定梁元的扭转刚度为零。

由前面船底板架结构分析模型可知,对于舱长很短的船底板架(例如,舱长 l 与板架计算宽度 B 之比小于0.8时),为确定这种板架中桁材的弯曲应力,可将中桁材当作单跨梁处理;对于边长比等于或大于0.8的板架,见图5.28所示,可按近似公式(5.25)~(5.27)来计算:

在支座剖面处

$$M_0 = \gamma_1 \frac{Ql}{12}$$

在跨长中点处

$$M_1 = \gamma_2 \frac{Ql}{24}$$

中央肋板在中桁材处弯矩

$$M = \gamma_3 \frac{Q_1 B}{8}$$

式中，Q 为作用在中桁材上的载荷，$Q = qcl$；Q_1 为作用在肋板上的载荷，$Q_1 = qaB$；q 为板架的载荷强度；c 为纵桁间距；l 为纵桁跨度；a 为肋板间距；B 为肋板跨距；$\gamma_1, \gamma_2, \gamma_3$ 为系数，由板架长宽比 l/B 及中桁材与旁桁材的惯性矩之比 I_1/I_2 决定，见表 5.3。

2. 目标函数和设计变量

目标函数和设计变量的选取要根据具体的结构优化问题而定。本例中所研究的问题，将纵向桁材和横向肋板框架以及船底板架的质量作为目标函数

$$F = (b_{e1}t + h_{w1}t_{w1} + b_{f1}t_{f1})n_1 l_1 + (b_{e2}t + h_{w2}t_{w2} + b_{f2}t_{f2})n_2 l_2$$

式中，n_1, n_2, l_1, l_2 分别为桁材、肋板数目、桁材、强肋板的长度；$h_{w1}, t_{w1}, b_{f1}, t_{f1}$ 分别为桁材腹板高度、腹板厚度、桁材面板宽度、面板厚度；$h_{w_2}, t_{w2}, b_{f2}, t_{f2}$ 分别为强肋板腹板高度、腹板厚度、面板宽度、面板厚度；t 为外板厚度；b_{e1}, b_{e2} 为带板宽度。

其中，桁材和肋板长度、数目以及其带板宽度为已知量。这里将桁材和肋板的腹板高度和厚度、面板宽度和厚度以及船底板的厚度作为设计变量进行优化。

此散货船的船底结构为双层底，故纵桁和肋板高度已知，即为双层底高度；双层底内底板要根据相应的计算公式转化为船底纵桁和肋板的带板宽度，来参与计算交叉梁系中相应结构应力。在这一船舶结构优化问题中，设计变量分别为船底内板厚度、外板厚度以及船底纵桁和船底肋板厚度。设计变量的取值范围分别为 14 mm ~ 25 mm，15 mm ~ 27 mm，12 mm ~ 22 mm，12 mm ~ 22 mm，步长为 0.5 mm。

3. 约束条件

对于板架结构来说，一般由以下几个性态约束和限界约束。

(1) 船底的合成应力，即船底的总纵弯曲应力 $\sigma_{1,b}$ 与板架弯曲应力 $\sigma_{2,b}$ 之和，不应超过其许用应力 $[\sigma_{1,b} + \sigma_{2,b}]$，即

$$\sigma_{1,b} + \sigma_{2,b} \leqslant [\sigma_{1,b} + \sigma_{2,b}] \tag{5.69}$$

或平板龙骨处的船体剖面模数 W_b 不小于其相关规定的最小要求剖面模数值 $W_{b,\min}$，即

$$W_b \geqslant W_{b,\min} \tag{5.70}$$

(2) 板架结构中最大弯曲正应力 σ 不超过许用应力，即

$$\sigma = \frac{M}{W} \leqslant [\sigma] \tag{5.71}$$

式中，σ 为构件通过计算所得的最大屈曲应力；$[\sigma]$ 为许用屈服应力。

(3)构件的剖面惯性矩应满足最小惯性矩要求，以保证最小刚度要求，即

$$I \geqslant I_{\min} \tag{5.72}$$

(4)板架结构中型材腹板的剪切应力 τ 不应该超过剪切应力 $[\tau]$，即

$$\tau = \frac{NS}{It} \leqslant [\tau] \tag{5.73}$$

或

$$\frac{N}{0.85[\tau]} \leqslant ht \tag{5.74}$$

式中，S 为剖面中和轴以上或以下的剖面积对中和轴的静矩；I 为板架结构中的型材剖面积对中和轴的惯性矩；h 和 t 分别为型材腹板的高度和厚度。

(5)腹板稳定性要求

保证腹板不丧失稳定性，即要求

$$\frac{h_w}{t_w} \leqslant m \tag{5.75}$$

式中，t 为主要支撑构件的腹板厚度；h 为主要支撑构件的腹板高度；m 为相应的腹板丧失稳定性时 h_w/t_w 的临界值，可按下式进行计算，即

$$m = \frac{100}{\sqrt{\frac{\sigma}{A} + \frac{\tau}{102}}}$$

(6)面板稳定性要求

保证腹板不丧失稳定性，即要求

$$\frac{b_f}{t_f} = n_0 \tag{5.76}$$

式中，t_f 为主要支撑构件的面板厚度；b_f 为主要支撑构件的面板宽度；n_0 为相应的腹板丧失稳定性时 b_f/t_f 的临界值，一般由下式进行计算，即

$$n_0 = 10\sqrt{\frac{184}{\sigma_Y}}$$

且 n_0 不超过 7.5～10。

(7)型材的总稳定性

型材的侧向失稳将导致总体稳定性的丧失，它将导致整个结构的破坏。参考文献[8]可知，在近似计算时，其稳定性要求满足下式

$$\frac{t}{b_1} < 100\sqrt{\frac{100}{\sigma_Y}} \tag{5.77}$$

式中，σ_Y 为材料屈服极限。

(8)最小板厚要求

考虑到腐蚀，主要支持构件的腹板和面板的净厚度还应满足最小厚度要求

$$t \geqslant t_{\min} \tag{5.78}$$

式中，t 为主要支撑构件的腹板、面板的厚度，$t_{\min}$ 为按规范规定计算的主要支撑构件腹板、面板的最小板厚。

(9)考虑焊接工艺性要求，内底板、船体纵桁和肋板的腹板与外底板板厚之间有如下约束关系

$$\begin{gathered} t_{f1} \leqslant t_{w1} + 4 \\ 1.4t_{w1} \leqslant t_{f1} \leqslant 2t_{w1} \\ t - 4 \leqslant t_{w1} \leqslant t + 4 \\ t_{f2} \leqslant t_{w2} + 4 \\ 1.4t_{w2} \leqslant t_{f2} \leqslant 2t_{w2} \\ t - 4 \leqslant t_{w2} \leqslant t + 4 \end{gathered} \tag{5.79}$$

4. 优化算法及具体实现过程

对于船底板架结构的优化设计，本书中可采用随机启发式搜索策略、智能优化方法——蚁群算法作为优化方法。

蚁群算法作为一种直接搜索策略，其工作原理是信息素的累积和更新，即采用了正反馈并行自催化的机制。该方法具有较强的鲁棒性、优良的分布式计算机制以及易于与其他算法相融合等特点。

蚁群算法在解决 N 维离散变量的组合优化问题时，目标函数的各个设计变量的不同组合对应于离散域内的各个可行点。离散域内优化问题的求解方法，是利用蚁群释放信息素的搜索方式，来对离散域中的各个变量进行相应的概率式搜索，使得目标函数的优化解能够以递增的概率被选中，并最终收敛于问题的最优解。

(1)蚁群算法初始蚂蚁个体的产生

在此所阐述的用于组合优化问题的蚁群算法利用随机方法产生 NUM_ANT 只蚂蚁个体，每只蚂蚁个体代表一种组合方案。在随机产生蚂蚁个体时，要对这些蚂蚁个体进行个体评估，满足优化问题约束条件的蚂蚁个体保留，不满足约束条件的蚂蚁个体被淘汰，再重新随机产生下一只蚂蚁个体，直至产生 NUM_ANT 只满足约束条件的蚂蚁为止。

一般情况，蚂蚁数目 NUM_ANT 的设置，根据 N 维设计变量中每维可选离散变量值的数目而定。由于蚁群算法主要是以信息素进行寻优导向，故蚂蚁数目少会引起收敛到局部优化解，即在没有搜索到最优解之前，某条非最优解路径上的信息量累积到一定程度，最终搜索不到最优解。因此，初始蚂蚁数目要足够多，增加解的多样性，以避免信息素局部路径递增的情况，以此来保证最终搜索到的方案为全局最佳方案。

(2)信息素的设置

首先计算 NUM_ANT 只蚂蚁的个体目标函数值 $F(M)$。本例中所优化的问题可转化为目标函数在最小值问题,并且根据实际工程意义,最值恒大于0,这样即可采用目标函数值的倒数作为信息素函数的自变量,来计算初始信息素以及寻优过程中所搜索到的组合方案的信息素增量。即

$$\tau_0 = \sum_{M=1}^{\text{NUM\_ANT}} \frac{C}{F(M)}$$

式中,C 为常数,其作用是调整 τ_0 的量级,以避免其数值过大或过小,影响蚁群算法的后续计算工作。

在循环开始时,令

$$\tau(I,J,K) = \tau_0$$

$$\Delta\tau_0(I,J,K,M) = 0$$

式中,$\tau(I,J,K)$ 表示由第 K 维变量中的 I 点,到第 $K+1$ 维中的 J 点路径中的信息量;$\Delta\tau_0(I,J,K,M)$ 表示蚂蚁 M 由第 K 维变量中的 I 点转移到第 $K+1$ 维中的 J 点过程中,路径(I,J,K)上的信息量。

(3)组合优化问题中蚁群算法的搜索策略

如上所述,每只蚂蚁个体代表一种组合优化方案。那么,在蚁群算法搜索阶段,采用 NUM_ANT 只蚂蚁依次对 N 维变量进行搜索和信息素更新操作。假设蚂蚁 M 搜索到第 K 维变量,那么蚂蚁 M 在其他各维变量上的组合值不变,只改变第 K 维变量中 J 的候选值,并计算第 K 维变量中的变量值为 J 时的启发函数为 $\eta(I,J,K) = C_1/F(M)$。

采用如下公式计算状态转移概率 $P(I,J)$,即

$$P(I,J) = \frac{\tau^{\alpha}(I,J,K)\eta^{\beta}(I,J,K)}{\sum_{J=1}^{J_{K\max}} \tau^{\alpha}(I,J,K)\eta^{\beta}(I,J,K)}$$

式中,α,β 为常数,分别代表信息量启发因子和期望启发因子,反映了信息和启发路径对状态转移概率的影响;$J_{K\max}$ 表示第 K 维中候选值的个数。

从第 K 维中的 $J_{K\max}$ 个候选值中选出转移概率最大值所对应的 J 值,将其替换原蚂蚁 M 中在第 K 维变量中的方案值,即修改蚂蚁 M 个体的组合方案。采用如下公式更新 $\tau(I,J,K)$ 上的信息量,即

$$\tau(I,J,K) = (1-\rho)\tau^{*}(I,J,K) + \Delta\tau(I,J,K,M)$$

$$\Delta\tau(I,J,K,M) = \frac{C_2}{F(M)}$$

式中,ρ 代表信息素挥发系数,表示原来信息素对当前状态转移概率影响的折减系数;$\tau^{*}(I,J,K)$ 表示此次更新前的路径上的信息素;C_2 为常数。

通过这一过程,蚂蚁 M 就完成了从第 K 维变量向第 $K+1$ 维变量搜索的过程。以同样的搜索机制,蚂蚁 M 再向下一维变量搜索。若全部蚂蚁完成了对 N 维变量寻优搜索过程,那么记录为一次寻优搜索过程。

(4)蚁群算法的搜索策略的改进

蚂蚁总是从第一维变量开始搜索,以搜索到第 N 维变量结束搜索,期间没有对第一维变量的搜索更新过程。为了解决这一问题,本算例将第一维变量赋值给第 $N+1$ 维变量,使蚂蚁搜索到第 $N+1$ 维变量结束搜索,再将第 $N+1$ 维变量所搜索到的优化解往回传递给第一维变量,以完成一次封闭搜索。

(5)蚁群算法搜索程序的结束条件

由于蚁群算法是一种直接搜索策略,故期间搜索到的所有离散组合方案都是有效方案。这样就保证了其搜索方案的可行性。文中所采用的蚁群算法利用最大寻优搜索循环次数作为结束条件。当循环次数小于最大循环次数时,则继续搜索;否则跳出循环,输出最优方案。

5. 优化结果

在本算例中,蚁群算法的常系数 $C, C_1, C_2=5$,信息素启发因子 $\alpha=4$,期望启发因子 $\beta=1$,最大循环次数 $N_{C\max}=10$,信息素挥发系数 $\rho=0.5$。

本算例中蚁群算法的计算结果如表 5.5 所示。

表 5.5　板架结构的优化结果

设计变量	内底板	外底板	船底纵桁	船底肋板
优化结果	18	22.5	17	16.5

5.6.2　主要结构中加筋板结构的优化设计

以某一 30 万吨大型油船船底外板结构为例来说明加筋板结构的优化设计。该结构肋板间距 $l=5.6$ m,船底外板厚度 $t=22$ mm,双层底高度 $h=2.7$ m,纵骨材料为钢材,屈服应力为 $\sigma_Y=235$ N/mm,许用弯曲应力$[\sigma]=190$ N/mm^2,许用剪切应力$[\tau]=100$ N/mm^2,弹性模量 $E=206\ 000$ N/mm^2,剪切模量 $G=E/2(1+\mu)$,泊松比 $\mu=0.3$,在这一计算模型中,内外底板被处理为相应交叉构件的有效翼板。船体总纵弯曲时静水弯矩 $M_S=7\ 553\ 700$ KN · m,船体总纵弯曲时波浪弯矩 $M_W=9\ 724\ 543$ KN · m,船体剖面模数 $W=97.331\ 3$ m^3,船体底部加筋板结构受到局部均布载荷 $q=0.192\ 864$ KN/m^2。

1. 船底加筋板结构分析模型

在本书中，船体加筋板结构被定义为在主要支撑构件之间的由板和加强筋组成的船体主要构件，如图 5.28 所示。

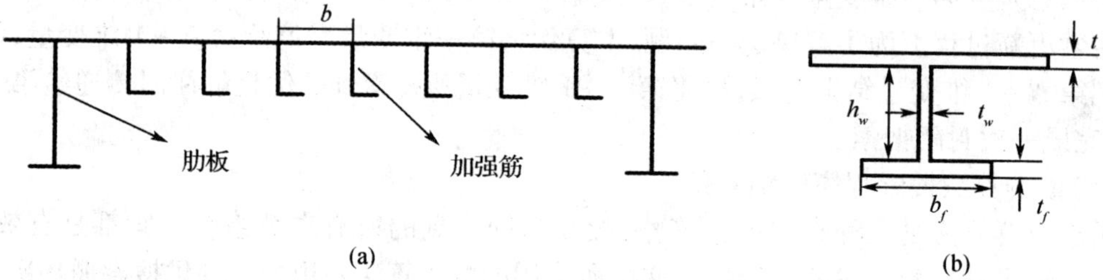

图 5.28　用于优化的加筋板模型

(a)加筋板的剖面视图；(b)加强筋剖面视图

(1)船底外板的强度计算

受均布水压力作用的船底板，一般可作为四周刚性固定的刚性板来计算。

对于横骨架式板格(见图 5.12(a))。若 $a/s>2$，则长边中点(2 点)的最大应力(沿船长方向)可按下式计算

$$\sigma_x = 0.5q\left(\frac{s}{t}\right)^2 \tag{5.80}$$

板中点沿船长方向的应力为

$$\sigma_x = 0.25q\left(\frac{s}{t}\right)^2 \tag{5.81}$$

式中，q 为水压力；s 为肋骨间距；t 为板厚。

纵骨架式板格(见图 5.12(b))，若 $s/b>1.5\sim2.0$ 时，可按下式计算：

短边中点沿船长方向的应力

$$\sigma_x = 0.343q\left(\frac{b}{t}\right)^2 \tag{5.82}$$

板中点沿船长方向的应力

$$\sigma_x = 0.075q\left(\frac{b}{t}\right)^2 \tag{5.83}$$

长边中点沿船宽方向的应力

$$\sigma_x = 0.5q\left(\frac{b}{t}\right)^2 \tag{5.84}$$

式中，b 为船底纵骨间距。

船底板的许用应力，在板中点处可取$[\sigma]=0.8\sigma_Y$，在骨架处$[\sigma]\leqslant 0.9\sigma_Y$（$\sigma_Y$为材料屈服极限）。

(2) 船底纵骨弯曲应力计算

船底纵骨由肋板支持（如图 5.12(b)所示），由于纵骨在结构上以及所承受的载荷对称于肋板，可以把纵骨当作两端固定在肋板上的单跨梁进行计算，其支座剖面和跨中的弯矩按下式计算：

支座弯矩

$$M_0 = \frac{qba^2}{12} \tag{5.85}$$

跨中弯矩

$$M_0 = \frac{qba^2}{24} \tag{5.86}$$

式中，a 为纵骨跨距，b 为纵骨间距，q 为载荷强度，分别取中拱和中垂时的水压力。

纵骨弯曲应力为

$$\sigma_3 = \frac{M}{W} \tag{5.87}$$

式中，W 为纵骨自由翼板或带板的剖面模数。

2. 设计变量和目标函数

在本例的加筋板优化问题中，将船底结构中加筋板（即船底外板）的板厚作为已知量（可利用船体板架结构优化中的优化值），将纵骨的面板的厚度 t_f 和宽度 b_f、腹板的厚度 t_w 和高度 h_w 以及纵骨间距 b 作为设计变量，设计变量的取值范围分别为 20 mm ~ 40 mm，120 mm ~ 220 mm，10 mm ~ 22 mm，550 mm ~ 750 mm，纵骨尺寸离散变量的搜索步长为 0.5 mm，纵骨间距离散变量的取值步长可设为 5 mm。

将优化的主要结构中加筋板的总质量作为目标函数，即

$$F = (h_w t_w + b_f t_f)n$$

式中，n 为船底板结构中纵骨的数目，可由设计变量纵骨间距 b 计算得出；h_w 为纵骨腹板高度；t_w 为纵骨腹板厚度；b_f 为纵骨面板宽度；t_f 为纵骨面板厚度。

3. 约束条件

对于板架结构来说，一般由以下几种性态约束和限界约束。

(1) 纵骨最小剖面模数要求。

(2) 加筋板结构中最大弯曲正应力 σ 不超过许用应力。

(3)加筋板结构中型材腹板的剪切应力不应该超过剪切应力。

(4)纵骨的扭转屈曲应力要求。

(5)腹板稳定性要求。

(6)面板稳定性要求。

(7)型材的总稳定性。

(8)最小板厚要求。

(9)考虑焊接工艺性要求,内底板、船体纵桁和肋板的腹板与外底板板厚之间的约束关系。

4. 优化算法及具体实现过程

对于加筋板结构的优化设计,仍然可以采用传统算法中的单纯形法、罚函数法等进行优化,也可采用智能优化算法,如蚁群算法进行寻优。在这一算例中,仍然采用蚁群算法进行优化,其搜索策略与板架优化问题中的优化方法基本相同。

5. 优化结果

本算例蚁群算法中,取常数 $C,C_1,C_2=5$,信息素启发因子 $\alpha=4$,期望启发因子 $\beta=1$,最大循环次数 $N_{C\max}=10$,信息素会发系数 $\rho=0.5$。算例中蚁群算法的计算结果如表 5.6 所示。

表 5.6 船底加筋板结构的优化结果

设计变量	纵骨面板宽度 b_f	纵骨面板厚度 t_f	纵骨腹板高度 h_w	纵骨腹板厚度 t_w	纵骨间距 b
优化结果	350	12	580	17.5	860

思考题与练习题

5-1 试采用遗传算法分别解决 5.6 节中的船底板架结构结构优化问题,并解决以下相关问题。

(1)写出相应的约束条件表达式。

(2)说明遗传算法的具体搜索策略,包括初始种群的产生过程,个体适应度的表达方式,复制过程所采用的选择概率、选择方法,交叉过程中所选择的交叉方法、变异概率、概率方式等。

(3)画出遗传算法求解本问题的计算框图。

5-2　试采用蚁群算法分别解决 5.6 节中的加筋板结构结构优化问题,并且画出蚁群算法计算框图。

5-3　任选一种传统优化方法对解决上述两道练习题中的船底板架结构和加筋板结果进行优化,并且说明解决上述两问题时的关键点。

第6章　船体中剖面结构的优化设计

船舶作为一种独立航行于海上或江河上的大型浮式结构物，其营运功能和载荷环境都比较复杂，这使得船舶的设计具有很强的综合性。整个船舶设计过程，表现为一种分阶段、螺旋线式的设计过程。船体结构设计是处在船舶基本设计完成之后的阶段。此时，船舶主尺度、船体型线、船舶建造形式、甲板层数、舱室布置和用途等都已初步确定。结构优化设计的任务是在此基础上确定合适的结构形式和最优构件尺寸，若有必要，才反馈到上一级基本设计中去，调整基本设计中的某些参数。

船舶设计人员通常把合理选择船体纵向连续构件尺寸简称为船体中剖面设计，其基本含义是在给出中剖面几何模式和横向构件尺寸的基础上，合理选取各纵向构件尺寸及构件间距，使其在满足船体总纵强度和有关建造及营运要求的前提下，实现船体结构质量最轻或性能优良。选择优化中剖面结构，是因为船体中剖面结构反应了船体结构很多重要的信息。中剖面各部分的结构形式、构件尺寸以及其连接方式，都集中地反映了船舶的结构概貌。它最能代表船体的最终结构质量和费用，因为它所包含的构件尺寸通常向船艏、艉至少各延伸 0.2 倍船长，大约能占整个船体结构质量的 70% 左右。因此，船体中剖面的合理设计，始终是船舶结构设计中的关键。

6.1　船体中剖面设计的基本任务和策略

船体中部结构是保证其总纵强度的主要部分，进行中剖面优化设计是十分有意义的。如何运用最优化方法和计算机技术，在保证船体结构必需的强度和刚度情况下，选择最佳的结构方案，使其质量最轻或强度最大是本章所需讨论的问题。

在实际的工程设计中，常常先由总纵强度条件来确定纵向构件尺寸，再利用横向强度条件和局部强度条件来确定横向构件尺寸，这涉及各类加筋板的载荷状况和功能要求，需要分别进行设计计算。由于纵向构件和横向构件是相互关联的，载荷效应也不可以截然分开，因此目前的工程算法中，规定了合成应力的计算方法及衡准条件。同时，还考虑了纵向构件的稳定性及板失稳后的面积折减等，使得纵向构件和横向构件的确定必须经过迭代才能最后完成，这与分级优化方法相类似。

要实现中剖面的优化设计，首先要了解中剖面设计所涉及的内容。下面将详细介绍船体中剖面设计的一些基础知识，然后再阐述如何利用前述的寻优搜索方法，实现中剖面的优化设计。

6.1.1　中剖面设计的基本任务

在进行设计时，假定船体总布置形式（即甲板、内底、双层底，纵舱壁、内舷壁等位置）和线型（即横剖面的几何形状和尺寸）都已经确定。广义地说，中剖面结构设计应包括纵、横构件布置形式及其尺寸选择。将其处理为数学模型之后，再利用数学规划优化方法和智能优化算法等对这一问题进行求解。

本章所述的中剖面设计将不包括横向构件。因此，我们的任务是依据作用在结构上的载荷，按结构的强度、稳定性及有关建造与使用要求，选择纵向构件的合理剖面尺寸及确定纵向构件的间距等。

在中剖面设计过程中，假设纵桁、龙骨及横向构件的尺寸已被确定，有待设计决定的只有船体各列板厚度 t_i、纵骨尺寸（纵骨面板的厚度 t_{fi} 及宽度 b_{fi}，纵骨腹板的厚度 t_{wi} 及高度 h_{wi}）及纵骨间距 s_i 等。应该注意，对不同的列板，上述各参数可以不同，但这会使设计变量太多。在实际造船中，除甲板边板、舷顶列板、平板龙骨等之外，处在同一板架平面中的各列板通常具有相同的参数值。利用此特点，可大大减少设计参数的个数。

6.1.2　设计要求与目标

1. 总强度要求

为了提供安全可靠、具有一定性能（民船的经济性能或军船的快速性或灵便性能等）的船体结构，在设计过程中首先要满足的是强度的要求。这些要求也就是问题求解过程中的约束条件。

大型船舶中剖面结构的主要作用是保证船体的总纵强度。根据有关的标准、条例、规范或公约中的要求，写出相关方面的约束要求。例如：

（1）强力甲板的总纵弯曲应力 $\sigma_{1,d}$，不允许超过其许用应力 $[\sigma_1]$，即

$$\sigma_{1,d} < [\sigma_1] \tag{6.1a}$$

或强力甲板的船体剖面模数 W_d 不小于其最小要求值 $W_{d,\min}$，即

$$W_d \geqslant W_{d,\min} \tag{6.1b}$$

（2）船底的合成应力，即船底的总纵弯曲应力 $\sigma_{1,b}$ 与板架弯曲应力 $\sigma_{2,b}$ 之和，不应超过其许用应力 $[\sigma_{1,b}+\sigma_{2,b}]$，即

$$\sigma_{1,b}+\sigma_{2,b} < [\sigma_{1,b}+\sigma_{2,b}] \tag{6.2a}$$

或平板龙骨处的船体剖面模数 W_b 不小于其相关规定的最小要求剖面模数值 $W_{b,\min}$，即

$$W_b \geqslant W_{b,\min} \tag{6.2b}$$

(3)船体剖面极限弯矩 M_j 与最大合成计算弯矩 M_{max} 之比应不小于相关规定值 n,即

$$\frac{M_j}{M_{max}} \geqslant n \tag{6.3}$$

式中,n 为强度储备系数。

(4)舷侧板的剪切应力 τ 不超过其许用值 $[\tau]$,即

$$\tau \leqslant [\tau] \tag{6.4}$$

(5)船体梁刚度(船体剖面惯性矩 I)不小于其最小必需值 I_{min},即

$$I \geqslant I_{min} \tag{6.5}$$

2. 局部强度及稳定性要求

除总强度要求外,在设计中尚应保证船体壳板和纵骨等的局部强度和稳定性要求。关于这些要求的约束条件,在第 4 ~5 章中已作过详细阐述,这里将不再作过多补充。

3. 制造、工艺及使用上的要求

在结构设计中,除了要保证足够的强度之外,还要考虑制造、工艺上和使用上的一些要求。例如,能够冷轧的最大板厚、可施工的最小骨材间距,考虑腐蚀、磨损等损耗的最小附加裕量,以及对结构变形和振动的限制等。这些内容在第 4 ~5 章中已作过简要的阐述,一些详细的相关要求,需要参见各种船级社的规范和相关部分的公约,这里不再作进一步的阐述。

4. 设计变量

这里将船体各列板厚度 t_i,纵骨尺寸(纵骨面板的厚度 t_{fi} 及宽度 b_{fi}、纵骨腹板的厚度 t_{wi} 及高度 h_{wi})及纵骨间距 s_i 等作为设计变量。实际船体中剖面优化设计问题中的设计变量还要根据具体问题而定。

5. 目标函数

在上述设计要求的约束下,以结构质量轻作为设计的目标函数。这里目标函数可用船体横剖面的剖面积来表示,即

$$F = F_0 + \sum_i (b_i t_i + f_j n_i)$$

式中,F_0 为给定尺寸的构件剖面积;b_i 为第 i 个列板宽度;t_i 为第 i 个列板的厚度;f_i 为第 i 个列板上纵骨剖面积;n_i 为第 i 个列板上纵骨的数目。

6.1.3　求解与策略

经过上述讨论，船舶设计问题就变成一个具有设计变量、约束条件和目标函数的数学优化问题了。通常情况下利用优化方法和优化程序可直接求解。然而，由于此优化问题所具有的设计变量和相关约束条件都很多，直接求解要浪费许多计算时间，有时甚至会很难得到满意的结果。因此，可利用所设计问题的特点来简化设计模型，也就是说采用分级优化的策略，这样便可大大简化计算，大幅度减少计算量。

实际上，在总强度要求中，船体剖面模数、惯性矩等只与各列板及纵骨等纵向构件的总的剖面积沿横剖面的分布有关。因此，引入相当厚度的概念（图 6.1），它实际是船体壳板厚度与所有纵骨剖面积平铺在其宽度上的假想厚度相加所得。现将该设计问题如下所示分两步来完成。

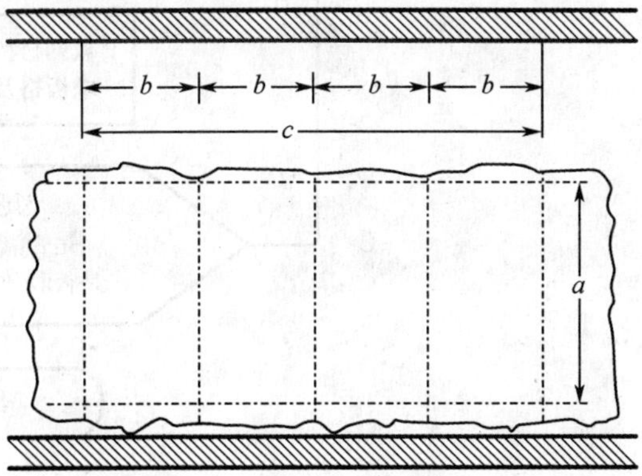

图 6.1　结构的相当厚度

（1）在已知计算载荷和中剖面的几何模式的前提下，计算满足总纵强度要求的结构相当厚度，即解决材料在整个横剖面上的最优配量。

（2）根据前面求得的相当厚度，按局部强度与稳定性等要求，通过确定板格及纵骨的尺寸，把具有相当厚度的一块列板转化为一块加筋板，即解决材料在板与纵骨之间的合理分配问题。

这就是分级优化策略的思想。当然，这种划分是人为的，一些约束条件还相互关联，两级之间需要适当协调，从而形成一种有效的反复迭代的优化设计过程。

由上可知，在开始中剖面设计计算时，除了要有总布置图与型线图之外，还要选定结构的材料、确定相应的强度标准和进行环境载荷计算（即确定作用在船体剖面上的总纵弯曲力矩、剪力及作用在船底上为计算合成应力的计算载荷）。

综上所述，中剖面计算设计的整个过程如计算框图 6.2 所示。

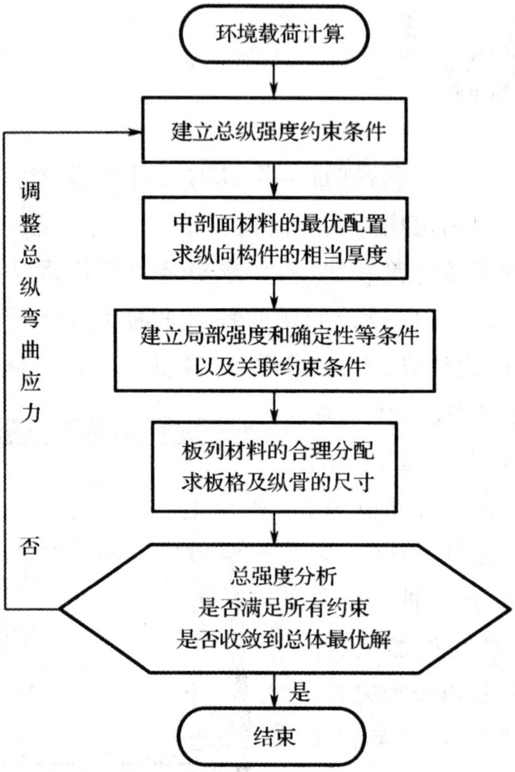

图 6.2　中剖面设计基本流程

6.2　中剖面纵向构件相当厚度的设计

在中剖面设计过程中,中剖面纵向构件相当厚度的确定(也就是中剖面材料的最优配置)属于中剖面分级优化过程的第一级优化。在这一优化设计过程,已知作用在结构上的载荷和中剖面几何模型的情况下,进行材料的最优化配置。此时,船底板架结构需要按合成应力校核总纵强度。

为了简化,并且能够使此问题有一个完整形式的求解过程,这里只介绍在总强度条件公式(6.1a)及公式(6.2a)要求下,决定相当厚度的问题。这一优化设计过程与型材剖面优化设计过程相类似。显然,此时的最轻船体剖面设计必须是在满足强力甲板和船底板的强度要求的前提下进行的。

在这一级的优化过程中,暂不考虑纵向构件的稳定性条件,先由应力条件和承载能力条件出发,确定船体剖面所需的最小剖面面积及材料沿剖面的最优配置。

6.2.1　中剖面材料的最优配置的基本原理

一般由于船体中和轴位置通常更靠近船底结构，因此，强力甲板结构受到的应力比船底结构更大。现以强力甲板总纵弯曲应力 $\sigma_{1,d}$ 等于许用应力 $[\sigma_1]$ 为条件，计算剖面上的最大总纵弯曲力矩 $M_{\max}$ 和许用应力 $[\sigma_1]$，求得所需甲板剖面模数的最小值 $W_{d,\min}$，即

$$W_{d,\min} = \frac{M_{\max}}{[\sigma_1]}$$

由于剖面惯性矩 I 与剖面模数和中和轴有关，因此在仅知道 $W_{d,\min}$ 的情况下还求不出所需的船体剖面惯性矩。为此，需要先估计出该剖面的中和轴位置。一般来讲，中和轴位置与船型相关，可按型船计算求得或由经验资料求得。表 6.1 给出了一些船舶的中和轴位置统计值。表中 e 为中和轴至船底基线的距离，D 为型深。

表 6.1　一般商船的中和轴位置统计值

<table>
<tr><td rowspan="2">干货船</td><td colspan="5">e = (0.36 ~ 0.37) D　当 L < 100 m</td></tr>
<tr><td colspan="5">e = (0.40 ~ 0.48) D　当 100 m ≤ L ≤ 200 m</td></tr>
<tr><td rowspan="2">油船</td><td colspan="5">e = (0.48 ~ 0.50) D　当 100 m ≤ L ≤ 200 m</td></tr>
<tr><td colspan="5">e = (0.50 ~ 0.51) D　当 >200 m</td></tr>
<tr><td rowspan="2">中小型舰艇</td><td>排水量(t)</td><td><500</td><td>500 ~ 800</td><td>800 ~ 1 500</td><td>2 000 ~ 3 500</td></tr>
<tr><td>e/D</td><td>0.40 ~ 0.45</td><td>0.42 ~ 0.46</td><td>0.44 ~ 0.47</td><td>0.45 ~ 0.48</td></tr>
</table>

在选定中和轴位置之后，就可计算船体剖面惯性矩 I，即

$$I = W_{d,\min} \cdot (D - e) = \frac{M_{\max}}{[\sigma_1]} \cdot (D - e)$$

在设计时，要根据已知资料画出的中剖面结构计算简图，并在图上表明坐标轴 Z 的正方向（通常以 Z 轴向上为正）以及中和轴位置。此处量得强力甲板板的相当厚度为 δ_1、船底板的相当厚度为 δ_2、舷侧板的相当厚度为 δ_3，将 δ_1，δ_2 和 δ_3 作为优化设计的设计变量。为减少计算的未知数，可将所有纵向强力构件进行分类。

(1) 给定尺寸的构件。这些构件分别由局部强度、构造、建造工艺及使用上的要求决定其尺寸，因此，它们的尺寸均为预先确定的，例如，下甲板、纵舱壁等。

(2) 与相当厚度成比例的构件。例如，甲板边板、连续的舱口纵围板等与甲板板的相当厚度 δ_1 成一定的比例关系式；平板龙骨、竖龙骨、底纵桁和内底板等与船底板的相当厚度 δ_2 成比例；舷侧外板、舷顶列板、内舷壁板等与舷侧板的相当厚度 δ_3 成比例。各比例关系可由经验、构造或工艺上的要求来确定。

6.2.2 中剖面材料的最优配置的具体实现

优化的数学模型即为确定优化问题的设计变量、约束条件和目标函数。

1. 设计变量

设计变量为各列板包括纵骨在内的相当厚度。同一板架中，各列板的相当厚度之间的关系可用一个间断函数 $\xi_i(k)$ 来表示。于是每一列板的实际相当厚度可表示为

$$\delta_{ik} = \xi_i(k)\delta_i$$

式中，i 为板架序号；k 是列板序号。

比例系数 $\xi_i(k)$ 可以根据船舶类型和大小或现有经验母船型给出某个初值。对于舷侧、内板和外板等构件，可按同样的方式建立各列板相当厚度与基准相当厚度的关系。这样，设计变量的数目将大大减少。

2. 约束条件

这一级优化设计过程中，要求甲板处总纵弯曲应力 $\sigma_{1,d}$ 和船底总纵弯曲应力与板架弯曲应力的合应力 $(\sigma_{1,d}+\sigma_{2,d})$ 以及舷侧结构的剪切应力 τ 分别满足规范或公约规定的许用应力要求。另外，为保证船舶具有足够的承载能力，要求结构所能承受的极限弯矩大于计算弯矩的 1.7～2 倍。这些约束条件的数学表达式为：

弯曲应力要求

$$(\sigma_{1,d})_{\max} \leqslant [\sigma_{1,d}]$$

$$(\sigma_{1,d} + \sigma_{2,d})_{\max} \leqslant [\sigma_{1,d} + \sigma_{2,d}]$$

剪切应力要求

$$\tau_{\max} \leqslant \tau$$

承载能力要求

$$\frac{M_s + M_w}{W_{cr} \cdot \sigma_Y} = \alpha$$

式中，$[\sigma_{1,d}]$，$[\sigma_{1,d}+\sigma_{2,d}]$ 和 $[\tau]$ 是许用应力；σ_Y 为材料屈服应力；W_{cr} 为极限剖面模数；α 为过载能力系数（取 $\alpha=1.7\sim2$）。

3. 目标函数

取中剖面纵向构件的最小质量作为目标函数，可用纵向构件面积综合来表示

$$F = F_0 + \sum_{i=1}^{I}\sum_{k=1}^{K}\xi_i(k)B_i(k)\delta_i$$

式中，F_0 为已给定尺寸的构件面积；$B_i(k)$ 为列板宽度；I 和 K 分别为板架数目和每一板架内列板的数目。

这一级优化结束之后，将向下一级输出相当厚度确定之后与之相对应的剖面模数、中和轴位置及总纵弯曲应力。

4. 优化方法

这一级是具有三个设计变量和四个约束条件的优化问题。这种优化问题可采用一般的求解有约束的非线性规划方法，如惩罚函数法等进行寻优。除此之外还可以采用现代智能优化方法解决此问题，如遗传算法和蚁群算法等。

6.3　板与纵骨间的最优分配

横骨架式船体结构承载压力的能力很低，一般其临界应力能保证在材料屈服极限的 0.3 ~0.5 倍。因此，大型船舶的中部船底结构与强力甲板结构均要采用纵骨架式结构，并且纵桁及实肋板成为纵向加强筋的刚性支持周界，如图 6.3 所示。

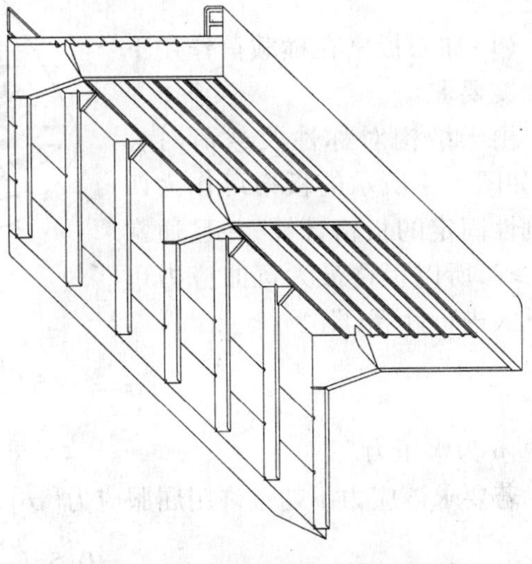

图 6.3　在舷侧与舱口纵桁之间的纵骨骨架式甲板结构

因此，当船底和甲板的相当厚度确定以后，就要设法从相当厚度中分出一部分材料做成加强板的纵骨，也就是分级优化的第二级优化，即进行板与纵骨间的最优分配。在这一级优化过程中，根据纵骨的稳定性原则以及相当板厚不缩减的原则，把具有相当厚度的每一列板转化为一列加筋板格，并最终决定加筋板的尺寸。

6.3.1　板与纵骨间的最优分配的基本原理

首先，在决定纵向加强筋板结构尺寸时，要满足以下设计要求。

1. 总强度要求

在加筋板的设计过程中，所设计的加筋板的实际相当厚度应不小于上一节中所求得的保证总强度要求的 δ 值，即

$$t + \frac{f}{b} \geqslant \delta \tag{6.6}$$

式中，t 为加筋板厚度；f 为纵骨的剖面积（不包括带板）；b 为纵骨间距。

比公式（6.6）更为精确的计算关系式为

$$t + \frac{f}{b} \cdot \frac{c-b}{b} \geqslant \delta \tag{6.7}$$

2. 局部强度要求

在保证船体总纵强度之后，还要保证加筋板格在垂直于板面的横载荷作用下具有足够的局部强度。这一要求可分为以下两方面来进行讨论。

（1）加筋板格在横载荷作用下的强度要求

由于结构对称性及载荷对称性，如图 6.4 所示的板格可作为四周刚性固定的板格计算，并且通常 $a/b \geqslant 2$，所以板格最大弯曲应力可按下式进行计算，即

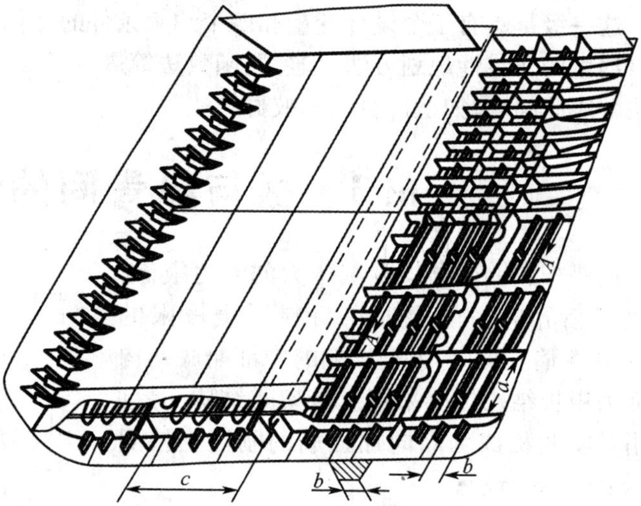

图 6.4 纵骨架式

$$\sigma = 0.5\frac{pb^2}{t^2} = 0.5p\left(\frac{b}{t}\right)^2 \tag{6.8}$$

式中，p 为水压力。

若要求该应力不超过许用屈服应力［σ］，则板的局部强度需满足

$$0.5p\left(\frac{b}{t}\right)^2 \leqslant [\sigma] \tag{6.9a}$$

或者

$$\frac{b}{t} \leqslant \sqrt{\frac{[\sigma]}{0.5p}} = m \tag{6.9b}$$

一般而言，$[\sigma] = \beta\sigma_Y$，其中，σ_Y 为材料屈服极限；β 为许用屈服应力系数。

（2）纵骨的局部强度要求

纵骨在均布水压力作用下可当作两端刚性固定的单跨梁来处理，它的破坏模式是由大塑性变形引起的。利用塑性理论知识，可求得纵骨丧失承载能力时的极限载荷。即

$$\frac{pba^2}{12W} \leqslant [\sigma_3] = \gamma\sigma_Y \tag{6.10}$$

式中，W 为包括带板的纵骨最小剖面模数；γ 为系数，通常可取 0.3。

3. 稳定性要求

船舶结构设计要保证加强筋具有足够的稳性。在总纵弯曲纵向压力作用下，纵向加筋板发生破坏的可能模式有纵骨之间板格失稳、纵骨绕着它与板的连接线扭转失稳(侧倾)，纵骨及与它相连的板一起失稳(即横框架间整个加筋板一起失稳)、整个板架失稳等，失稳的形式和失稳的波形分别如图 6.5(a)，6.5(b)，6.5(c)，6.5(d)所示。由于整个板架组成结构的较大部分，失稳将导致灾难性的后果。因此，在结构设计时，应使整个板架失稳发生在所有其他失稳形式之后。纵骨及与其相连的板一起失稳也属于整体性失稳的一种形式，因为这种失稳一旦发生，剩下的船体板几乎就不再具有任何抵抗载荷的能力了，从而导致横向框架间整个加筋板的破坏，特别当其是一种突然发生的破坏形式时，就更加危险。纵骨扭转失稳(侧倾)同样是一种十分危险的破坏形式，虽然这种失稳属于局部失稳，但一旦发生，也就只剩下未加筋的船体板承载作用力，而未加筋板的承载能力是很低的，因此也会立即跟着发生整体的失稳破坏。板格失稳属于局部失稳，一般来讲，这种失稳并不标志着结构承载能力的耗尽。综上所述，保证纵骨具有足够的刚性和稳定性，使其在板格失稳前不发生失稳破坏，是结构设计的最基本原则。

下面将具体介绍不发生上述各种失稳破坏的约束条件。

(1)板格失稳要求

纵骨之间的板格不发生失稳，则板格的临界应力 σ_{cr} 需要满足以下关系式

$$\sigma_{cr} = 3.62E\left(\frac{t}{b}\right)^2 \geqslant \alpha\sigma_Y \tag{6.11}$$

或

$$\sigma_{cr} = 76\left(\frac{100t}{b}\right)^2 \geqslant \alpha\sigma_Y \tag{6.12}$$

式中，σ_Y 为材料的屈服应力；α 为板格最低临界应力所占极限屈服极限的百分比。

对于船底板和强力甲板来说，一般要求其临界应力不得低于下列数值中的大者，即由合成弯矩引起的最大可能的压缩应力值或 0.4 倍的材料屈服极限值。纵骨架式板格的尺寸通常可以使 $\alpha \approx 1$，即在极限弯矩作用下板格仍不失稳，并且计算时可不考虑材料不服从胡克定律对稳定性的影响。

在实际设计时应该注意的是即使单向受压的船底板的临界应力达到了材料的屈服极限，也并不表明船底板在营运载荷作用下是稳定的，此时总纵弯曲应力和板架弯曲应力的合成应力约在 $0.5\sigma_Y$ 左右，计及肋板弯曲产生的影响，板格的纵向稳定性将大大降低。

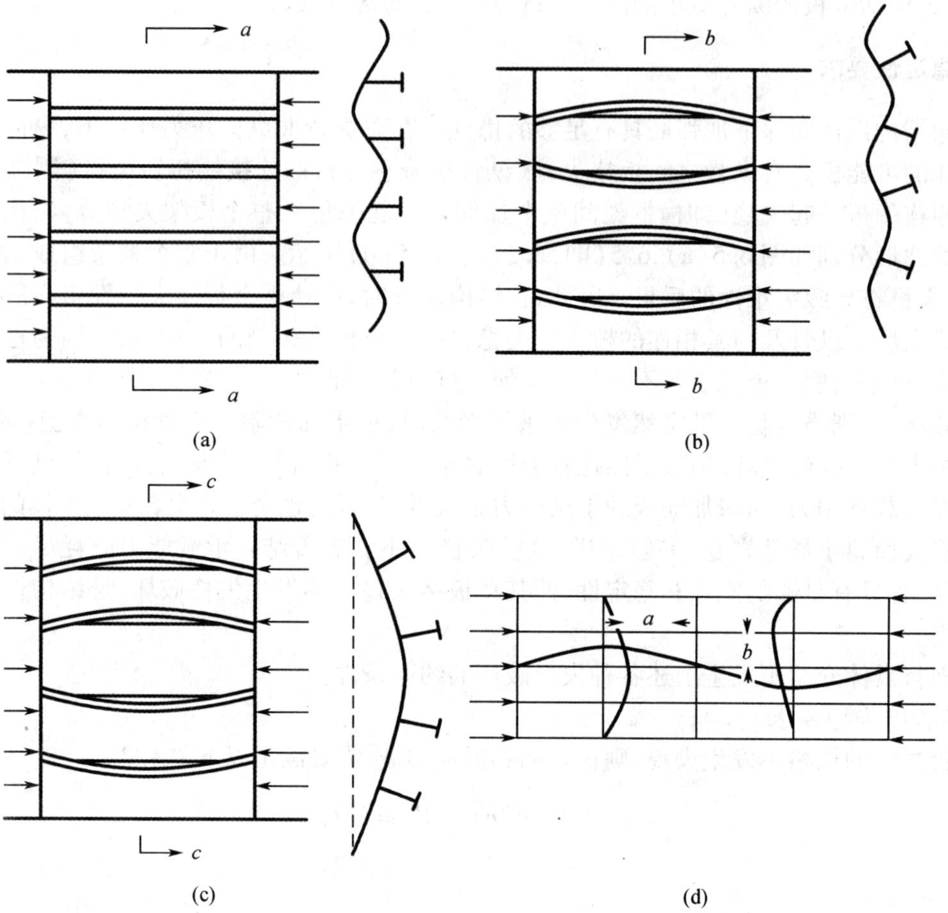

图 6.5　纵向加筋板受压失稳的波形

(2)保证纵骨扭转不发生失稳的稳定性要求

将纵骨受轴向应力作用而发生扭转失稳(如图 6.6 所示)的问题视为扭转轴受约束的梁柱失稳问题,则引起失稳的弹性侧倾应力为

$$\sigma_{E\cdot T}=\frac{\pi^2 E}{l^2}\left(\frac{hI_y}{I_p}+\frac{I_w}{I_p}+\frac{l^2}{\pi^2 E}\cdot\frac{GJ}{I_p}\right) \tag{6.13}$$

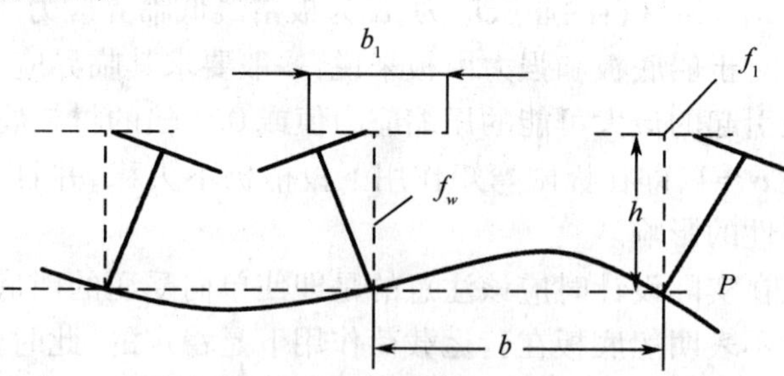

图 6.6　纵骨的扭转失稳

式中,I_y 为不包括带板的纵骨剖面对

通过其形心且平行于其腹板的轴线的惯性矩；I_p 为不包括带板的纵骨剖面对转动中心 p 的极惯性矩；I_w 为不包括带板的纵骨剖面的弯曲扭转惯性矩；h 为纵骨剖面的高度；l 为纵骨的跨度。

式(6.13)中，括号内的第二、第三项与第一项相比一般很小，故在手工计算时可忽略。为避免纵骨侧倾从而导致破坏，$\sigma_{E\cdot T}$的值必须大大高于材料的屈服极限。对大多数轧制型钢来说，一般不会发生侧倾失稳，但对T型组合材来说，在设计时必须注意这个问题。

(3)保证纵骨与其连接板不发生失稳的稳定性要求

纵骨及其连接板一起失稳的问题可视为两端自由支持的各个纵骨(包括带板)单独受压处理。因此，板格失稳前纵骨不发生失稳的稳定性要求为

$$\sigma_E^0 = \frac{\pi^2 Ei}{l^2(f+bt)} \geqslant \sigma_0 = 3.62E\left(\frac{t}{b}\right)^2 \tag{6.14}$$

式中，σ_E^0 为纵骨的欧拉应力；i 为包括带板的纵骨剖面惯性矩；f 为不包括带板的纵骨剖面积。

通常，对纵骨的稳定性要求，应保证其临界应力达到材料屈服极限。因此，在计算时要考虑材料超过弹性范围之后，弹性模量减小的影响。这是一个非常复杂的问题，并且只有通过实验才能考察被研究现象的特点，为简化计算，研究人员一般采用图谱曲线来考虑这一影响因素。一般来讲，对于钢材，若 $\sigma_E/\sigma_Y \geqslant 2.5$(对于铝合金，若 $\sigma_E/\sigma_Y \geqslant 3.0$)则认为已满足了稳定性要求。

由此可得，对纵骨稳定性的要求为

$$\sigma_E^0 = \frac{\pi^2 Ei}{l^2(f+bt)} \geqslant 2.5\sigma_Y \tag{6.15}$$

(4)板架稳定性要求

利用结构力学关于纵骨架式简单板架的研究结果可知，为保证板架不失稳，横向构件所必需满足的最小剖面惯性矩要求为

$$I \geqslant I_{\min} \tag{6.16}$$

式中，I 为计算的横向构件剖面惯性矩；$I_{\min}$为所需要满足的最小惯性矩。

4. 建造、工艺及使用上的要求

所设计的加筋板还需要考虑建造，工艺和使用上的一些要求，如最小板厚要求和最小纵骨间距要求等，即

$$t \geqslant t_{\min} \tag{6.17}$$

$$s \geqslant s_{\min} \tag{6.18}$$

6.3.2　板与纵骨间的最优分配的具体实现

板与纵骨间的最优分配即是中剖面分级优化的第二级优化任务。在最优分配中，必须是

一个列板一个列板的逐个进行。将这一过程实现为优化程序,其具体的实现过程如下。

1. 设计变量

取每一列板的基本尺寸为设计变量,即板厚 t_k、纵骨剖面积 f_k 和纵骨间距 s_k 作为设计变量,k 为列板序号。三变量需要满足如下关系式

$$t_k + \frac{f_k}{s_k} \geqslant \delta$$

2. 约束条件

在这一级的优化过程中,应满足如下约束条件。

(1)总强度要求,一般也是最小剖面模数要求,如式(6.6)或式(6.7)。

(2)局部强度要求,如式(6.8)~(6.10)。

(3)稳定性要求,包括板格稳定性、纵骨稳定性和加筋板的稳定性等要求,如式(6.11)~(6.16)。

(4)最小板厚要求,如式(6.17)。

(5)纵骨最小间距要求,如式(6.18)。

3. 目标函数

这一级是进行加筋板的最优化配置,即是希望在满足纵骨稳定性要求的前提下,尽可能提高板的强度和稳定性,以便节省材料。在满足船底外板总纵强度条件之后,实现中剖面质量最小化过程。因此,这一级的优化目标函数是中剖面面积最小,即

$$F = \sum_{i=1}^{I} \sum_{k=1}^{K} t_i(k) B_i(k)$$

4. 优化方法

此优化为离散变量组合优化问题,变量数目和取值点数目都比较少,所以可以采用一些处理组合优化问题的方法,例如遗传算法、蚁群算法等智能优化算法。

6.4 剖面结构优化具体算例

遗传算法用于解决中剖面结构优化设计问题已经被证明十分有效。在本书中,采用参考文献[13]中的算例来说明中剖面结构优化问题的具体实现。

6.4.1 设计变量

图 6.7 为典型的具有两道纵舱壁的超大型油船中剖面结构形式图。纵舱壁、舷侧内板及舷侧外板均由不同厚度的板列组合构成。同时,结构上分布的纵骨从下到上,由于受到的载荷不同,也具有不同的尺寸形式。要想完善地描述中剖面的结构形式,并非少数设计变量可以做到。选取对结构质量以及强度影响相对较大的结构尺寸作为设计变量,可以降低计算费用,避免搜索过程因为设计变量众多,超过了优化算法的优化能力而无法找到最优点。

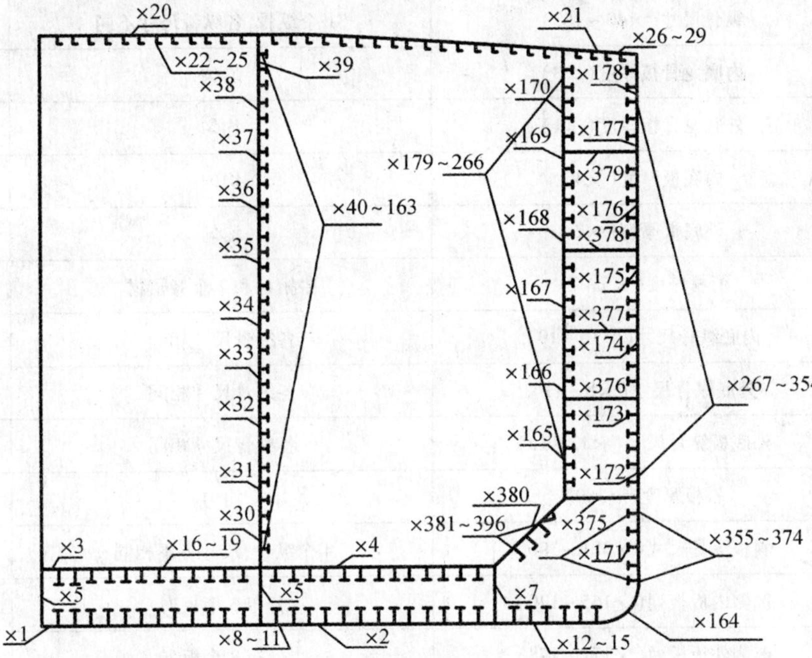

图 6.7　典型超大油船中剖面结构

在本优化算例中采用实数编码的遗传算法,这对于解决大规模的优化问题,具有十分好的效果。图 6.7 为某 30 万吨级油轮的典型中剖面,选取 396 个设计变量。纵骨尺寸包含四个设计变量(腹板高度、腹板厚度、翼板宽度、翼板厚度)。这里没有将纵骨间距作为设计变量,一方面是由于对纵骨间距的改变会导致纵骨的重新分布以及旁桁材和平台甲板的位置变化;另一方面,规范对于超大型油船的纵骨间距作了比较明确的规定。因此,在本算例中将所有的纵骨间距都视为常量,不参与优化。设计变量的具体选取形式,如表 6.2 所示。

表 6.2 超大型油轮中剖面设计变量的选取

部位	名称(编号)	特征	变量	合计
甲板结构	甲板板厚(×20)	均匀	1	10
	甲板边板板厚(×21)	均匀	1	
	甲板纵骨尺寸(×22 ~25)	各纵骨尺寸相同	4	
	甲板边板纵骨尺寸(×26 ~29)	各纵骨尺寸相同	4	
纵舱壁结构	纵舱壁板厚(×30 ~39)	分布 10 十个板列	10	134
	纵骨尺寸(×40 ~163)	31 个纵骨,各纵骨尺寸不同	124	
底部结构	内底龙骨板厚度(×3)	均匀	1	19
	外底龙骨板厚度(×1)	均匀	1	
	内底板厚度(×4)	均匀	1	
	外底板厚度(×2)	均匀	1	
	桁材厚度(×5 ~7)	中桁材和 2 个旁桁材	3	
	内底纵骨尺寸(×16 ~19)	各纵骨尺寸相同	4	
	外底纵骨尺寸(×8 ~11)	各纵骨尺寸相同	4	
	外底板纵骨尺寸(×12 ~15)	各纵骨尺寸相同	4	
底边舱斜板结构	斜板厚度(×380)	均匀	1	17
	斜板纵骨尺寸(×381 ~396)	4 个纵骨,尺寸各不相同	16	
舷侧结构	舷侧内板板列(×165 ~170)	分布 6 个板列	6	215
	舷侧外板板列(×171 ~178)	分布 8 个板列	8	
	舷侧内板纵骨尺寸(×179 ~266)	22 个纵骨,各纵骨尺寸不同	88	
	舷侧外板纵骨尺寸(×267 ~354)	22 个纵骨,各纵骨尺寸不同	88	
	舷侧外板底板纵骨尺寸(×355 ~374)	5 个纵骨,各纵骨尺寸不同	20	
	平台甲板厚度(×375 ~379)	5 个平台甲板	5	
舭部结构	舭部板厚度(×164)	均匀	1	1

6.4.2　约束条件

考虑新设计的油船必须符合国际船级社协会最新制定的油船共同规范(JTP—CSR)中的JTP规范要求,本书采用JTP规范作为约束依据。约束条件根据JTP规范给定,如下所示。

(1)船体梁必须满足最小剖面惯性矩的要求

$$I > [I_{\min}]$$

(2)船底板处必须满足最小剖面模数的要求

$$W_b > [W_{\min}]$$

(3)甲板板处必须满足最小剖面模数的要求

$$W_d > [W_{\min}]$$

(4)板必须满足最小厚度的要求

$$t \leqslant [t_{\min}]$$

(5)纵骨加强筋必须满足最小剖面模数的要求

$$I_l \leqslant [I_{\min}]$$

(6)纵骨加强筋腹板必须满足最小厚度要求

$$t_{lw} \leqslant [t_{\min}]$$

(7)板必须满足稳定性要求。

(8)纵骨加强筋必须满足稳定性要求。

(9)板的理想弹性屈曲应力

$$\sigma_{el} = 0.9kE\left(\frac{t - t_k}{1\,000s}\right)^2$$

(10)板的临界屈曲应力

$$\sigma_c = \begin{cases} \sigma_{el}, & \sigma_{el} < \dfrac{\sigma_f}{2} \\ \sigma_f\left(1 - \dfrac{\sigma_f}{4\sigma_{el}}\right), & \sigma_{el} > \dfrac{\sigma_f}{2} \end{cases}$$

(11)板的纵向应力

$$\sigma_{al} = \frac{M_s + M_w}{I_N}(Z_n - Z_a) \times 10^5$$

(12)板的临界应力必须满足

$$\sigma_c \geqslant \frac{\sigma_{al}}{\eta}$$

(13)设计变量必须满足上下界要求

$$\underline{x_i} \leqslant x_i \leqslant \overline{x_i} \qquad (i = 1,2,\cdots,n)$$

6.4.3 目标函数

本问题的目标函数为中横剖面的总面积,而约束函数相当复杂。在求解最小板厚、加强筋的最小剖面模数以及稳定性校核的时候,需要用到中横剖面的纵向及横向惯性矩,而纵向惯性矩和横向惯性矩均是设计变量的函数,该问题的非线性比较强。

本书采用罚函数将目标函数及约束条件归一化,对于局部约束条件施加4倍左右的惩罚,对于整体性约束条件施加10倍的惩罚。在优化过程中,由于设计变量的繁多,必须尽可能降低优化算法的计算负担。尽量缩减问题的定义域,使得遗传算法在尽可能小的空间内搜索,节省不必要的计算费用。

6.4.4 优化方法

图6.8给出了该改进遗传算法的基本流程,其主要包括两个循环过程。针对简单遗传算法的缺点,本书在以下几个方面进行了改进。

1. 实数编码的引入

二进制编码的遗传算法在求解连续变量优化问题时,存在着海明悬崖效应,以及编码长度会过长,且需要不断的解码和编码等缺点,从而使得算法的搜索效率较低。为了克服二进制编码的缺点,对于问题的变量是实向量的情况,可以直接采用实数编码。采用实数编码也便于引入与问题领域相关的启发信息,以增加遗传算法的搜索能力。

2. 交叉操作

常见的交叉方法主要有离散交叉、算术交叉以及中心正态交叉等。从几何角度上看,可以通过两个个体产生设计空间中的一个超立方体,则离散杂交产生的后代都是这个超立方体的顶点,而算术杂交产生的后代则是超立方体内部的点,中心正态交叉产生的后代可以分布到设计空间的任何区域,但是主要在原始个体周围聚集。从这一点来看,算术杂交的搜索范围比离散杂交要大,而中心正态交叉着重于在母体周围产生新个体。在实数编码时,交叉运算的作用没有二进制编码中那样重要,但是采用合适的杂交操作对于优化效果还是比较重要的。即使对于同一个优化问题,在优化的初始阶段和后期阶段,所需要的交叉操作也不尽相同。因此,本书考虑采用自适应的交叉选择方法,定义三种交叉方式,即离散交叉、部分算术交叉以及中心正态交叉。在初始种群时,为每一个个体随机设置一种交叉方式,交叉过程为随机选定两个个体中任意一个个体的交叉方式来交叉。如此,经过若干代变化以后,能产生更优良个体的交叉方式增多,交叉效果不太好的方式减少。因此,无论在进化前期还是后期,都可以使得比较合适的交叉方式得到更多的使用机会。

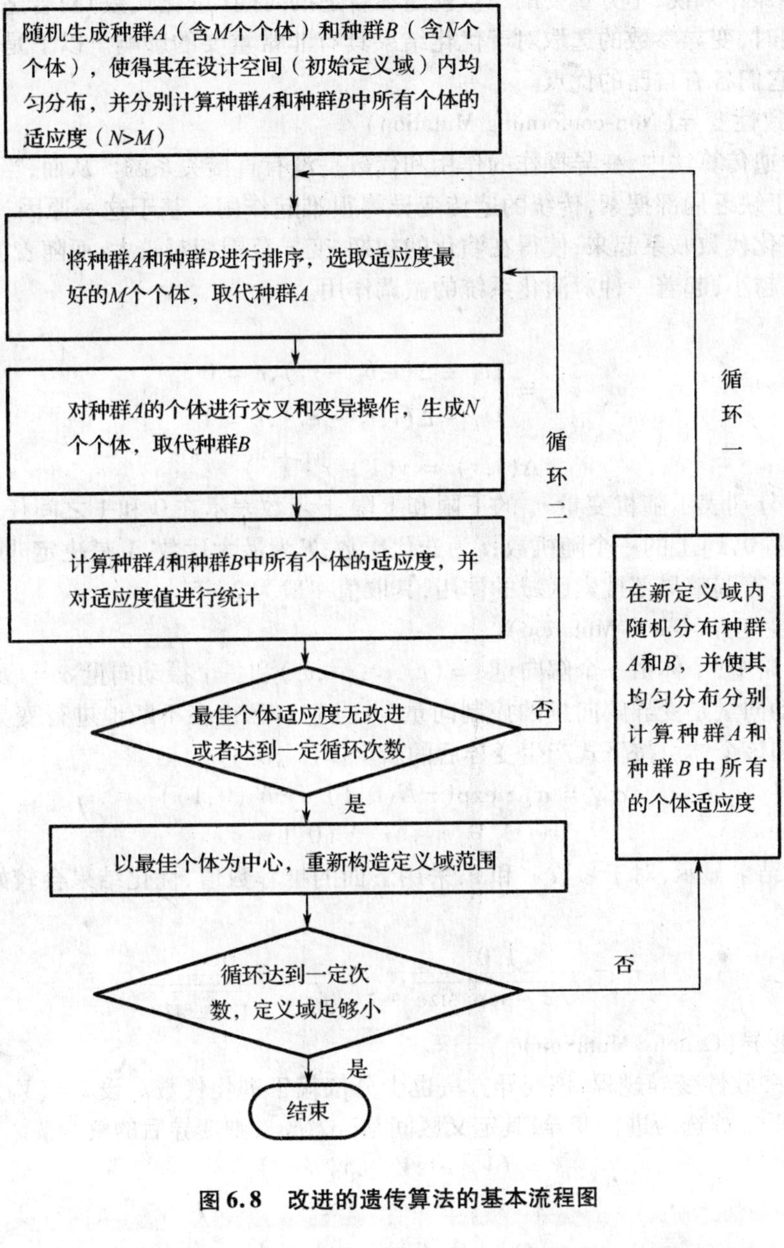

图 6.8　改进的遗传算法的基本流程图

3. 变异操作

对于变异操作来说,十分重要的一点就是在合适的时间(进化代数)对合适的个体施加恰当的变化。同时,变异参数的选取对于优化结果具有非常重要的影响。以下是三种广泛使用的变异方法,它们各有自己的优点。

(1)非一致性变异(Non-conforming Mutation)

在传统的遗传算法中,变异操作的作用和代数是没有直接关系的。从而,当算法演化到一定代以后,由于缺乏局部搜索,传统的遗传变异将很难起作用。基于这一原因,可以将变异操作的结果与演化代数联系起来,使得在演化的初期,变异范围相对较大,而随着演化的推进,变异的范围越来越小,起着一种对演化系统的微调作用。

$$v'_k = \begin{cases} v_k + \Delta(t, b_k - v_k), r = 0 \\ v_k - \Delta(t, v_k - a_k), r = 1 \end{cases} \tag{6.19}$$

$$\Delta(t, y) = y(1 - r^{(1-\frac{t}{T})^\lambda}) \tag{6.20}$$

式中,a_k 和 b_k 分别表示随机变量 v_k 的下限和上限;r 函数表示在 0 和 1 之间任意选取一个随机数,这里 r 是[0,1]上的一个随机数;t 为迭代次数;T 为最大代数,λ 是决定非一致性程度的一个参数,它起着调整局部搜索区域的作用,其取值一般为 2 ~5。

(2)正态性变异(Gauss Mutation)

在进化策略中,个体由一个解向量 $s=(v_1,v_2,\cdots,v_n)$ 和一个摄动向量 $\sigma=(\sigma_1,\sigma_2,\cdots,\sigma_n)$ 组成,这个摄动向量是变异解向量的控制向量,并且它自己也在不断地进行变异,假如 (s,σ) 是被选个体,则该个体可按下式产生变异后的新个体 (s',σ')

$$\sigma'_i = \sigma_i \cdot \exp(\tau' N(0,1) + \tau N_i(0,1)) \tag{6.21}$$

$$v'_i = v_i + \sigma'_i N_i(0,1) \tag{6.22}$$

数值实验结果显示,对于参数 τ' 和 τ,采用下面的推荐数值,优化结果会较好,pop_size 表示种群规模

$$\tau' = \frac{1.0}{\sqrt{2 \cdot \text{pop\_size}}}, \tau = \frac{1.0}{\sqrt{2 \cdot \sqrt{\text{pop\_size}}}} \tag{6.23}$$

(3)柯西变异(Cauchy Mutation)

类似于非一致性变异过程,该变异方法也十分依赖于进化代数。设 $s=(V_1,V_2,\cdots,V_n)$ 是一个父解,分量 v_k 被选为进行变异,其定义区间是 $[a_k,b_k]$,则变异后的解为

$$s = (V_1,\cdots,V_{k-1},V'_k,\cdots,V_n)$$

其中

$$V'_k = \begin{cases} v_k + \Delta(t, b_k - v_k), r(2) = 0 \\ v_k - \Delta(t, v_k - a_k), r(2) = 1 \end{cases} \tag{6.24}$$

$$\Delta(t,y) = y(1 - r^{(1-\frac{t}{T})\lambda})$$

改进的遗传算法的寻优能力主要是通过变异操作来完成的，因此，合理的变异操作对于进化算法具有非常重要的影响。本书将变异操作引入自适应调节过程，每一个个体都随机产生自己的变异方式标识符。在进化过程中，具有合适变异操作标识符的个体可以产生较好的新个体，从而保证其可以进入下一代。

4. 选取策略

相对于简单遗传算法来说，进化策略更强调采用变异操作来搜索解空间，且其变异概率远大于简单遗传算法，原有种群中的优良个体很可能在交叉和变异过程中遗失。因此，在选择下一代个体时，本算例采取了跨世代精英选取策略。所谓跨世代精英选取指的就是将原有种群（规模为 N）及由它交叉变异产生的新种群（规模大于等于 N）组合在一起，从中选取 N 个优良个体作为新的种群，从而保证了优良的个体在进化过程中不被损失掉，保证了进化过程的稳态性。

5. 定义域范围的动态改变

数值试验表明，定义域的大小对于算法最后的寻优结果是有很大影响的。定义域范围越小，那么遗传算法所要搜索的空间就越小，计算负担大为减轻，搜索到最优点的可能性进一步提高。因此，本算例引入了定义域范围的动态缩减技术，即在某一次搜索后，在最佳个体周围构造新的定义域，新的定义域范围比原来的定义域大为减小，由此降低算法的计算负担。

6. 多样性的丧失和补偿

数值试验的结果表明，在遗传算法的进化初期，目标函数都有较大的改善，而到了进化后期，目标函数改进的速度十分缓慢，甚至难以前进。造成这一现象的主要原因是个体多样性的丧失，定义域内个体的多样性是遗传算法寻优能力的重要保证。然而，对于遗传算法来说，进化到后期，群体内的个体在某一个或者几个区域内聚集是不可避免的，这也是遗传算法寻优能力弱点的具体表现。若这种聚集现象发生得过早，过于集中，也就是过早收敛，对算法的寻优是非常有害的。鉴于上述原因，本算例中采用了以下两种策略来提高群体的多样性。

（1）在选择操作中，尽量避开相似个体进入下一代，防止过早收敛。规定个体之间所允许的最小距离 ε，如果两个个体小于这个指定距离 $\| s' - s \| \leqslant \varepsilon$，则对其中适应度较小的个体进行惩罚，从而保证某一个较小区域内，仅有单个个体进入到下一代中，有效的防止了群体内个体的过度聚集。

（2）在缩小定义域的范围后，在定义域内重新均匀分布新的个体，而不是借用上次搜索所生成的个体。主要原因有两点，第一，上次搜索到的最优个体（或者说是超常个体）会影响到本次搜索，导致搜索在超常个体周围进行；第二，上次搜索的后期，个体聚集已经十分严重，对于新的搜索不利。

6.4.5 优化结果

由于原始船型结构是按照DNV规范要求设计的，本例采用了JTP规范对原始船型结构参数进行了校核。表6.3给出了原始船型主要板厚参数和JTP规范要求值之间的比较；表6.4给出了原始船型船底纵骨实际剖面模数和规范要求值之间的比较；图6.9给出了原船纵舱壁上纵骨实际剖面模数和JTP规范要求的最小剖面模数之间的比较，横坐标代表纵舱壁上从下到上31个纵骨的编号，方块(■)代表纵骨实际剖面模数(单位cm^3)，三角形(▲)代表JTP规范要求的最小剖面模数。从26号纵骨开始，纵骨材料采用高强度钢。综合来看，原始船型有些参数虽然和JTP规范的要求略有差距，但是差距比较小，因此，本算例未对原始船型采用JTP规范进行修正。

表6.3 JTP规范对原始船型板材厚度的校核

	原始板厚(cm)	根据JTP规范校核得到的最小板厚
外底龙骨板厚度	20.0	19.0
外底板厚度	20.0	19.0
内底龙骨板厚度	21.5	21.4
内底板厚度	22.5	23.1
中纵桁材	17.0	15.9
旁桁材1	17.0	15.9
旁桁材2	17.0	15.9

表6.4 JIP规范对原始船型纵骨参数的校核

	原始船型纵骨尺寸参数	纵骨实际剖面模数	JTP规范要求最小剖面模数
内底纵骨尺寸	T728 × 15 + 197 × 14	7 273.03	7 585.31
外底纵骨尺寸	T728 × 15 + 197 × 14	7 273.03	5 044.38
外底边板纵骨尺寸	T728 × 15 + 197 × 14	7 273.03	5 716.18

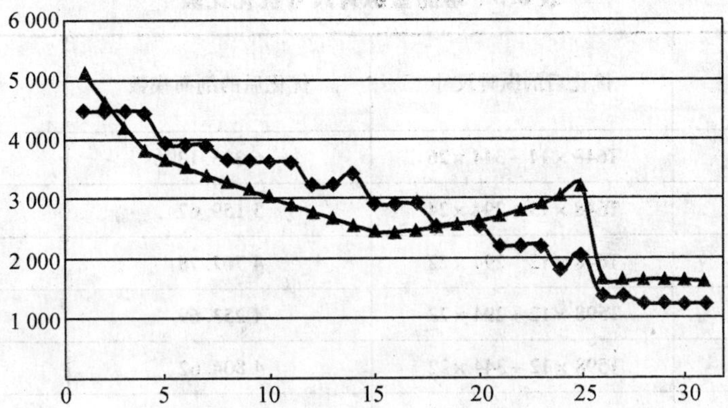

图 6.9　规范对原船纵舱壁纵骨剖面模数的校核

对于高维问题,很难通过常规的优化算法找到问题的最优解,而且,即使求得了问题的最优解,由于高维空间的复杂性,也很难确定该优化解可否接受。因此本例采用和原始船型逐项比较的方法,依靠一定的经验来判断所求得的最优解是否可行。此外,在优化过程中需要反复地对船中剖面的结构形式进行规范校核,对于该问题,需要总共进行 40 万次左右的规范校核。优化结果显示,中剖面纵向构件的尺寸下降了 2.6%。根据国际油船和散货船 JTP 和 JBP 共同规范北京宣讲会讨论小组对相关油船算例的计算,采用 JTP 规范设计的油船相对于 DNV 规范,结构质量都有不同程度的上升。而该超大型油船的中剖面结构面积下降了 2.6%,说明本优化方法是比较有效的。质量下降的原因是改进的遗传算法充分发掘了纵骨的设计裕度,同时通过提高甲板边板的厚度,提高了船体梁横向中和轴的高度,对满足船体梁甲板处的剖面模数比较有利。

优化结果显示,JTP 规范已经给予了底部结构足够的局部强度约束,底部结构的板厚以及筋材剖面模数都落于规范规定的最小值上,而甲板结构以及甲板纵骨的优化尺寸大于规范规定的最小值,这说明提高甲板板厚以及甲板纵骨尺寸对于满足中横剖面的剖面惯性矩约束以及甲板处的剖面模数约束是最有效的。表 6.5 给出了纵舱壁上的纵骨尺寸比较,从下到上依次给出了 10 个纵骨尺寸,它们的剖面模数以及规范规定的最小剖面模数;图 6.10 给出了优化后的纵舱壁纵骨实际剖面模数和规范要求的比较,图中方块(■)代表纵骨实际剖面模数,三角形(▲)代表规范要求的最小剖面模数,可以看出纵舱壁纵骨剖面模数基本上收敛于规范要求的最小值上。表 6.6 给出了纵舱壁从下到上的板厚度的变化。

表 6.5 纵舱壁纵骨尺寸优化比较

原始船型纵骨尺寸	优化后的纵骨尺寸	优化后的剖面模数	规范对纵骨的最小剖面模数要求
T698 × 14 + 197 × 25	T648 × 14 + 344 × 26	6 323. 13	5 507. 01
T698 × 14 + 197 × 25	T648 × 13 + 294 × 24	5 159. 67	4 931. 83
T698 × 14 + 197 × 25	T648 × 12 + 294 × 22	4 707. 78	4 440. 4
T698 × 14 + 197 × 25	T598 × 12 + 294 × 22	4 253. 69	4 015. 67
T698 × 14 + 177 × 25	T598 × 12 + 344 × 22	4 804. 62	3 659. 85
T698 × 14 + 177 × 25	T698 × 11 + 194 × 22	3 724. 57	3 533. 37
T698 × 14 + 177 × 25	T548 × 11 + 294 × 21	3 602. 85	3 406. 88
T648 × 13 + 177 × 25	T698 × 11 + 294 × 21	3 602. 85	3 280. 39
T648 × 13 + 177 × 25	T698 × 11 + 244 × 22	3 247. 44	3 153. 9
T648 × 13 + 177 × 25	T698 × 11 + 294 × 20	3 074. 8	3 027. 41

表 6.6 纵舱壁由下至上板厚度的变化

板中心高度（m）	板列宽度（m）	原始船型板列厚度(mm)	优化净厚度(mm)	规范规定最小厚度（mm）	总厚度（含腐蚀余量）(mm)
4. 4	2. 8	17. 5	18	17. 8	20. 5
7. 2	2. 8	16. 5	16. 5	15. 9	19
10	2. 8	15	14. 5	14. 9	17
12. 8	2. 8	13	13	13. 8	15. 5
15. 6	2. 8	12	12. 5	12. 6	15
18. 4	2. 8	13	11	11. 5	13. 5
21. 2	2. 8	14	10. 5	10. 6	13
24	2. 8	16	12. 5	10. 2	15
26. 8	2. 8	17	14	9. 6	16. 5
28. 8	1. 2	18	18	6. 7	20. 5

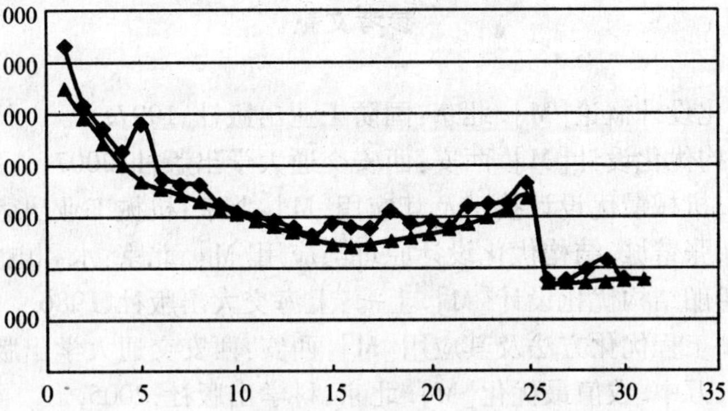

图 6.10　优化后的纵舱壁纵骨剖面模数的比较

本节中横剖面纵向构件优化的问题,通过罚函数的方法将有约束的优化问题转化成无约束的优化问题。采用不同形式的罚函数因子,构造的目标函数也不一样,主要表现在约束边界上对于超过规范许可的个体的惩罚力度上。如表 6.6 所示,优化后的板列厚度在某些位置略微低于规范的要求,这是因为罚因子选取较小的缘故。对于结构优化问题,部分约束条件实际上是模糊的,比如规范要求板的最小厚度为 16.1 cm,而实际设计的时候选取 16 cm 也是可行的。罚因子的选取不应太大,否则会使得含有优良基因片断的个体过早地死去,降低遗传算法搜索到全局最优解的可能性。

思考题与练习题

6-1　自选一种船型,查阅相关规范,整理出中剖面优化设计中所要考虑的各种约束条件,包括最小厚度要求、许用应力要求、腐蚀裕量要求等。

参考文献

[1]谢祚水.结构优化设计概论[M].北京:国防工业出版社,1997.
[2]曾广武.船舶结构优化设计[M].西安:西安交通大学出版社,2007.
[3]孟兆明,常德功.机械最优设计技术及其应用[M].北京:机械工业出版社,2008.
[4]朱伯芳,黎展眉,张壁城.结构优化设计原理与应用[M].北京:水利电力出版社,1984.
[5]于宝海,肖熙.船舶结构优化设计[M].上海:上海交大出版社,1986.
[6]张可村,李换琴.工程优化方法及其应用[M].西安:西安交通大学出版社,2007.
[7]李董辉,童小娇,万中.数值最优化[M].北京:科学出版社,2005.
[8]曾广武.优化设计方法及其在造船工程中的应用[M].北京:国防工业出版社,1986.
[9]陈伯真,龚金根.舱壁扶强材的侧向稳定性[J].中国造船,1980(1):63~74.
[10]王杰德,杨永谦.船体强度及结构设计[M].北京:国防工业出版社,1995.
[11]陈铁云,陈伯真.船舶结构力学(修订版)[M].北京:国防工业出版社,1984.
[12]周国华,陈国虞.船用型钢稳定性的要求[A].船舶及海洋工程用型钢论文集[C],1988(10).
[13]朱稣骥,顾学康,胡嘉骏.遗传算法的改进及其在超大型油船结构优化中的应用[J].船舶力学,2007(2):237~249.
[14]D G 鲁恩伯杰.线性与非线性规划引论[M].夏尊铨,等译.北京:科学出版社,1980.
[15]Fiacco A. V. ,Mc Cormick G. P. . Nolinear Programming:Sequential Unconstrained Minimization Techniques[M]. New York:John Whiley,1968.
[16]Berke L. ,Khot N. S. . Use of Optimality Criteria Methods for Large Scale Systems[R]. AGARD lecture series,No. 70,1974.
[17]王凌.智能优化算法及其应用[M].北京:清华大学出版社,2001.
[18]康立山,谢云,尤矢勇.非数值并行算法.第一册,模拟退火算法[M].北京:科学出版社,1994.
[19]邢文训,谢金星.现代优化计算方法[M].北京:清华大学出版社,2005.
[20]王小平,曹立明.遗传算法:理论、应用与软件实现[M].西安:西安交通大学出版社,2002.
[21]周明,孙树栋.遗传算法原理及应用[M].北京:国防工业出版社,1999.
[22]李敏强,寇纪淞,林丹,李书全.遗传算法的基本理论与应用[M].北京:科学出版社,2002.
[23]张文修,梁怡.遗传算法的数学基础[M].西安:西安交通大学出版社,2003.
[24]陈国良,王煦法,庄镇泉,王东生.遗传算法及其应用[M].北京:人民邮电出版社,1996.

[25]玄光男,程润伟.遗传算法与工程优化[M].于歆杰,周根贵,译.北京:清华大学出版社,2004.

[26]段海滨.蚁群算法原理及其应用[M].北京:科学出版社,2005.

[27]李士勇,陈永强,李研.蚁群算法及其应用[M].哈尔滨:哈尔滨工业大学出版社,2004.

[28]吴启迪,汪镭.智能蚁群算法及应用[M].上海:上海科技教育,2004.

[29]黄友锐.智能优化算法及其应用[M].北京:国防工业出版社,2008.

[30]汪定伟,王俊伟,王洪峰,张瑞友,郭哲.智能优化算法[M].北京:高等教育出版社,2007.

[31]秦洪德,石丽丽.船体双层底结构优化的 PSO 算法研究[J].大连:大连海事大学学报,2009(4).